Überblicke
Mathematik 1996/97

Überblicke Mathematik 1996/97

Herausgegeben von
Albrecht Beutelspacher
Norbert Henze
Ulrich Kulisch
Hans Wußing

© Springer Fachmedien Wiesbaden 1997
Ursprünglich erschienen bei Friedr. Vieweg & Sohn Verlagsgesellschaft mbH, Braunschweig/Wiesbaden, 1997

Satz und Layout: Ursula Hübsch, Gießen

ISSN 0172-8512
ISBN 978-3-528-06892-9   ISBN 978-3-663-12412-2 (eBook)
DOI 10.1007/978-3-663-12412-2

Editorial

Die *Überblicke Mathematik* präsentieren sich in neuem Gewand. Herausgeber und Verlag haben sich entschlossen, das Konzept der *Überblicke Mathematik* zu erneuern.

Warum? Die einfache Antwort darauf lautet: Weil wir nach wie vor vom Grundanliegen überzeugt sind und dies Ihnen noch besser präsentieren wollen.

Das Ziel der *Überblicke Mathematik* besteht darin, interessante Mathematik für Sie verständlich darzustellen. Wir denken dabei an Studierende, Mathematiklehrerinnen und -lehrer, Mathematiker in Industrie und Wirtschaft oder auch einfach an Personen, die vor 10 oder 20 Jahren das Vordiplom in Mathematik bestanden haben. Auch diese sollen die Beiträge lesen können, und zwar auch dann, wenn sie abends im Sessel sitzen und weder Papier noch Bleistift zur Hand haben. Unser Ideal: Pro Seite mindestens ein Bild und höchstens eine Formel. Natürlich halten wir uns nicht sklavisch an diese Regel, aber sie gibt die Richtung an.

Als erstes wird Ihnen das Format auffallen. Dies zeigt nun auch äußerlich an, daß die *Überblicke Mathematik* eine Zeitschrift und kein Lehrbuch darstellen. Eine weitere Neuerung besteht darin, daß Sie die *Überblicke Mathematik* jetzt zur Fortsetzung bei Ihrer Buchhandlung oder beim Verlag abonnieren können.

Außerdem gibt es neue Rubriken. Auf zwei Neuerungen weisen wir besonders hin. Da ist zunächst die Rubrik „Ein Bild und seine Geschichte". Das erste Bild stellt das mathematische Forschungsinstitut Oberwolfach dar; dazu schreibt der Direktor, Prof. Dr. Matthias Kreck, einen kurzen Beitrag.

Danach finden Sie die Rubrik „Prominente schreiben über Mathematik". Wir sind überzeugt, daß die Mathematik sich öffnen muß. Einerseits müssen wir die Mathematik offensiv nach außen vertreten, andererseits müssen wir Mathematiker auch wahrnehmen, wie „draußen" über uns gedacht wird. Wir freuen uns besonders, daß sich zwei bekannte Politiker, Oskar Lafontaine und Dr. Reinhard Höppner, bereit erklärt haben, exklusiv für die *Überblicke Mathematik* ihre Sicht der Mathematik darzulegen.

Anschließend folgen die Hauptbeiträge, die nach wie vor das Herz der *Überblicke Mathematik* bilden. Wir haben versucht, Ihnen die bewährte Mischung aus Berichten zu aktuellen Entwicklungen, Überblicksarbeiten und historischen Darstellungen zu geben. Der Beitrag „Leibniz als Mathematiker" erscheint anläßlich des 300sten Geburtstages von G. W. Leibniz. Unter der Überschrift „Was ist ein Beweis?" werden die jüngsten Entwicklungen der interaktiven Beweise vorgestellt. Anschließend wird in dem Artikel „Mathematik im Internet" auf die nahezu unbegrenzten Möglichkeiten, die das Internet auch für die Mathematik bietet, eingegangen. Ein besonderer Leckerbissen ist die „Mathematik in der Lyrik". Danach werden zunächst mechanische Rechenmaschinen vorgestellt und dann die Entwicklung der modernen Mikroprozessoren behandelt. Sodann werden aktuelle Entwicklungen verschiedener Facetten der Geometrie präsentiert: Penrose-Parkette, Kugelpackungen und Möbiusebenen. Anschließend wird die Vorgeschichte der projektiven Geometrie aus heutiger Sicht dargestellt. Der Artikel über Primzahlzwillinge stellt die Geschichte dieses Problems dar, geht aber auch auf modernste Entwicklungen ein. Schließlich beschreibt D. Laugwitz seine Zeit als Assistent in Oberwolfach. Die *Überblicke Mathematik* schließen mit einem Bericht über den Mathematiker und Mathematikhistoriker Paul Stäckel.

Wir hoffen, daß es uns gelungen ist, Ihnen eine attraktive Mischung von Themen anzubieten.

Den Herausgebern und dem Verlag liegt daran, Ihre Meinung zu den neuen *Überblicken Mathematik* kennenzulernen. Wenn Sie Kritik, Verbesserungsvorschläge oder Anregungen haben, schreiben Sie uns bitte.

Prof. Dr. Albrecht Beutelspacher
Mathematisches Institut
Arndtstr. 2
35392 Gießen
E-mail: albrecht.beutelspacher@math.uni-giessen.de

Prof. Dr. Norbert Henze
Fakultät für Mathematik
Universität (TH) Karlsruhe
76128 Karlsruhe
E-mail: henze@mspcdip.mathematik.uni-karlsruhe.de

Prof. Dr. Ulrich Kulisch
Fakultät für Mathematik
Universität (TH) Karlsruhe
76128 Karlsruhe

Prof. Dr. Hans Wußing
Braunschweiger Straße 39
04157 Leipzig

Inhalt

Matthias Kreck
Ein Bild und seine Geschichte 1

Oskar Lafontaine, Reinhard Höppner
Prominente schreiben über Mathematik 2

Herbert Breger
Gottfried Wilhelm Leibniz als Mathematiker 5

Jörg Schwenk und Albrecht Beutelspacher
Was ist ein Beweis? 18

Thomas Buchholz
Surfing The Net – Mathematik im Internet 33

Knut Radbruch
Mathematik in der Lyrik 38

Erhard Anthes
Mechanische Rechenmaschinen. Zur Geschichte und Didaktik 52

Theo Ungerer
Mikroprozessoren – heute, morgen und übermorgen 67

Meike Stamer
Penrose-Parkette – ein faszinierendes Puzzlespiel 85

Rolfdieter Frank und Peter Slodowy
Sternpolyeder und semilineare Abbildungen 92

Max Leppmeier
Kugelpackungen und Wurstkatastrophen oder Zur Theorie der finiten
und infiniten Packungen 96

Johannes Ueberberg
Möbiusebenen oder Die Geometrie der Kugel 111

Alexander Kreuzer und Margarete Kreuzer
Zur Geschichte des Fluchtpunktes, des Fernpunktes und der projektiven Geometrie 126

Jörg Richstein
Unendliche Geschwisterliebe unter Zahlen oder Die Suche nach den Primzahlzwillingen 135

Detlef Laugwitz
Als Assistent in Oberwolfach 1955/56 144

Michael von Renteln
Paul Stäckel (1862–1919) – Mathematiker und Mathematikhistoriker 151

Adressen der Autoren 161

Matthias Kreck

Ein Bild und seine Geschichte:
Das Mathematische Forschungszentrum Oberwolfach

Das von warmem Licht durchflutete Gebäude stellt den Bibliotheks- und Hörsaalbau des Mathematischen Forschungsinstituts Oberwolfach dar. Die leichte Konstruktion aus Glas und Stahl zeugt von einer großen Offenheit, welche die Internationalität des Institutes widerspiegelt, denn über 60% der Gastforscher kommen aus dem Ausland.

Wer verspürt bei diesem Anblick nicht den Reiz, hier eine Zeit zu verbringen, um in Ruhe und Abgeschiedenheit arbeiten zu können? Er wird sich allerdings fragen, was die aus aller Welt in den Schwarzwald gereisten Mathematiker eigentlich Woche für Woche hier machen. In dem Bibliotheksgebäude sind Gruppen von Wissenschaftlern zu sehen, die intensiv und teilweise mit nicht erwarteter Emotionalität diskutieren, sich zu viert oder fünft um eine der zahlreichen Tafeln geschart haben, an der einer von ihnen Formeln anschreibt oder komplizierte Figuren malt und erläutert. Damit wird das sichtbar, was den einzigartigen Charakter des Oberwolfacher Instituts ausmacht: Es ist ein Ort der Begegnung, des Gedankenaustausches, eine Art von Durchlauferhitzer, der es den Wissenschaftlern ermöglicht, neue Forschungsergebnisse den besten Fachleuten ihres Gebietes vorzustellen, in Diskussionen bis tief in die Nacht hinein neue Forschungsergebnisse auszuhecken und auf Realisierbarkeit hin zu prüfen. Die schon von außen erkennbare stimulierende Atmosphäre und die umgebende wunderschöne Natur im Oberwolfacher Gebiet tragen mit dazu bei, daß das Institut weltweit so beliebt unter den Mathematikern ist.

Das Institut hat zwei Standbeine. Zum einen werden während des gesamten Jahres Tagungen abgehalten. Dazu werden etwa 40 bis 50 Mathematiker aus aller Welt persönlich vom Institut eingeladen, um sich einem speziellen Gebiet zu widmen. Das Programm erstreckt sich über alle Bereiche der Mathematik. Die häufig als Königin der Mathematik bezeichnete Zahlentheorie ist wie die Geometrie in ihren verschiedenen Ausrichtungen vertreten, ebenso die ganze Breite der Analysis, die Numerik, die Statistik und die Stochastik. Im Institut treffen sich die Mathematiker auch mit vielen Anwendern, seien es Ingenieure, Physiker, Ökonomen oder Mediziner. Mehrere Wochen im Jahr sind Aktivitäten vorbehalten, die sich speziell an junge Nachwuchsforscher wenden, zum Beispiel die sogenannten DMV-Seminare.

Seit dem letzten Jahr gibt es ein zweites Standbein der Forschung am Institut, das von der Volkswagen-Stiftung unterstützte Programm „Research in Pairs". Hierzu werden in der Regel zwei Gastforscher aus verschiedenen Orten ans Institut eingeladen, um mehrere Wochen an einem konkreten Forschungsprojekt zu arbeiten. Etwa fünf solcher Forscherpaare können zur gleichen Zeit in den instituteigenen Appartements untergebracht werden.

Unter den Mathematikern gibt es ungewöhnlich viele hervorragende Musiker. Es ist eine große Attraktion für die aktiven Musiker wie für die Zuhörer, daß die Volkswagen-Stiftung die von ihr finanzierten Gebäude mit einem hervorragenden Musiksaal ausgestattet hat, in dem verschiedene Instrumente den Wissenschaftlern zur Verfügung stehen.

Prof. Dr. Matthias Kreck ist der Direktor des Mathematischen Forschungsinstituts Oberwolfach

Prominente schreiben über Mathematik

Oskar Lafontaine

Oskar Lafontaine, Ministerpräsident des Saarlandes, wurde 1943 geboren, studierte nach seinem Abitur am humanistischen Gymnasium in Prüm/Eifel an den Universitäten Bonn und Saarbrücken von 1962 bis 1969 Physik. Er wurde 1970 Angeordneter der SPD im Saarländischen Landtag, war von 1976 bis 1985 Oberbürgermeister von Saarbrücken und ist seit 1985 Ministerpräsident des Saarlandes.

Bei einem Attentat in Köln wurde er am 25. April 1990 durch eine seelisch kranke Frau lebensgefährlich verletzt.

Am 16. November 1995 wurde er zum Vorsitzenden der SPD gewählt.

Zu Unrecht steht die Mathematik im Ruf, völlig abstrakt und lebensfern zu sein. Was mich schon in jungen Jahren an dieser Grundlagenwissenschaft faszinierte, waren ihre strenge Logik und das methodische Verfahren, anhand von Modellen über den Aufbau der Wirklichkeit nachzudenken.

Während die Logik zu gedanklicher Disziplin zwingt, schult das modellhafte Denken Vorstellungsvermögen und Phantasie. Insofern fördert die Mathematik Fähigkeiten und Tugenden, die jedem einzelnen in seinem Alltag von Nutzen sein können.

Und persönlich möchte ich hinzufügen, daß mir die Denkschule der Mathematik und Physik auch im politischen Leben weitergeholfen hat.

Reinhard Höppner

Dr. Reinhard Höppner, Ministerpräsident des Landes Sachsen-Anhalt, wurde 1948 geboren. Nachdem er 1966 und 1967 an den internationalen Mathematikolympiaden teilgenommen hatte, studierte er von 1966 bis 1971 Mathematik an der Technischen Universität Dresden. Anschließend war er 18 Jahre lang als Mathematiker im Akademieverlag Berlin als Fachgebietsleiter für Mathematikliteratur tätig. Außerdem war er 1980 bis 1994 Präses der Synode der Evangelischen Kirche der Kirchenprovinz Sachsen.

Im Dezember 1989 trat er in die SPD ein, wurde 1990 Abgeordneter und Vizepräsident in der ersten demokratisch gewählten Volkskammer der DDR, war von 1990 bis 1994 Vorsitzender der SPD-Landtagsfraktion in Sachsen-Anhalt und ist seit dem 21. Juli 1994 Ministerpräsident des Landes Sachsen-Anhalt.

Was hat Mathematik mit Politik zu tun?

Diese Frage ist mir in den letzten Jahren, seit es mich aus der Mathematik in die Politik verschlagen hat, oft gestellt worden. Die Antwort fällt schwer, zumal jedem wohl zunächst vieles einfällt, was Unterschiede begründet. Die Mathematik glänzt durch unbestechliche Logik. Die Politik scheint bisweilen mit Logik nichts zu tun zu haben. Sie wird oft erst verständlich, wenn man weiß, wer mit wem nicht kann und welche Interessen die bessere Lobby hatten.

Mir fällt bei dieser Geschichte immer jene schöne Geschichte ein, die von dem großen Mathematiker Gauß erzählt wird, der gefragt nach dem Verbleib eines seiner Mitarbeiter, geantwortet haben soll: „Der ist unter die Dichter gegangen, für die Mathematik hatte er nicht genug Phantasie." In der Tat, die Mathematik erfordert ein Höchstmaß an Phantasie – ganz im Gegensatz zur volkstümlichen Meinung, die Mathematik auf das Rechnen reduziert. Und da liegt für mich persönlich eine entscheidende Brücke, denn Phantasie zur Lösung von Problemen ist in der Politik in großem Maße erforderlich. Daß dieser Satz eine fundamentale Kritik an der derzeitigen Politik enthält, wird jeder erkennen, der sich die politische Landschaft ansieht. Politik zeichnet sich heute eher durch Phantasielosigkeit aus. Die mangelnde Phantasie ist gerade in unserer Zeit, in der sich wirtschaftliche und gesellschaftliche Realität in einem grundlegenden Umbruch befinden, geradezu lebensgefährlich. Kreativität wird durch ein Gestrüpp von Rechtsbestimmungen erstickt, die einem Formelfriedhof gleichen, in dem kein zielführender Gedanke mehr zu erkennen ist.

Dabei bin ich erinnert an meinen Mathematikprofessor, der uns gelehrt hat, daß ein mathematisches Problem erst gelöst ist, wenn es hinreichend einfach und überschaubar ist, was keineswegs etwas mit populistischer Vereinfachung zu tun hat. Daß dieses scheinbar hermeneutische Problem ein tief inhaltliches ist, wird von vielen verkannt. Dabei ist gerade die Mathematik ein Beispiel dafür, wie erst ein vernünftiges Abstraktionsvermögen konkrete Lebensvorgänge beherrschbar macht. Freilich macht die dahinter liegende Modellbildung der Mathematik auch deutlich, wie nötig es ist, Wesentliches vom Unwesentlichen zu unterscheiden. Was wesentlich ist, und was man vernachlässigen kann, darüber muß es Streit geben. Den zu vermeiden, macht die Lösung des Problems unmöglich. Leider werden auch in der Politik statt dessen viele Stunden damit zugebracht zu klären, was 2×2 ist.

Vieles gleicht in der Politik dem mathematischen Problem der Polyoptimierung, der Optimierung unter mehreren Zielen, die bekanntlich ohne Festlegung einer Hierarchie der Ziele nicht hinreichend eindeutig lösbar ist. Die Diskussion um eine solche Ziele- oder Wertehierarchie in unserer Gesellschaft, die man nach einem Grundkonsens in der Gesellschaft sucht, fehlt. Sie wäre nicht nur Aufgabe der Politiker.

Ein Mathematiker kann sich zufrieden zurücklehnen, wenn er einen mathematischen Satz widerspruchsfrei in das Gebäude der Mathematik eingepaßt hat: q.e.d. Dieses Gleiche ist einem Politiker nicht vergönnt. Seine Sätze werden sich nie widerspruchsfrei in die politische Landschaft einfügen. Trotzdem bleibe ich in der Politik, in die es mich seit der Wende des Herbstes 1989 verschlagen hat. Es könnte ja sein, daß sie die Eigenschaften eines Mathematikers ganz gut brauchen kann.

Herbert Breger

Gottfried Wilhelm Leibniz als Mathematiker

Vor 350 Jahren, am 21. Juni 1646 wurde Gottfried Wilhelm Leibniz in Leipzig als Sohn eines Professors der Moral geboren. Gelegentlich findet man auch den 1. Juli als Geburtsdatum angegeben. In Europa waren damals je nach Konfession zwei verschiedene Kalender in Gebrauch: Der 21. Juni im protestantischen Leipzig entsprach dem 1. Juli in den katholischen Ländern. Der von Julius Caesar eingeführte „julianische" Kalender basierte auf einer Länge des Jahres von 365,25 Tagen. Da dies aber nicht ganz exakt ist und folglich im Laufe der Zeit das Osterfest nicht mehr zum richtigen Zeitpunkt gefeiert wurde, führte Papst Gregor XIII. 1582 den „gregorianischen" Kalender ein, in dem in vier Jahrhunderten drei Schalttage entfallen. Noch während Leibniz' Lebenszeit, nämlich im Jahre 1700, schlossen sich die Protestanten mehr oder minder dem gregorianischen Kalender an, so daß Leibniz' Todestag einhellig als 14. November 1716 angegeben wird.

Der Professorensohn Leibniz, der schon als Sechsjähriger seinen Vater verlor, studierte an den Universitäten Leipzig und Jena, wo ihm in mathematischer Hinsicht wenig mehr als eine Einführung in Euklid geboten wurde. 1667 promovierte er an der Universität Altdorf in Jura; man bot ihm sofort eine Professur an, doch dem jungen Mann waren die Verhältnisse an einer deutschen Universität zu eng und zu beschränkt. „Theoria cum praxiä" wählte er sich später zum Motto; er wollte nicht nur wissenschaftlich arbeiten, sondern das Erkannte auch praktisch realisieren. So kam ihm ein Angebot des Mainzer Kurfürsten gerade recht: ab 1667 arbeitete Leibniz in dessen Auftrag an einer Reform des Rechtswesens. Zum ersten Mal versuchte er auch, in der großen Politik mitzumischen. Zur polnischen Königswahl legte er eine Schrift vor, in der mit mathematischer Methode (Definition, Satz, Beweis) bewiesen wird, daß es für Polen das Beste wäre, den Pfalzgrafen von Neuburg zum König zu wählen. 1672 begab Leibniz sich in diplomatischer Mission nach Paris; er legte der französischen Regierung seinen „Ägyptischen Plan" vor, der Frankreich zu einem Krieg in Ägypten verleiten und dadurch die französischen Expansionsbestre-

Breger, Herbert – geboren 1946 in einem brandenburgischen Dorf, ab 1952 in West-Berlin. Eine gewisse Unentschlossenheit bei der akademischen Fächerwahl ist zu vermerken: Als Schüler erwog er Theologie zu studieren, um sich jedoch 1966 an der FU Berlin für Physik zu immatrikulieren und 1967 zur Mathematik überzuwechseln. 1968 Fortsetzung des Studiums in Heidelberg, 1971 Diplom bei Albrecht Dold. 1981 Promotion in Hannover in Sozialwissenschaft bei Oskar Negt mit einer wissenschaftshistorischen Arbeit über die Entstehung des Energiebegriffs im 19. Jahrhundert. Ab 1977 Mitarbeiter am Leibniz-Archiv Hannover (Mitwirkung an der Edition des mathematisch-naturwissenschaftlichen Briefwechsels), seit 1993 Leiter des Leibniz-Archivs. Lehrtätigkeit in Oldenburg, Darmstadt und Hannover; 1993 Habilitation in Philosophie und Geschichte der Naturwissenschaft und Mathematik am Philosophischen Institut der Universität Hannover; 1995 apl. Professor.

bungen gegen die Niederlande und Deutschland ablenken sollte.

Wenn die Parisreise auch ein politischer Mißerfolg war, so war der vierjährige Aufenthalt dort für die mathematische Entwicklung des jungen Gelehrten doch von entscheidender Bedeutung. Erst in Paris, das für ihn „die gelehrteste und mächtigste Stadt der Welt"[1] war, erreichte Leibniz das Niveau der zeitgenössischen Mathematik. Er konnte den unveröffentlichten Nachlaß von Pascal einsehen; er erhielt wichtige Anregungen im Gespräch mit Christiaan Huygens, der in Paris lebte, und er erhielt weitere wichtige Anregungen durch zwei Reisen nach London und den Kontakt mit den dortigen Mathematikern. Nicht zuletzt studierte er die 1637 erschienene *Géométrie* von Descartes, ein für die Mathematik des 17. Jahrhunderts grundlegendes Buch, in dem die Beschreibung von Kurven mittels Koordinaten vorgestellt wird und die Lösung von alge-

Bild 1: Gottfried Wilhelm Leibniz

Bild 2: Christiaan Huygens

braischen Gleichungen durch den Schnitt geeigneter Kurven gezeigt wird. Die *Géométrie* war aber noch aus einem anderen Grund bahnbrechend: In ihr begründete Descartes, daß die euklidische Beschränkung auf das mit Zirkel und Lineal Konstruierbare aufgegeben werden solle. Zirkel und Lineal sollten durch ein System gegeneinander drehbarer und verschiebbarer Lineale ersetzt werden; künftig sollten die damit konstruierbaren Kurven (seit Leibniz sprechen wir von algebraischen Kurven) in der Geometrie zulässig seien. Die nicht-algebraischen Kurven nannte Descartes mechanisch; sie gehören nicht in die Geometrie, denn sie lassen sich nicht exakt angeben. Ein Beispiel mag dies verdeutlichen. Ein Halbstrahl drehe sich mit gleichförmiger Geschwindigkeit um einen festen Punkt; gleichzeitig laufe auf dem Halbstrahl ein beweglicher Punkt mit konstanter Geschwindigkeit. Die Bahn des beweglichen Punktes ist dann als archimedische Spirale definiert. Die Definition setzt die Koordination einer Rotation und

einer geradlinigen Bewegung voraus. Anders gesagt: Die Definition setzt die Rektifikation des Kreises (mit den zulässigen Konstruktionsmitteln) oder die Konstruktion einer Strecke der Länge π voraus. Da dies auch mit dem Descartesschen System gegeneinander drehbarer und verschiebbarer Lineale nicht möglich ist, handelt es sich bei der archimedischen Spirale um eine mechanische (nur angenähert angebbare) Kurve.

Descartes hatte gegenüber Euklid den Bereich der Mathematik und des mathematisch Zulässigen erheblich erweitert. Aber in den folgenden Jahrzehnten zeigte sich immer wieder, daß viele interessante Probleme auf nicht-algebraische Kurven führten. So hatte zum Beispiel Mercator die Fläche unter einer Hyperbel als

$$\sum_1^\infty (-1)^{n+1} \frac{x^n}{n}$$

berechnet. Dies galt jedoch nicht als exakte (d.h. mathe-

Bild 3: René Descartes

Bild 4: Isaac Newton

matisch akzeptable) Lösung, und zwar nicht nur, weil Mercator im Laufe seiner Rechnung

$$\frac{1}{1+x}$$

durch formales Ausdividieren einfach in $1- x + x^2 - x^3 + x^4 - + \ldots$ umgeformt hatte, sondern vor allem deshalb, weil die Lösung kein mathematisch zulässiges Objekt war. Die unendliche Reihe

$$\sum_1^\infty (-1)^{n+1}\,\frac{x^n}{n}$$

konnte nur als ein approximativ angegebenes physikalisches Objekt gelten. Natürlich war Mercators Ergebnis trotzdem nützlich; es gab immerhin eine angenäherte (beliebig genau berechenbare) Lösung und ließ ja schließlich auch die Hoffnung, später irgendeine Art von Konstruktion und damit eine mathematische Lösung zu finden. James Gregory und Isaac Newton hatten diesen pragmatischen Weg weiter verfolgt und verschiedentlich mit un-

endlichen Reihen gearbeitet; in einer Arbeit von Gregory aus dem Jahr 1668 treten auch zum ersten Mal die Fachausdrücke „konvergent" und „divergent" auf.

Leibniz ersetzte gegen Ende seines Aufenthalts in Paris dieses pragmatische Vorgehen der Engländer durch eine bewußte Entscheidung, mit der er die Grenzen zwischen Mathematik und Physik (oder zwischen Geometrie und Mechanik) neu zog: Auch transzendente Kurven sind in der Geometrie zulässig. Den Fachausdruck „transzendent" prägte Leibniz 1675. Er dachte dabei an die Darstellung des Logarithmus oder der Kreisfunktionen als unendliche Potenzreihe: Eine transzendente Gleichung ist eine Gleichung, die jeden Grad einer algebraischen Gleichung übersteigt (= transzendiert). Gleichungen wie

$$y = x^{\sqrt{2}},$$

deren Grad gewissermaßen zwischen den Graden algebraischer Gleichungen liegt, nannte er übrigens „interszendent"; freilich hat dieser Fachausdruck schon bei ihm

selbst kaum eine Rolle gespielt. Mit der neuen Grenz-
ziehung zwischen Geometrie und Mechanik stand Leibniz vor der Frage, ob er ebenso wie Euklid und Descartes
den Bereich der Geometrie durch das mit bestimmten
Konstruktionsmitteln Angebbare bezeichnen sollte oder
ob künftig in der Geometrie alle die Kurven zulässig sein
sollten, die sich durch eine Gleichung ausdrücken lassen.
Zwar erwog er gelegentlich, mittels der Evoluten oder der
Kettenlinie neue Konstruktionsmittel für transzendente
Kurven einzuführen; insgesamt kann man aber doch sagen, daß er der Gleichung als Entscheidungskriterium den
Vorzug gab. Natürlich mußte dafür die übliche Notation
erweitert werden, zum Beispiel durch die Einführung der
Schreibweise „log x". Bis dahin war diese Schreibweise
mathematisch unmöglich gewesen, denn log x hatte bis
dahin ja nur einen Näherungsausdruck bezeichnet.

Während seiner mathematischen Studien in Paris wurde Leibniz vor allem durch ein 1659 erschienenes Werk
von Blaise Pascal angeregt; insbesondere ging ihm dabei,
wie er schreibt[2], „ein großes Licht auf", das Pascal verbor-
gen geblieben war. Pascal hatte in einem speziellen Beweis
für den Kreis ein Dreieck betrachtet, das aus unendlich
kleinen Stücken der Ordinate, der Abszisse und der Tangente gebildet wurde; dieses Dreieck ist (da die Seiten jeweils aufeinander senkrecht stehen) ähnlich zu einem
Dreieck, das vom Kreisradius, der Ordinate und einem
Stück auf der Abszisse gebildet wird. Beziehungen am
unendlich kleinen Dreieck können also auf das gewöhnli-
che Dreieck übertragen werden. Leibniz sah, daß diese
Überlegung von Pascal vom Kreis auf beliebige Kurven
verallgemeinerbar ist, indem man den Kreisradius durch
die Normale ersetzt. Das unendlich kleine „charakteristische Dreieck", wie er es nannte, erwies sich in der Folge
als ein nützlicher und vielseitiger verwendbarer Beweis-
trick.

Insbesondere fand Leibniz mit Hilfe des charakteristi-
schen Dreiecks 1673 seinen „Transmutationssatz", mit dem
alle bis dahin bekannten Sätze über Flächenbestimmungen
aus einem einheitlichen Prinzip hergeleitet werden konnten. Der Satz beruhte darauf, daß die Fläche unter einer
Kurve nicht durch Parallelen zu Abszisse und Ordinate in
rechteckige Streifen zerlegt wurde, sondern in Dreiecke,
von denen jeweils eine Ecke im Koordinatenursprung lag.
Der Transmutationssatz war ein geometrischer Satz und

war insofern noch weit entfernt von der Differential- und
Integralrechnung als einem formalen Kalkül, der nur noch
auf die Gleichung einer Kurve Bezug nimmt. Dennoch
gibt der Transmutationssatz eine ziemlich allgemeine
Methode, und mit seiner Hilfe fand Leibniz seine „arithmetische Kreisquadratur", d.h. die unendliche Reihe für
den arcus tangens und als deren Spezialfall die „Leibniz-
Reihe":

$$\frac{\pi}{4} = 1 - \frac{1}{3} + \frac{1}{5} - \frac{1}{7} + \frac{1}{9} - +...$$

Leibniz erläutert im Zusammenhang damit, daß eine endliche Teilsumme dieser alternierenden Reihe sich vom
Summenwert um weniger als der Betrag des nächsten Sum-
manden unterscheidet (Leibnizsches Konvergenzkri-
terium). Er war von der Schönheit und Einfachheit dieses
Ausdrucks begeistert und kommentierte die Reihe in einer Veröffentlichung mit der Bemerkung „Gott erfreut sich
der ungeraden Zahl"[3]. Der Praktiker Newton vermochte
Leibniz' Begeisterung nicht zu teilen. In einem Brief an
Leibniz aus dem Jahre 1676 bemängelt er die schlechte
Konvergenz der Reihe; um π mit dieser Reihe auf zwanzig
Stellen genau zu berechnen, müsse man etwa 5 Milliar-
den Glieder berücksichtigen, und dies würde tausend Jahre
dauern.

Im Spätherbst 1675 gelang Leibniz dann der große
Wurf: Er entwickelte die Infinitesimalrechnung, d.h. einen Kalkül der unendlich kleinen Größen, mit dessen Hilfe
Tangentenprobleme, Extremwertaufgaben, Flächenbestimmungen, Schwerpunktprobleme und Bestimmung
einer Kurve aus ihren Tangenten mit einer einheitlichen
Methode gelöst werden konnten. Statt in jedem Einzelfall
nach einer trickreichen geometrischen Lösung zu suchen,
konnte Leibniz die Probleme auf einer höheren Abstraktionsstufe allgemein angehen. Das wichtigste Mittel dazu
war die Formulierung von Rechenregeln des neuen Kalküls.
Wir können seine Überlegungen an Hand der Handschriften in seinem Nachlaß nachvollziehen. So stellt er sich in
einer der frühesten Handschriften zu dem neuen Kalkül
die Frage, ob $dx\,dy$ gleich $d\,(xy)$ sowie ob

$$\frac{dx}{dy} \text{ gleich } d\left(\frac{x}{y}\right)$$

ist. Er kommt zu dem Resultat, daß dies nicht der Fall ist,

Bild 5: Erstes Auftreten des Integralzeichens in einer Aufzeichnung vom Herbst 1675. In der 10. Zeile von oben heißt es: „Utile erit scribi ∫ pro omn." (Niedersächsische Landesbibliothek Hannover, LH XXXV, VIII, 18 Bl. 2 v°)

MENSIS OCTOBRIS A. $\mathrm{|M\,DC\,LXXXIV.}$ 467

NOVA METHODUS PRO MAXIMIS ET MI-nimis, itemque tangentibus, quæ nec fractas, nec irrationales quantitates moratur, & singulare pro illis calculi genus, per G. G. L.

S It axis AX, & curvæ plures, ut VV, WW, YY, ZZ, quarum ordi-
natæ, ad axem normales, VX, WX, YX, ZX, quæ vocentur respe-   TAB.XII

Sit a quantitas data constans, erit da æqualis o, & d $\overline{\text{ax}}$ erit æqu·
a dx: si sit y æqu v (seu ordinata quævis curvæ YY, æqualis cuivis or-
dinatæ respondenti curvæ VV) erit dy æqu. dv . Jam *Additio & Sub-
tractio*: si sit z — y $\maltese$ w $\maltese$ x æqu. v, erit d $\overline{z - y \maltese w \maltese x}$ seu d v, æqu
dz ⊸ dy $\maltese$ dw $\maltese$ dx. *Multiplicatio*, d $\overline{x\,v}$ æqu. x d $v \maltese v$ dx, seu posito
y æqu. xv, fiet d y æqu x d $v \maltese v$ dx. In arbitrio enim est vel formulam,
ut x v, vel compendio pro ea literam, ut $\dot{y}$, adhibere.   Notandum & x
& d x eodem modo in hoc calculo tractari, ut y & dy, vel aliam literam
indeterminatam cum sua differentiali.   Notandum etiam non dari
semper regressum a differentiali Æquatione, nisi cum quadam cautio-
ne, de quo alibi.   Porro *Divisio*, d $\dfrac{v}{y}$ vel (posito z æqu. $\dfrac{v}{y}$) dz æqu.
$$\dfrac{\maltese v\,dy \maltese y\,dv}{yy}$$

Bild 6: Erstveröffentlichung der Differentialrechnung im Oktober 1684 in der Zeitschrift *Acta eruditorum*

ohne in dieser Handschrift schon die richtigen Regeln zu finden. Am Ende seines Pariser Aufenthalts, im Oktober 1676, war er jedenfalls im Besitz der Infinitesimalmethoden. Ebenfalls aus der Frühzeit (Herbst 1675) stammt das erste Integralzeichen. Leibniz betrachtet die Summe von Rechtecken mit unendlich kleiner Breite, verwendet aber zunächst noch die hier eigentlich nicht mehr passende Notation omn. l (=omnes lineae, alle Linien) von Cavalieri. Plötzlich bemerkt er jedoch „Es wird nützlich sein, ∫ statt omn. zu schreiben"[4]. Dabei ist ∫ in Leibniz' Handschrift einfach nur der Buchstabe s (als Abkürzung für summa).

Die Notwendigkeit des Gelderwerbs veranlaßte Leibniz 1676 dazu, als Bibliothekar und Hofrat in die Dienste des Herzogs Johann Friedrich von Hannover zu treten. Schon 1679 starb der für wissenschaftliche Fragen aufgeschlossene Herzog; seine Nachfolger waren eher an der Erweiterung ihrer politischen Macht interessiert. Leibniz

blieb dennoch bis zu seinem Tode am 14. November 1716 in den Diensten des Herzogs bzw. der Kurfürsten von Hannover, die 1714 die englische Thronfolge antraten. Durch seine Bemühungen um den Silberbergbau im Harz (Bau von Windmühlen zur Entwässerung der Gruben) und seine Arbeit an der Welfengeschichte versuchte er sich seinen Fürsten unentbehrlich zu machen, aber er wußte sich auch immer wieder, vor allem durch seine zahlreichen Reisen (1687 bis 1690 nach Süddeutschland, Österreich und Italien, später zahlreiche kleinere Reisen, mitunter trotz ausdrücklichen fürstlichen Reiseverbots) Freiräume für wissenschaftliche Arbeit und Kontakte zu verschaffen. Vor allem aber hielt er durch seine umfangreiche Korrespondenz mit 1100 Briefpartnern den Kontakt mit der gelehrten Welt aufrecht, was um so wichtiger war, als das wissenschaftliche Zeitschriftenwesen nur wenig entwickelt war.

Der Infinitesimalkalkül führte in den ersten Jahren nicht zur Lösung neuer Probleme, sondern bedeutete zunächst „nur" den Übergang zu einer höheren Abstraktionsstufe zur einheitlichen und formalen Behandlung der vorher individuell behandelten Probleme. Es ist in diesem Zusammenhang aufschlußreich, die Überschrift des Aufsatzes zu betrachten, in dem Leibniz 1684 seine Differentialrechnung veröffentlicht: „Neue Methode für Maxima und Minima sowie für Tangenten, die weder durch gebrochene noch durch irrationale Ausdrücke gehindert wird, und eine einzigartige Rechnungsart dafür". Methoden und Regeln zur Bestimmung von Tangenten und Extremwerten gab es von Fermat, Descartes, Hudde, Barrow, Sluse und anderen bereits seit Jahrzehnten. Diese Regeln hatten aber gewisse Beschränkungen, beispielsweise konnte die Regel von Sluse nur auf algebraische Funktionen mit ganzzahligen positiven Exponenten angewandt werden. Die Funktion

$$y = \frac{x^2 - 5}{\sqrt{x} - 2}$$

mußte also erst in

$$x^4 - 10x^2 + 4yx^2 - y^2x + 4y^2 - 20y + 25 = 0$$

umgeformt werden. Leibniz gab dagegen nicht nur Regeln für die Elementarbausteine einer Funktion, sondern auch für die Zusammensetzung von Funktionen aus Funktionen (Produktregel, Quotientenregel). Außer dieser Einführung eines höheren Gesichtspunktes war sein Infinitesimalkalkül auch insofern nützlich, als er die zwanglose Verwendung und Weiterentwicklung der von seinen Vorgängern benutzten Kunstgriffe mit unendlich kleinen Größen (z.B. das charakteristische Dreieck) erlaubte. Mit diesen Kunstgriffen verfügte man über einen Leitfaden, der das Finden von Tangenten und Flächenbestimmungen auch bisher unbekannter transzendenter Kurven erleichterte. Daß Tangentenprobleme und Flächenprobleme zueinander invers sind, war schon vorher bekannt gewesen; aber Leibniz machte diese Erkenntnis zur Grundlage und zum Ausgangspunkt des neuen Kalküls, der aus zwei zueinander inversen neuen Rechnungsarten bestand.

Schließlich ist die gute (und bis heute übliche) Notation zu erwähnen. Newton hatte seinen Fluxionskalkül, in dem die Ableitungen als Geschwindigkeiten gedeutet wurden, vor Leibniz entwickelt und erst später veröffentlicht. Der unerfreuliche Prioritätsstreit, der bis ins 20. Jahrhundert nicht selten unter nationalem Vorzeichen fortgesetzt wurde, ist heute durch die einhellige Meinung aller

Bild 7: Leibniz-Haus (im 2. Weltkrieg zerstört, 1983 wiederaufgebaut); ab 1698 hatte Leibniz hier seine Wohnung

Mathematikhistoriker dahingehend entschieden, daß Leibniz seine Rechnungsart unabhängig von Newton gefunden hat. Beide Kalküle sind gleich leistungsfähig. Dennoch hat sich durch Euler und andere die suggestivere Notation von Leibniz durchgesetzt. Newtons Notation

$$\dot{x}, \dot{y} \quad \text{für} \quad \frac{dx}{dt}, \frac{dy}{dt}$$

wird bis heute in der Physik verwendet.

Übrigens erhebt Leibniz in seiner erwähnten ersten Veröffentlichung der Infinitesimalrechnung durchaus den Anspruch, mit diesem Kalkül ein bisher ungelöstes Problem lösen zu können. Er bezieht sich dabei auf ein Problem, das der Mathematiker Debeaune vor mehr als vierzig Jahren gestellt und das Descartes in einem Brief an Debeaune für unlösbar erklärt hatte: Gesucht ist eine Kurve, deren Subtangente *t* durch die Gleichung

Bild 8: Leibniz' Arbeitszimmer im früheren
Leibniz-Haus

$$t = \frac{ay}{a - y}$$

gegeben ist. Leibniz zeigt, daß das charakteristische Dreieck ähnlich ist zu dem aus der Subtangente t, der Ordinate y und einem Stück der Tangente gebildeten Dreieck, und er folgert in wenigen Zeilen, daß die logarithmische Kurve die Lösung ist. Aber schon Descartes hatte gezeigt, daß die gesuchte Kurve durch die Eigenschaft charakterisiert wird, daß eine geometrische Folge auf der Abszisse eine arithmetische Folge auf der Ordinate induziert. Es war unter Descartes' Zeitgenossen und daher sehr wahrscheinlich auch Descartes bekannt, daß dies den Logarithmus charakterisiert. Wenn Descartes trotzdem abbrach und das Problem für unlösbar erklärte, so eben deshalb, weil die logarithmetische Kurve keine exakt konstruierbare Kurve und daher keine zulässige Lösung eines geometrischen Problems war. Nur weil Leibniz die Grenzen des mathematisch Zulässigen neu definiert hatte, konnte er beanspruchen, ein bisher unlösbares Problem lösen zu können. Wie groß der Vorteil dieser Neudefinition war, zeigte sich in vollem Umfang erst in der Integralrechnung, die Leibniz 1686 in einem weiteren Aufsatz zum ersten Mal der Öffentlichkeit vorstellte. Viele Integrationen algebraischer Kurven führen auf transzendente Kurven; ein geschlossener Kalkül, in dem Differentation und Integration zueinander invers sind, läßt sich nur aufbauen, wenn das Transzendente miteinbezogen wird.

Langfristig führte der neue Kalkül aber natürlich doch zu wirklich neuen Resultaten. Die neue Rechnungsart feierte ab 1689 einen Erfolg nach dem anderen durch eine Reihe von öffentlich gestellten Problemen, zu deren Lösung die Mathematiker Europas herausgefordert wurden. Zunächst stellte Leibniz 1687 öffentlich die Frage, wie die Kurve beschaffen sein muß, auf der sich ein widerstandslos im Schwerefeld fallender Massenpunkt mit konstanter Geschwindigkeit bewegt. Dieses Problem der „Isochrone" wurde außer von Leibniz von Christiaan Huygens und Jakob Bernoulli gelöst. Letzterer fügte seiner Lösung sofort die Formulierung eines neuen Problems hinzu: Welche Gestalt nimmt eine Kette an, die im Schwerefeld an zwei gegebenen Punkten aufgehängt ist? Noch Galilei hatte geglaubt, daß die Kettenlinie eine Parabel ist, aber man wußte unterdessen, daß dies nicht richtig ist. Huygens, Johann Bernoulli, Leibniz (sowie später Newton) waren in der Lage, das Problem zu lösen. 1696 stellte dann Johann Bernoulli die Aufgabe, die Kurve der kürzesten Fallzeit („Brachystochrone") zu finden. Huygens war unterdessen gestorben, aber von Newton, Leibniz sowie Jakob und Johann Bernoulli gingen richtige Lösungen ein. Diese (und einige andere Probleme wie das der Isochrona paracentrica, Vivianis Problem und das isoperimetrische Problem) bildeten eine Folge von sich steigerndem Schwierigkeitsgrad. Es ist interessant zu sehen, wie die wenigen Mathematiker, die zu Lösungen in der Lage waren, vorgingen. Leibniz und die Brüder Bernoulli verwendeten die Infinitesimalrechnung, Newton kam mit seiner Fluxionsmethode ebenso zum Ziel. Der zur älteren Generation gehörende Huygens löste die Aufgaben durch Vertiefung in die speziellen geometrischen Bedingungen des jeweiligen Problems; er war beeindruckt davon, daß Leibniz mit der Infinitesimalrechnung über eine allgemeine Methode verfügte, aber diese Methode blieb ihm – trotz Leibniz' Veröffentlichungen und der Korrespondenz mit Leibniz – unverständlich. Mit der Ausnahme des hervorragenden Mathematikers Huygens hatte Leibniz schon recht, wenn er über das Problem der Kettenlinie sagte, die Lösung „zu finden, soll einer wohl bleiben lassen, der nicht meinen oder einen aequivalenten calculum hat."[5]

Ungeachtet dieser Erfolge wurden sowohl Leibniz' Infinitesimalrechnung als auch Newtons Fluxionsrechnung in den folgenden Jahren und Jahrzehnten mitunter wegen ihrer angeblich unsicheren Grundlagen angegriffen. Die prinzipiellen Kritiker (Nieuwentijt, Berkeley) waren jedoch mathematische Laien und ihre Einwände beeindruckten die Fachleute wenig. An den französischen Mathematiker Varignon schrieb Leibniz 1702, daß man die Infinitesimalrechnung gegenüber jedem verteidigen solle, der zu ihrem Verständnis befähigt sei, daß man damit aber andererseits nicht zu viel Zeit verlieren solle, denn es sei wichtiger, neue schöne Entdeckungen zu machen. Im 18. Jahrhundert gab es mit Lagrange immerhin einen bedeutenden Mathematiker, der nach einer besseren Grundlage für die Infinitesimalrechnung suchte, aber niemand behauptete, das Rechnen mit unendlich kleinen Größen sei falsch, widersprüchlich oder unbrauchbar. Erst seit der zweiten Hälfte des 19. Jahrhunderts, also seit Weierstraß' Reform der Analysis, hat das Rechnen mit unendlich kleinen Größen sozusagen eine schlechte Presse. In den letzten Jahrzehnten haben Schmieden/Laugwitz (1958) und Robinson (1966) gezeigt, daß sich auch nach den heutigen Kriterien mathematischer Strenge mit Infinitesimalien rechnen läßt. Die Kenntnis dieser Nichtstandard-Analysis kann durchaus eine Hilfe beim Verständnis historischer Texte mit unendlich kleinen Größen sein, aber es ist unverkennbar, daß die historische Infinitesimalrechnung und die moderne Nichtstandard-Analysis verschiedene Theorien sind. Vor allem ist auffallend, daß Leibniz, Euler und andere mit einer Theorie, deren Grundlagen angeblich unsicher oder widersprüchlich gewesen sein sollen,

keinen falschen Satz bewiesen haben. Und ist es nicht überhaupt merkwürdig, daß die Mathematik, die schon bei Euklid die Prinzipien des Beweises und der mathematischen Strenge eingeführt hatte, zweihundert Jahre lang mit widersprüchlichen Grundlagen gearbeitet haben soll? Man kann jedenfalls nicht sagen, daß Leibniz kein Interesse für mathematische Strenge gehabt habe; er befaßte sich mit der Korrektur einer Beweislücke bei Euklid,[6] und es gibt eine ganze Reihe von Aufzeichnungen, in denen er sich um den Beweis euklidischer Axiome (wie „Das Ganze ist größer als der Teil") bemüht.

Tatsächlich sind die Grundlagen der Infinitesimalrechnung bei Leibniz keineswegs unsicher oder widersprüchlich, aber einige wesentliche mathematische Begriffe haben ihre Bedeutung so stark geändert, daß wir als Leser des 20. Jahrhunderts immer wieder zum Mißverständnis dieser Texte neigen. Es geht dabei um drei Themen, deren Behandlung für ein Verständnis der Infinitesimalrechnung Voraussetzung ist: Der Bedeutungswandel von „Kontinuum", der Charakter der unendlich kleinen Größen als Fiktionen sowie der Bedeutungswandel von „Analysis".

Wenn heute ein Mathematiker vom (eindimensionalen) Kontinuum spricht, dann denkt er dabei an eine überabzählbare Punktmenge reeller Zahlen. In diesem Kontinuum ist es selbstverständlich möglich, unstetige Funktionen zu definieren. Das Kontinuum von Leibniz (und seinen Nachfolgern bis ins 19. Jahrhundert) ist völlig anders strukturiert: Weder ist es eine Menge von Punkten noch ist es möglich, darin unstetige Funktionen zu definieren. Das Kontinuum ist vielmehr ein Grundbegriff – ebenso wie der Mengenbegriff in der modernen Mathematik. Es ist als ein zusammenhängendes, fließendes Ganzes gegeben, in dem es (außer den eventuell vorhandenen Endpunkten) zunächst keine Punkte gibt; als ein anschauliches Beispiel mag das zeitliche Kontinuum von 10 bis 11 Uhr gelten, das wir im Alltagsleben nicht als eine überabzählbare Punktmenge auffassen. Erst durch die Tätigkeit des Mathematikers, der in diesem Kontinuum Teilungen vornimmt, entstehen Punkte. Das Kontinuum besteht aber nicht aus Punkten; diese sind vielmehr nur Grenzen von Teilen des Kontinuums. Niemals können so viele Teilungen durchgeführt werden, daß das Kontinuum vollständig in Punkte zerlegt würde. Wenn ein Kontinuum in zwei Teile zerlegt wird, dann überlappen sich diese Teile oder sie haben mindestens einen Punkt gemeinsam.[7] Der Endpunkt eines Kontinuums gehört nämlich notwendigerweise zu diesem Kontinuum. Dies verwundert uns, weil unsere Intuition von der mengentheoretischen Auffassung des Kontinuums geprägt ist. Aber man versuche, sich eine Schnur von einem Meter Länge vorzustellen, die kein linkes Ende besitzt. Dies ist offenbar unmöglich. Ebenso ist ein halboffenes Kontinuum (0,1] bei Leibniz unmöglich; der Punkt 0 als linkes Ende gehört notwendigerweise dazu (denn Punkte sind nur Grenzen, nicht Teile des Kontinuums). Wenn es für einen Augenblick erlaubt ist, die moderne Terminologie anzuwenden, dann könnte man sagen, daß es in einem Leibnizschen Kontinuum nur abgeschlossene Mengen gibt und daß überhaupt die Bildung von Teilmengen eingeschränkt ist. Daraus folgt unmittelbar, daß auch die Definition von Funktionen eingeschränkt ist: Da das Kontinuum nicht aus Punkten besteht und nur in abgeschlossene Teilmengen, die mindestens einen Punkt gemeinsam haben, zerlegt werden kann, lassen sich nur stetige Funktionen definieren. Leibniz formuliert diesen Sachverhalt im Kontinuitätsprinzip, das in einer seiner Fassungen lautet: Wenn im Gegebenen sich das eine dem anderen kontinuierlich annähert und schließlich ineinander übergeht, dann gilt dies auch im Gesuchten oder in den Folgerungen.[8]

In diesem für uns merkwürdigen Kontinuum sind die für uns merkwürdigen unendlich kleinen Größen natürliche Hilfsmittel. Betrachten wir die Umgebung des Punktes 0 im Kontinuum [0,1]. Wenn man den Punkt 0 aus diesem Kontinuum entfernen will, dann muß man gleich ein ganzes Intervall entfernen. Man kann dieses Intervall so klein wählen, wie man will, aber es wird stets größer als null sein. Man gewinnt den intuitiven Eindruck, daß rechts von der 0 ein Stück unablösbar an dem Punkt 0 klebt. Dieses unablösbare Stück hat keine angebbare positive Größe; man kann es als eine nicht angebbare oder eine unendlich kleine Größe bezeichnen. Eine unendlich kleine Größe ist kleiner als jede angebbare positive Größe. Leibniz betont immer wieder, daß es sich bei den nicht angebbaren oder unendlichkleinen Größen um Fiktionen handelt. Wenn man diese Bestimmung der unendlichkleinen Größen nicht ernst nimmt, darf man sich nicht wundern, wenn man die Infinitesimalrechnung widersprüchlich findet. Der Deutlichkeit halber sei wiederholt: Wenn x und y Punkte in einem (eindimensionalen) Kontinuum sind, dann ist $x - y$ eine angebbare Größe. Wenn

jedoch x ein Punkt ist, dann ist $x + dx$ keineswegs ein Punkt, sondern sozusagen ein fiktiver Punkt. Das fiktive Intervall $[x, x + dx]$ hat keine angebbare Länge und vor allem: in diesem Intervall gibt es lediglich einen einzigen echten Punkt, nämlich den Punkt x. Leibniz formuliert diesen Sachverhalt in einer anderen Fassung des Kontinuitätsprinzips: Die Ruhe kann als unendlich kleine Geschwindigkeit und die Gleichheit als unendlich kleine Ungleichheit betrachtet werden[9]. Wenn wir dies als eine Formel schreiben, so erhalten wir $x = x + dx$. Dies bestätigt erneut den fiktiven Charakter der infinitesimalen Größen. Wenn man den Satz $x = x + dx$ mittels angebbarer Größen formulieren will, so lautet er: Wenn die Differenz zweier Größen kleiner als jede angebbare positive Größe ist, dann sind diese beiden Größen gleich.

Die Einführung fiktiver Größen hat ihren Nutzen darin, daß sie ein geeignetes Hilfsmittel sind, die Intuition des kontinuierlichen Fließens in einen Kalkül zu transportieren (Newtons Verwendung von Geschwindigkeiten hat den gleichen Vorteil). Die fiktiven oder nicht angebbaren Größen haben einen Nutzen im Verlauf der Rechnung, dürfen aber im Endresultat nur vorkommen, wenn sie als bloße Abkürzung für angebbare Größen gebraucht werden. So sind beispielsweise $f(x)dx = z$ oder

$$\frac{dy}{dx} = g(x)$$

als Endresultat erlaubt. Ein Beispiel: $y = x^2$ führt zu $y + dy = x^2 + 2x\,dx + (dx)^2$ und über

$$\frac{dy}{dx} = 2x + dx \text{ dann zum Endergebnis } \frac{dy}{dx} = 2x.$$

Für den geübten Infinitesimalrechner ist der Umgang mit diesen fiktiven Größen kein Problem; auf die Rechtfertigung des Verfahrens werden wir noch kommen.

Leibniz nennt seine neue Methode zwar gelegentlich „Differentialkalkül", meistens verwendet er aber Formulierungen wie „Analysis des Unendlichen", „neue Analysis", „unsere Analysis" oder ähnlich. In der heutigen Mathematik sind Begriffe wie Analysis, analytische Methoden, analytische Funktionen usw. eng mit dem Begriff des Grenzwerts verbunden. Seit der Antike und bis weit über das 17. Jahrhundert hinaus hat das Wort Analysis aber eine völlig andere Bedeutung. Es bezeichnet eine Methode, mit der die Lösung eines Problems durch Zerlegung des Gegebenen gefunden werden soll. Ist die Lösung gefunden, so folgt die Synthese, also die Zusammensetzung oder mit anderen Worten der Beweis, daß das Gefundene wirklich eine Lösung ist. Dieser alte Sprachgebrauch klingt noch in der Bezeichnung „analytische Geometrie" nach. Diese Bezeichnung geht darauf zurück, daß Descartes 1637 in seiner *Géométrie* eine neue Analysis angegeben hatte, d.h. eine neue Methode zur Lösung geometrischer Probleme. Im ersten Schritt ordnet man allen relevanten Strecken Buchstaben zu. Zwischen diesen stellt man dann alle algebraischen Beziehungen auf, die sich nur aufstellen lassen; oft empfiehlt es sich, zusätzlich einen Thales-Kreis zu errichten, den Satz des Pythagoras anzuwenden oder eine geschickte Hilfslinie zu ziehen. Hat man genügend viele algebraische Beziehungen zwischen den bekannten und den unbekannten Strecken, so löst man die algebraischen Gleichungen. Die algebraische Lösung liefert dann – in die Geometrie zurückinterpretiert – die Lösung des geometrischen Problems. Daß es sich wirklich um eine Lösung handelt, bedarf noch eines Beweises (der Synthese), der aber offensichtlich ist und deshalb von Anfang an meist weggelassen wurde. Für das 17. Jahrhundert war völlig klar, daß hier Geometrie mittels einer Analysis getrieben wird. Heute findet man den Ausdruck „analytische Geometrie" irreführend, weil es sich ja nicht um Grenzwertbetrachtungen handelt; man neigt heute daher dazu, den Ausdruck kaum noch zu verwenden.

Denselben radikalen Bedeutungswandel müssen wir im Auge haben, wenn Leibniz von seiner Analysis des Unendlichen spricht. Er denkt nicht an eine formale, deduktiv aufgebaute und Beweise liefernde Theorie, wie es die heutige Analysis (sowie auch die heutige Nichtstandard-Analysis) ist, sondern an eine Methode, die zur Auffindung des richtigen Resultats von Tangentenproblemen, Flächenberechnungen, Extremwertbestimmungen usw. hilft, ohne daß damit schon ein Beweis für das Resultat beansprucht wäre. Die unendlich kleinen Größen, so erläutert Leibniz, haben eine ähnliche Hilfsfunktion wie es die komplexen Ausdrücke in gewissen Fällen für das Finden reeller Lösungen einer Gleichung haben können. Dies Beispiel lohnt eine kurze Erläuterung. Natürlich waren für Leibniz (und noch lange nach ihm) komplexe Ausdrücke keine akzeptierten mathematischen Objekte; interessant waren nur die reellen Lösungen einer Gleichung. Leibniz hatte nun aber 1675 zu seiner großen Überra-

schung gefunden[10], daß die cardanische Formel zur Lösung kubischer Gleichungen auch dann anwendbar ist, wenn sie einen komplexen Wurzelausdruck liefert. Im Verlauf seiner Rechnungen war Leibniz nämlich auf

$$\sqrt{1 + \sqrt{-3}} + \sqrt{1 - \sqrt{-3}}$$

gestoßen; durch Quadrieren sieht man, daß dies gleich $\sqrt{6}$ ist. Freilich könnte man dabei einen Fehler gemacht haben, denn verschiedene Werte können das gleiche Quadrat haben. Die strenge Rechtfertigung unseres Vorgehens braucht den Rechner aber nicht zu kümmern, denn dies ist nur die Analysis. Daß dieser so gefundene Wert wirklich eine Lösung ist, bedarf anschließend des Beweises durch Einsetzen in die gegebene kubische Gleichung, aber diese „Synthese" ist so leicht, daß sie eigentlich kaum der Erwähnung wert ist. Ähnlich verhält es sich nach Leibniz mit den unendlich kleinen Größen: Sie sind ebenso wie die komplexen Ausdrücke nur Fiktionen, aber sie haben einen Nutzen zur Auffindung der Lösung.

Erst wenn die Analysis abgeschlossen, eine mutmaßliche Lösung also gefunden ist, folgt die Synthese, die nun ein strenger Beweis sein muß. Klar ist natürlich, daß eine Analysis nur dann eine gute Analysis ist, wenn sie zumindest den geübten und kompetenten Mathematiker immer zum richtigen (und nur zum richtigen Ergebnis) führt. Aber dies brauchte nicht formal gerechtfertigt zu werden, sondern konnte eine Erfahrungstatsache sein. Im obigen Beispiel brauchte Leibniz keine formale Theorie des Rechnens mit komplexen Zahlen zu besitzen (in der Tat waren seine Vorstellungen darüber[11] zum Teil falsch); es genügte vielmehr, $\sqrt{6}$ in die Ausgangsgleichung einzusetzen. Ebenso bedurfte Leibniz nicht, wie heute oft behauptet wird, einer formalen Rechtfertigung des Rechnens mit unendlich kleinen Größen; es genügte vielmehr, in jedem Einzelfall die Richtigkeit des erhaltenen Resultats ohne Verwendung unendlich kleiner Größen beweisen zu können. Dies konnte, wie Leibniz nicht müde wird zu betonen, in der traditionellen Weise (indirekter Beweis à la Archimedes) geschehen. Wenn man zum Beispiel eine Fläche mit Hilfe der Infinitesimalanalysis bestimmt hatte, so würde die Synthese mit der Annahme beginnen, daß das Ergebnis falsch sei. Dann muß es ein positives ε geben, daß die Differenz zum richtigen Wert angibt. Die in der Analysis gewonnenen Ideen kann man nun umgekehrt als Beweisideen nutzen, um die Annahme zu widerlegen. Wenn man einige Erfahrung gesammelt hat, findet man diese Synthese ebenso umständlich wie trivial und neigt dazu, sie kommentarlos als Selbstverständlichkeit wegzulassen. Ein Brief an L'Hôpital verdeutlicht Leibniz' Haltung: „Ich bin nicht verärgert, daß Herr de la Hire sich die Mühe machen will, die ich bestimmt nicht auf mich nehmen möchte, alles das auf Beweise in der Art der Antike zu reduzieren, was wir mit unserer Methode leicht entdecken."[12] Wohlgemerkt: Leibniz behauptet hier nicht, daß seine Analysis Beweise gebe.

Es ist aber leicht verständlich, daß das zunehmende Vertrauen in die Zuverlässigkeit der neuen Analysis allmählich eine zunächst fast unmerkliche Änderung in der Einstellung mit sich brachte. Wenn die Synthese in den Mitteilungen der kompetenten Mathematiker faktisch immer weggelassen wurde, so mußte dies im Laufe der Zeit zu einem Bedeutungswandel des Wortes „Analysis" führen, nämlich von „Methode zur Lösungssuche" über „Lehre vom Rechnen mit dem Unendlichen" bis hin zum modernen „Theorie der Grenzwertprozesse". Für eine solche Theorie fehlten dann natürlich die strengen Grundlagen, so daß Weierstraß' Reform und die sich anschließenden Arbeiten von Dedekind und Cantor eine konsequente Folge waren. Dabei wurde auch gleich die Konzeption des Kontinuums verändert: Das Kontinuum gilt nun als Punktmenge; die reellen Zahlen werden nicht mehr als gegeben angesehen, sondern explizit aufgebaut oder axiomatisch eingeführt.

Außer der Analysis des Unendlichen entwickelte Leibniz eine weitere Analysis: die Analysis situs (Analysis der Lage). Sie geht von der Überlegung aus, daß Descartes' analytische Geometrie zur Lösung geometrischer Probleme stets den Umweg über die Algebra geht. Man erhält so in bewundernswerter Weise stets einen Lösungsweg, jedoch nicht in jedem Fall den besten oder den natürlichen Weg: Mitunter sind umfangreiche Rechnungen erforderlich, obwohl es eine elegante und einfache geometrische Konstruktion zur Lösung des Problems gibt. Man ist, so Leibniz, in der Situation eines Reisenden, der von Würzburg nach Wertheim möchte: die Fahrt mit dem Schiff ist eine sichere Methode, aber in Anbetracht der Krümmung des Mains doch ein großer Umweg. Wenn die Algebra ein Kalkül der Größen ist, so braucht man nun einen Kalkül der Lage; die verwendete Notation soll die geometrische

Lagebeziehung ohne den Rekurs auf Koordinaten zum Ausdruck bringen. Sind A und B Punkte im Raum, so wird eine Kugeloberfläche durch die Gesamtheit aller Punkte X bezeichnet, für die AX kongruent zu AB ist. Eine Ebene wird durch die Gesamtheit aller Punkte X bestimmt, für die AX kongruent zu BX ist. In anderen Aufzeichnungen verwendet Leibniz die Ähnlichkeit als weitere Grundrelation. Er verband hohe Erwartungen mit dem Projekt: Indem die Notation unmittelbar der Anschauung folgt, sollte auch die exakte Beschreibung einer Maschine ohne Worte und ohne eine Zeichnung möglich werden. Trotz zahlreicher Aufzeichnungen und immer neuer Versuche zur Analysis situs konnte Leibniz jedoch keine nennenswerten Ergebnisse vorlegen, so daß die wenigen Korrespondenzpartner (Huygens, L'Hôpital), denen er sein Projekt nicht nur andeutungsweise mitteilte, kein Interesse zeigten. Die Idee einer koordinatenfreien Geometrie entfaltete dennoch eine beachtliche Wirkungsgeschichte. Euler sah seine Lösung des Königsberger Brückenproblems als einen Beitrag zu Leibniz' Analysis situs; Graßmann hielt seine Vektorrechnung für eine Ausarbeitung der Idee von Leibniz und in den Anfängen der Topologie am Ende des 19. Jahrhunderts nannten Poincaré, und andere dieses neue Gebiet Analysis situs.

Zu unmittelbaren Ergebnissen kam Leibniz jedoch in seinen Arbeiten zur Lösung linearer Gleichungssysteme, wenngleich auch diese Ergebnisse unveröffentlicht blieben und Jahrzehnte später von anderen erneut gefunden wurden. Er verwendete symbolische Zahlen als Koeffizienten, also eine Vorstufe der heute üblichen Doppelindizes; ein inhomogenes lineares Gleichungssystem mit zwei Unbekannten schreibt sich demnach

$$10 + 11x + 12y = 0$$
$$20 + 21x + 22y = 0$$

Diese Notation eröffnet die Möglichkeit, die innere Struktur der Lösung in Abhängigkeit von den Koeffizienten zu erkennen. Im Januar 1684 schreibt er die Determinante einer n-reihigen Matrix als $1 \cdot 2 \cdot 3 \cdots n$, von seinen Ergebnissen[13] seien hier nur die Cramersche Regel und der Laplacesche Determinantenentwicklungssatz erwähnt.

Schon vor Leibniz hatten u.a. der Logarithmenerfinder John Napier und Blaise Pascal andere Ziffernsysteme als das Zehnersystem in Erwägung gezogen. Leibniz hat dem

Bild 10 Leibniz' Rechenmaschine, Niedersächsische Landesbibliothek Hannover

Bild 9: Medaille der Stadtsparkasse Hannover nach einem Entwurf
von Leibniz (1697) zur Veranschaulichung des binären
Zahlensystems als eines Sinnbilds für die Schöpfung der
Welt aus dem Nichts

binären System zahlreiche Aufzeichnungen und auch eine einflußreiche Veröffentlichung gewidmet. Er konzipierte die erste Rechenmaschine, die ausschließlich auf den Ziffern 0 und 1 basierte, sie blieb jedoch ein Entwurf auf dem Papier. Hauptsächlich interessierte ihn die Binärmathematik deshalb, weil die einfachere Notation Strukturen im Aufbau der Zahlen leichter erkennbar macht. Schreibt man die natürlichen Zahlen oder die Quadratzahlen oder die Triangularzahlen in der binären Darstellung untereinander, so findet man in den Spalten jeweils eine einfache Periodizität, so daß man ohne Rechnung die weiteren Zahlen einer solchen Folge sofort angeben kann. Die Erwartung, daß man eine einfache Regel für die Ziffernfolge in der binären Darstellung von π finden könne, konnte sich freilich nicht erfüllen.

Daß Leibniz einen ausgeprägten Sinn für die Wahl einer geeigneten Notation hatte, zeigt sich nicht nur an der Infinitesimalsymbolik und seinen Arbeiten zur Determinantenrechnung und zur Binärmathematik. Nach Cajori[14] hat kaum ein anderer Mathematiker die heutige mathematische Notation so stark beeinflußt wie Leibniz: Außer den Zeichen für Differential, Differentialquotient und

Integral hat er auch die Zeichen für geometrische Ähnlichkeit und Kongruenz, den Doppelpunkt für die Division und den Punkt für die Multiplikation in den allgemeinen Gebrauch eingeführt. Seine philosophischen Bemühungen um eine allgemeine Begriffsschrift – durch die man auch außerhalb der Mathematik mit Begriffen so umgehen könnte, wie es der Mathematiker in seinem Gebiet tut – haben hier zweifellos eine fördernde Rolle gespielt. Das Projekt der allgemeinen Begriffsschrift könnte man geradezu als ein Projekt der Mathematisierung unseres gesamten Denkens bezeichnen. In einigen philosophischen Aufzeichnungen hat Leibniz versucht, einfache Grundbegriffe unseres Denkens zu finden, aus denen sich durch Zusammensetzung alle anderen Begriffe bilden lassen sollten. Wenn man den Grundbegriffen die Primzahlen zuordnet – immerhin gibt es davon unendlich viele –, so ließe sich unser gesamtes Denken als ein Rechnen rekonstruieren. Leibniz sah wohl selbst, daß seine Vorarbeiten zu diesem Projekt keineswegs hinreichten, aber die Faszination an dem Projekt einer allgemeinen Begriffsschrift hat ihn nicht verlassen. „Meine Metaphysik ist sozusagen ganz mathematisch oder könnte es werden."[15] In enger Verbindung damit ist seine Erfindung der ersten wirklichen Vier-Spezies-Rechenmaschine zu sehen, also einer Rechenmaschine, die nicht nur Addition und Subtraktion, sondern auch Multiplikation und Division automatisch vollführt (Vergleiche auch den Artikel „Rechenmaschinen – heute, morgen und übermorgen" von Theo Ungerer in diesem Band auf Seite XX). Das Original der Maschine ist heute in der Niedersächsischen Landesbibliothek Hannover, die auch den umfangreichen Nachlaß von Leibniz aufbewahrt, zu sehen.

Literatur

Aiton, Eric J.: *Gottfried Wilhelm Leibniz : Eine Biographie*. Frankfurt/Main 1991

Breger, Herbert: Leibniz' Einführung des Transzendenten, in: *300 Jahre „Nova Methodus" von G. W. Leibniz (1684-1984)*, Hrsg.: A. Heinekamp, Sonderheft 14 von *Studia Leibnitiana*, Stuttgart 1986, S. 119–132

Breger, Herbert: Le Continu chez Leibniz, in: *Le Labyrinthe du Continu*, Hrsg.: Salanskis/Sinaceur, Paris, Berlin, Heidelberg 1992, S. 76–84

Cajori, Florian: Leibniz, the Master-builder of Mathematical Notations, *Isis 7*, 1925, S. 412–429

Hecht, Hartmut: *Gottfried Wilhelm Leibniz. Mathematik und Naturwissenschaften im Paradigma der Metaphysik*, Stuttgart, Leipzig 1992

Hofmann, Joseph Ehrenfried: *Leibniz in Paris 1672–1676*, London 1974

Hofmann, Joseph Ehrenfried: Leibniz als Mathematiker, in: Leibniz. *Sein Leben – Sein Wirken – Seine Welt*, Hrsg.: Totok/Haase, Hannover 1966, S. 421–458

Knobloch, Eberhard: Die entscheidende Abhandlung von Leibniz zur Theorie linearer Gleichungssysteme, *Studia Leibnitiana 4*, 1972, S. 163–180

Knobloch, Eberhard: Leibniz und sein mathematisches Erbe, *Mitteilungen der Mathematischen Gesellschaft der DDR*, 1984, S. 7–35

Leibniz, Gottfried Wilhelm: *Analysis des Unendlichen*. Hrsg.: G. Kowaleski. Leipzig 1920 (mathematische Abhandlungen in deutscher Übersetzung)

Leibniz, Gottfried Wilhelm: *Der Beginn der Determinantentheorie*. Leibnizens nachgelassene Studien zum Determinantenkalkül. Hrsg.: Knobloch. Hildesheim 1980

Leibniz, Gottfried Wilhelm: *Briefwechsel mit Mathematikern*, Hrsg.: Gerhardt, Berlin 1899

Leibniz, Gottfried Wilhelm: *Mathematische Schriften*, Hrsg.: Gerhardt, 7 Bände, Berlin (später Halle) 1849–1860. Reprint Hildesheim 1962.

Leibniz, Gottfried Wilhelm: *Sämtliche Schriften und Briefe*, (Akademie-Ausgabe), Reihe III (= Mathematischer, naturwissenschaftlicher und technischer Briefwechsel) (bisher 4 Bände erschienen), Reihe VII (= Mathematische Schriften) (ein Band erschienen, der zweite erscheint 1997, ein dritter befindet sich in Bearbeitung), Darmstadt (später Berlin) 1923ff. (insgesamt sind bisher 28 Bände erschienen).

Zacher, Hans J.: *Die Hauptschriften zur Dyadik von Leibniz*, Frankfurt/Main 1973

Anmerkungen

1. Leibniz: *Sämtliche Schriften und Briefe* (Akademieausgabe), Reihe I, Bd. 7, S. 638}

2. Leibniz, *Mathematische Schriften*, Hrsg.: Gerhardt, Bd. 5, Halle 1858, S. 232, S. 399. Die überwiegende Mehrheit von Leibniz' mathematischen Aufzeichnungen ist lateinisch; es wird hier in Übersetzung zitiert.

3. aaO. S.119, fig. 23

4. Leibniz, *Briefwechsel mit Mathematikern*, Hrsg.: Gerhardt, Berlin 1899, S. 154

5. Leibniz: *Mathematische Schriften*, Hrsg.: Gerhardt, Bd. 7, Halle 1863, S. 361

6. In Elemente I, 1 setzt Euklid ohne Beweis voraus, daß sich in einer Ebene zwei Kreise, deren Peripherie jeweils durch den Mittelpunkt des anderen Kreises geht, einen Schnittpunkt haben; vgl. dazu Leibniz, *Mathematische Schriften*, Bd. 7, Halle 1863, S. 284}

7. aaO.

8. Leibniz: *Mathematische Schriften*, Bd. 6, Halle 1860, S. 129.

9. Leibniz: *Mathematische Schriften*, Bd. 6, Halle 1860, S. 130

10. Leibniz: *Sämtliche Schriften und Briefe*, Reihe I, Bd. 1, S. 277-278. Vgl. auch Leibniz: *Mathematische Schriften*, Bd. 7, Halle 1863, S. 138-141.

11. Leibniz hielt $\sqrt[4]{-1}$ ebenso wie $\sqrt{-1}$ für eine irreduzible Einheit.

12. Leibniz: *Mathematische Schriften*, Hrsg.: Gerhardt, Bd. 2, Berlin 1850, S. 276

13. vgl. Knobloch: Leibniz und sein mathematisches Erbe, *Mitteilungen der Mathematischen Gesellschaft der DDR*, 1984, S. 26-28

14. Leibniz, the Master-builder of Mathematical Notations, *Isis 7*, 1925, S. 412, S. 417

15. Leibniz: *Mathematische Schriften*, Bd. 2, Berlin 1850, S. 258

Jörg Schwenk und Albrecht Beutelspacher

Was ist ein Beweis?
Eine Einführung in die Theorie der interaktiven Beweissysteme

Das Problem, eine Behauptung unwiderlegbar beweisen zu können, ist sehr alt. Zwei Meilensteine zu einer Lösung sind die Erfindung der mathematischen Beweise im antiken Griechenland, die in Euklids „Elementen" dokumentiert ist, und die strenge Formalisierung solcher Beweise um die Jahrhundertwende durch die Gruppe um Hilbert.

Es scheint nun, daß sich gegen Ende dieses Jahrhunderts ein neues Verständnis des Begriffs „Beweis" herauskristallisiert, der viel allgemeiner ist als der bisher benutzte, aber trotzdem mathematisch exakt faßbar. Dieses neue Verständnis hat sich aus der Komplexitätstheorie, einem sehr aktiven Gebiet der theoretischen Informatik, heraus entwickelt.

Wir werden zur Erläuterung dieses neuen Beweisbegriffs einige Definitionen aus der Komplexitätstheorie benötigen, die hier ohne Ballast gegeben werden. Als technischen Leitfaden durch dieses neue Gebiet verwenden wir eine kürzlich in Ungarn wieder aufgefundene Legende aus dem Sagenkreis um König Arthur und seinen Zauberer Merlin, die freundlicherweise von László Babai, einem der Pioniere auf dem Gebiet der interaktiven Beweise, ins Englische übersetzt wurde [Ba90]. Da auch diese Quelle nur relativ schwer zugänglich ist, versuchen wir hier eine Übersetzung ins deutsche.

Mathematische Beweise, P und NP

Wie Merlin im Kerker landete, Teil 1

„Am Hofe von König Arthur [Ma85] lebten einst 150 Ritter und 150 Burgfräulein. ‚Warum sollen daraus nicht 150 verheiratete Paare werden', sinnierte der König an einem regnerischen Nachmittag. Gesagt – getan: Er befahl dem Königlichen Geheim-Berater (KGB) ein Diagramm mit allen 300 Namen zu zeichnen, wobei er die grundsätzliche Geneigtheit von Fräulein und Ritter durch

Bei Jörg Schwenk, Jahrgang 1964, wurde die Entscheidung für das Studium der Mathematik durch einen äußerst lebendigen Oberstufenunterricht in diesem Fach herbeigeführt.
*Die Kryptographie, insbesondere das junge und aktive Gebiet der interaktiven Beweise und Zero-Knowledge-Protokolle, waren Gegenstand seiner Diplomarbeit an der Justus-Liebig-Universität Gießen. Das Thema für seine Dissertation wählte er aus der Schnittmenge von Kryptographie und endlicher Geometrie und promovierte 1993 über „Erweiterte Tripelsysteme".
Seit November 1993 arbeitet er im Technologiezentrum der Deutschen Telekom AG in der Forschungsgruppe Kryptographie. Konkrete Anwendungen auf der einen Seite (Verschlüsselung und Schlüsselmanagement für digitales Fersehen) und der enge Kontakt zur Mathematik durch die Kryptographie machen diese Aufgabe sehr interessant.*

Albrecht Beutelspacher studierte Mathematik, Physik und Philosophie in Tübingen. Nach dem Diplom in Mathematik ging er 1973 an die Universität Mainz, wo er 1976 bei seiner Doktormutter Prof. Judita Cofman promovierte und sich 1980 habilitierte. Von 1986 bis 1988 war er im Forschungsbereich der Siemens AG in München tätig, wo er eine Gruppe im Bereich Kryptographie und Chipkarten aufbaute. Seit 1988 ist er Professor im Fachbereich Mathematik der Universität Gießen. Neben seinen Forschungsgebieten Geometrie und Kryptographie widmet sich Albrecht Beutelspacher immer mehr der Vermittlung von Mathematik. Davon zeugen mehrere populäre Bücher und Ausstellungen unter dem Titel „Mathematik zu Anfassen", die er seit mehreren Jahren veranstaltet.

Bild 1: Ein bipartiter Graph ohne perfekte Korrespondenz

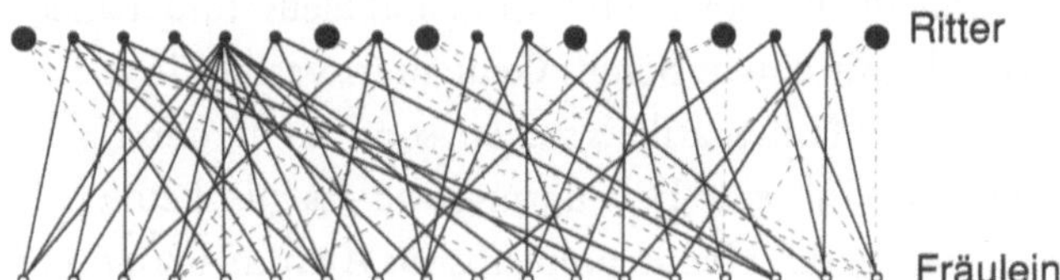

Bild 2: Ein König-Hindernis aus 6 Rittern, die sich nur für 5
Fräulein interessieren

eine Linie anzeigen sollte. Das Diagramm mit etwa $150^2/2 \approx 11.250$ Linien sah etwas verwirrend aus, aber es sollte Merlin, den Zauberer, nicht irre machen. Diesem übergab König Arthur das fertige Diagramm mit dem ausdrücklichen Befehl, eine „perfekte Korrespondenz" [Ju90] zu finden, d.h. disjunkte 150 Paare, bei denen Ritter und Fräulein durch eine Linie verbunden sind.

Merlin ging in sein Laboratorium, sah sich das Diagramm an, und bemerkte aufgrund seiner unbegrenzten intellektuellen Fähigkeiten sofort, daß keine der 150! Möglichkeiten, Paare zu bilden, zu einer perfekten Korrespondenz führte. Er beendete schnell die 150! Diagramme, die jeweils die eine fehlende Linie herausstellten, und befahl den Dienern, alle diese Diagramme in den Thronsaal zu bringen als Beweis dafür, daß der König Unmögliches verlangt habe.

Natürlich paßte nicht einmal ein winziger Bruchteil dieser Diagramme in den Thronsaal, aber Arthur wartete nicht einmal, bis der Raum gefüllt war. Er verwarf Merlins Vorgehensweise (‚Offensichtlich haben Sie einen Fall übersehen') und befahl ihm, am nächsten Tag mit einer positiven Lösung zurückzukommen. Arthurs Tagebücher geben über einen anderen Gedanken Aufschluß, den er im Kopf hatte: ‚Die Lebensdauer des Universums würde nicht ausreichen, all diesen Mist nachzuprüfen. So will der alte Fuchs mich also hereinlegen.'

Merlin *wußte*, daß er recht hatte, aber er wußte auch, daß Arthur vernünftig gehandelt hatte. Alles, was Merlin zu tun hatte, war, ihn *in fünf Minuten* zu überzeugen, daß es keine Lösung gab.

Zufälligerweise prallte er in der Cafeteria mit einem unauffälligen, in nagelneue Jeans gekleideten Charakter zusammen. Der Besucher aus dem Ostblock stellte sich zaghaft als Dénes König vor, Top-Experte für perfekte Korrespondenzen. ‚Frobenius beansprucht diesen Titel auch', fügte er ohne Bitterkeit hinzu. ‚Interessieren Sie sich vielleicht für meine Minimax-Theorie?' Froh, end-

lich einen aufmerksamen Zuhörer gefunden zu haben, vergaß der fahrende Scholar seine Pommes mit Gratisketchup, und begann eine begeisterte Rede über bipartite Graphen, maximale Korrespondenzen, und minimale Überdeckungen. Sein neuer Bekannter war nicht im mindesten irritiert von seinem starken Akzent und seinen großen Gesten. Nach kurzer Zeit wußte Merlin, daß er nur nach einem *König-Hindernis* suchen muß: einer Menge von k Rittern, deren Herzen nur für $k - 1$ Fräulein brennen. Merlin sah sofort, daß es ein solches Hindernis für $k = 79$ gab. Mit Hilfe des keineswegs brillianten, aber zuverlässigen Hofastronoms konnte Arthur überprüfen, daß diese 79 Ritter tatsächlich ein König-Hindernis bildeten. Auf diese Weise von Merlins Wahrhaftigkeit überzeugt, sah Arthur die Unmöglichkeit einer perfekten Korrespondenz ein und suchte nun nach anderen Wegen, die Welt zu verbessern.'

Mathematische Beweise

Diese alte Geschichte führt uns auf eindrucksvolle Weise den Nutzen mathematischer Beweise vor Augen: Beweise sind in der Regel kurz und können von jedem einigermaßen begabten Menschen (nach einer gewissen Einarbeitungszeit) verstanden und als richtig akzeptiert werden.

Wir betonen hier einen für den Rest dieses Artikels wichtigen Unterschied zwischen reiner Mathematik und dem Problem, das unsere mittelalterliche Legende aufgeworfen hat: König Arthur hat kein Interesse an abstrakter Mathematik. Als Politiker geht es ihm nur darum, konkrete Probleme zu lösen. Er interessiert sich also nicht dafür, wie diejenigen bipartiten Graphen charakterisiert werden können, die keine perfekte Korrespondenz zulassen, sondern er will nur einen Beweis dafür haben, daß sein spezielles Ritter-Burgfräulein-Problem keine Lösung hat.

Der Begriff ‚Beweis' wird im folgenden also nicht für

eine individuelle, mit viel Intuition und Fleiß (und manchmal auch mit einem Schuß Genialität) verbundene Leistung eines Mathematikers stehen, sondern für den Nachweis einer konkreten Behauptung wie ‚Es gibt keine perfekte Lösung des Heiratsproblems für Arthurs Ritter und Burgfräulein‘.

Dabei kann sich das konkrete Problem ändern: Durch Austausch eines oder mehrerer Ritter infolge einer blutigen Schlacht kann Arthurs Traum plötzlich realisierbar werden oder der Umfang des Problems kann sich durch Hinzunahme neuer Ritter und Fräulein vergrößern.

Die Frage ist dann: Kann Merlin es *immer* schaffen, den König von der (Un-)Möglichkeit seines Plans zu überzeugen? Gibt es für jeden möglichen Ritter-Burgfräulein-Graphen einen ‚kurzen‘ Beweis, d.h. einen Beweis, der ‚nicht wesentlich länger‘ als die Problemstellung ist, für die Tatsache, daß (k)eine perfekte Korrespondenz existiert?

Die Antwort ist, dank der (genialen) Einzelleistung von Dénes König, ‚ja‘: Falls es eine perfekte Lösung des Heiratsproblems gibt, kann Merlin diese aufschreiben, und falls es keine gibt, kann er ein König-Hindernis aufschreiben. Beide Beweise sind ‚nicht wesentlich länger‘ als die Problemstellung.

In polynomialer Zeit überprüfbare Beweise

Wir müssen nun klären, wie „nicht wesentlich länger" mathematisch exakt gefaßt werden kann. Es fällt schwer, eine festen Faktor anzugeben, bis zu dem eine Beweis als nicht wesentlich länger angesehen wird, denn Beweise können geschickt oder ungeschickt aufgeschrieben werden. Um eine brauchbare Definition von „nicht wesentlich länger" zu erhalten, müssen wir einige Vorüberlegungen anstellen.

Zunächst einmal müssen wir uns über den Typ von Lesern einigen, die den Beweis verstehen sollen. Wir können hier nicht von einem Fachmann ausgehen, der Phrasen wie „... wie man trivialerweise leicht nachprüft ..." oder „... aus der allgemeinen Relativitätstheorie folgt ..." in den richtigen Kontext stellen kann. Unser Beweis soll ohne jedes Hintergrundwissen verständlich sein, und ein solcher Leser kann am besten durch einen Computer beschrieben werden.

Dieser Computer wird jedesmal, wenn in einem Beweis ein technisches Lemma zitiert wird, den Beweis dieses Lemmas mit den aktuellen Parametern nachvollziehen. Wenn wir nun annehmen, daß sowohl der Beweis des eigentlichen Satzes als auch der Beweis des technischen Lemmas nicht wesentlich länger sind als ein vorgegebener Eingabeparameter (z.B. $n = 150$ beim obigen Heiratsproblem), d.h. wenn die beiden Beweise die Länge $f_1(n)$ und $f_2(n)$ haben, und wenn das technische Lemma $g(n)$-mal benutzt wird, dann benötigt der Computer zum Nachprüfen dieses Beweises $g(n) \cdot f_2(n) + f_1(n)$ Rechenschritte. Unsere Definition von „nicht wesentlich länger" sollte eine solche Komposition von Funktionen zulassen, und sollte Funktionen umfassen, die relativ langsam wachsen.

Definition: Ein Beweis für eine Behauptung mit Eingabeparameter n heißt *nicht wesentlich länger*, wenn es ein Polynom $p(x)$ gibt, so daß der vollständige Beweis in $p(n)$ Rechenschritten nachgeprüft werden kann. Einen solchen Beweis nennt man auch *polynomial* in dem Eingabeparameter n.

Im Licht dieser Definition wollen wir noch einmal erläutern, was Merlins Problem war, und wie er es mit Hilfe von Dénes König lösen konnte.

Hätte es eine Lösung des Heiratsproblems von Camelot gegeben (Eingabeparameter 150), so hätte Merlin einen sehr kurzen Beweis dafür aufschreiben können. Dieser Beweis hätte aus einer Liste von Paaren bestanden, und Arthur hätte nur nachprüfen müssen, daß jeder Ritter und jedes Burgfräulein genau einmal in dieser Liste aufgetaucht wären. Dies hätte er mit Hilfe seines Hofastronomen am schnellsten durch folgenden Algorithmus erreichen können (die Zahlen in Klammern geben die Anzahl der benötigten Rechenschritte wieder):

1. Durchnumerieren der Ritter und Fräulein jeweils von 1 bis 150 ($2 \cdot 150$);
2. Sortieren von Merlins Liste nach Rittern in aufsteigender Reihenfolge ($150 \cdot \log 150$);
3. Überprüfen, ob alle Ritter mit den Zahlen von 1 bis 150 vorhanden sind (150);
4. Sortieren von Merlins Liste nach Fräulein in aufsteigender Reihenfolge ($150 \cdot \log 150$);
5. Überprüfen, ob alle Fräulein mit den Zahlen von 1 bis 150 vorhanden sind (150);

Insgesamt benötigen sie

$$4 \cdot 150 + 2 \cdot 150 \cdot \log 150 \; < 6 \cdot (150 \log 150)$$

Rechenschritte. Wenn Arthur sich einen neuen Hofastronomen zulegt, kann das auch schneller gehen. Der eigentlich wichtige Anteil dieser Formel ist der vom Eingabeparameter abhängige Teil $n \log n$; diese Funktion ist durch das Polynom n^2 nach oben beschränkt, also ist der von Merlin gegebene Beweis polynomial.

Leider war die Situation an Arthurs Hof aber so, daß es keine Lösung des Heiratsproblems gab. Der erste Beweis, den Merlin dafür vorlegte, war leider nicht polynomial, da er das Durchsehen aller 150! Papiere ungefähr

$$(150/e)^{150} \cdot (150 \cdot 2p)^{\frac{1}{2}}$$

Rechenschritte gebraucht hätte (Stirlingsche Formel). Die Funktion

$$n! \approx (150/e)^{150} \cdot (150 \cdot 2p)^{\frac{1}{2}}$$

wächst aber schneller als jedes Polynom.

Hier half Merlin nun die Begegnung mit Dénes König aus der Patsche, denn mit Hilfe des Königschen Heiratssatzes konnte Merlin einen neuen Beweis für seine Behauptung („Es gibt keine perfekte Lösung des Heiratsproblems von Camelot") vorlegen, den Arthur in polynomialer Zeit überprüfen konnte. Dies geschieht wie folgt:

1. Arthur versucht, den Beweis des Heiratssatzes zu verstehen, indem er sich ein gutes Buch besorgt (etwa [Ju90], [Ha69]) und es dann mit Hilfe seines Hofastronomen studiert. Die Zeit, die er dazu braucht, hängt nicht vom Eingabeparameter $n = 150$ ab, sondern einzig und allein von Arthurs Intelligenz. Sie ist konstant, und fällt daher bei unserer Definition von „nicht wesentlich länger" nicht ins Gewicht. Sie sollte nicht zu lang sein, da folgende Tatsache leicht einzusehen ist: Wenn es eine perfekte Lösung des Camelotschen Heiratsproblems gäbe, dann müßten sich die 79 Ritter mindestens für ihre 79 zukünftigen Ehefrauen interessieren.

2. Durchnummerieren der Ritter und Fräulein jeweils von 1 bis 150 $(2 \cdot 150)$;

3. Sortieren von Merlins Liste nach Rittern in aufsteigender Reihenfolge $(150 \cdot \log 150)$;

4. Arthur schreibt für den ersten der 79 Ritter die Namen von dessen Angebeteten an eine Tafel. Für jeden der folgenden Ritter notiert er nur noch die Namen, die noch nicht an der Tafel stehen. Nach Überprüfung von höchstens $79 \cdot 78 \leq n^2$ Paaren hat er seine Liste der passenden Burgfräulein komplett und kann nachzählen, daß es höchstens 78 sind.

Der Gesamtrechenaufwand ist wieder durch n^2 nach oben beschränkt, so daß auch dieser Beweis in polynomialer Zeit nachgeprüft werden kann.

P, NP und BPP

Obwohl die Beweise für die Existenz bzw. Nichtexistenz einer perfekten Korrespondenz in polynomialer Zeit überprüfbar sind, besteht doch ein fundamentaler Unterschied zwischen den beiden Problemen. Um diesen besser formulieren zu können, fassen wir alle bipartiten Graphen, die eine perfekte Korrespondenz besitzen, zur Menge PK (für „perfekte Korrespondenz") zusammen und diejenigen, die keine besitzen, zur Menge KPK („keine perfekte Korrespondenz"). Dann können wir das Ergebnis der Berechnungen von Merlin als $G_{\text{Camelot}} \in$ KPK beschreiben.

Der grundlegende Unterschied ist nun, daß man für jede (korrekte) Behauptung „$G \in$ PK" einen Beweis in polynomialer Zeit *finden* kann, für „$G \in$ KPK" aber in der Regel nicht.

Definition: (1) Die Komplexitätsklasse **P** besteht genau aus den Mengen, für die ein Beweis für die Zugehörigkeit eines Elements zu dieser Menge immer in polynomialer Zeit gefunden (und damit auch überprüft) werden kann. (2) Die Klasse **NP** besteht aus den Mengen, für die ein gegebener Beweis für die Zugehörigkeit eines Elements zu dieser Menge in polynomialer Zeit überprüft werden kann. (Das Finden eines solchen Beweises kann dagegen exponentielle Zeit in Anspruch nehmen.)

Da ein Beweis, der in polynomialer Zeit gefunden werden kann, auch in polynomialer Zeit nachgeprüft werden kann, gilt $\mathbf{P} \subseteq \mathbf{NP}$. Die Frage ob diese Inklusion echt ist oder nicht, ist eines der berühmtesten Probleme der theoretischen Informatik. Eine Diskussion dieses Problems und eine mathematisch exakte Definition der Komplexitätsklassen dieses Artikels findet man in [BDG88].

Wir wollen nun durch Angabe einiger Beispiele diese Komplexitätsklassen mit Leben füllen.

Zur Klasse **P** gehören viele Mengen, mit denen man ganz selbstverständlich umgeht, und für die es oft recht triviale Algorithmen zur Überprüfung des Enthaltenseins gibt. Dazu gehören z.B. die Menge der geraden Zahlen (prüfe, ob die Zahl ohne Rest durch 2 teilbar ist), die Menge der invertierbaren Matrizen (überprüfe den Rang der Matrix), quadratische Reste modulo einer Primzahl (berechne das Jacobi-Symbol), Eulersche Graphen (überprüfe, ob jede Ecke des Graphen eine gerade Anzahl von Kanten besitzt; dann gibt es einen geschlossenen Weg auf den Kanten und Ecken des Graphen, der jede Kante genau einmal durchläuft) und unser Problem PK (ein polynomialer Algorithmus zur Berechnung einer perfekten Korrespondenz ist in [Ju90] angegeben).

In **NP** finden wir eine große Anzahl mathematisch interessanter Mengen, wobei man zu jedem Element einen kurzen Beweis seiner Zugehörigkeit zur Menge angeben kann. dies sind z.B. die Menge der Zahlen, die das Produkt von genau drei Primzahlen sind (man gebe die drei Primzahlen an), die quadratischen Reste modulo einer zusammengesetzten Zahl n (man gebe eine Wurzel eines quadratischen Rests a an, d.h. eine Zahl w mit $w^2 \equiv a \pmod{n}$), die hamiltonschen Graphen (man gebe einen hamiltonschen Kreis an, d.h. einen geschlossenen Weg auf den Ecken und Kanten des Graphen, der jede Ecke genau einmal durchläuft) und KPK.

Es gibt eine weitere wichtige Komplexitätsklasse, die die „beherrschbaren" Probleme beschreibt. Sie wird dadurch definiert, daß die Zugehörigkeit von Elementen zu Mengen in dieser Klasse nicht mehr mit *absoluter* Sicherheit, sondern nur noch mit *beliebig hoher* Wahrscheinlichkeit möglich sein muß.

Definition: Die Komplexitätsklasse **BPP** besteht genau aus den Mengen mit der Eigenschaft, daß es für jedes $\varepsilon > 0$ einen Algorithmus gibt, der die Zugehörigkeit eines Elements zu dieser Menge mit Wahrscheinlichkeit $1 - \varepsilon$ beweist.

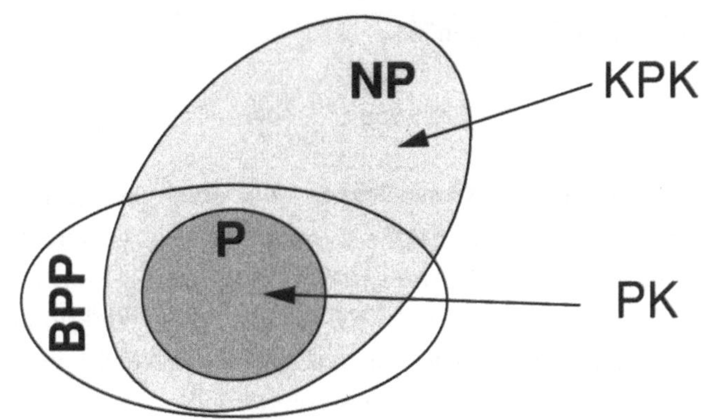

Bild 3: Die Komplexitätsklassen P, BPP und NP

Die Definition von **BPP** erinnert an die Definition des Grenzwertes einer konvergierenden Folge in der Analysis: Man kann eine Folge von „approximativen" Beweisen angeben, die gegen einen „fehlerfreien" Beweis konvergieren.

In der Praxis betrachtet man Probleme, die in **BPP** liegen, als lösbar. Dies kann man außer mit dem oben skizzierten Approximationsargument auch durch die Überlegung rechtfertigen, daß man einem von Menschen („Irren ist menschlich") oder Computern geführten Beweis (Softwarefehler, Quanteneffekte, Löschen von Speicherbits durch Strahlung) nie 100%ig vertrauen kann. Diese Fehlerwahrscheinlichkeit kann man durch physikalische Überlegungen quantifizieren, und dann einen Algorithmus aus **BPP** wählen, der das gleiche Problem mit einer kleineren Fehlerwahrscheinlichkeit löst.

Das wichtigste Beispiel für eine Menge aus **BPP** ist die Menge der Primzahlen. Es gibt eine große Anzahl effizienter Primzahltest [Kra86], bei denen man praktisch sicher sein kann, daß jede Zahl, die diesen Test besteht, auch wirklich eine Primzahl ist. Bei solchen Tests prüft man Eigenschaften der gegebenen Zahl mit zufällig gewählten Parametern ab. Wenn diese Eigenschaft für alle diese Parameter erfüllt ist, kann man davon ausgehen, daß die Zahl prim ist.

Um eine Idee für diese Art von Beweisen zu erhalten, sei hier kurz ein (nicht ganz praxistauglicher) Primzahltest skizziert. Er beruht auf dem kleinen Fermatschen Satz:

Für jede Primzahl p und jede natürliche Zahl a gilt

$$a^{p-1} \equiv 1 \pmod{p}.$$

Um zu testen, ob eine gegebene Zahl n prim ist, wählen wir uns eine zufällige Zahl a und berechnen $a^{n-1} \pmod{n}$. Ist n prim, so muß das Ergebnis immer gleich 1 sein; ist n nicht prim, so erhalten wir mit einer gewissen Wahrscheinlichkeit ein anderes Ergebnis. Bei den in der Praxis eingesetzten Primzahltests kann man diese Wahrscheinlichkeit exakt angeben.

Interaktive Beweise, co-NP, Spiele und PSPACE

Wie Merlin im Kerker landete, Teil 2

„Die Chroniken berichten daß Merlin nicht lange auf seinen nächsten Auftrag warten mußte.

Eine von Arthurs jüngsten Reformen war die Einführung von Gabeln beim Essen. Wenn sich nun die Tafelrunde zum Abendessen niederließ, wurden die edlen Ritter dazu aufgefordert, ihre Schwerter abzugeben und die Ihnen zugewiesenen Sitze einzunehmen. Einige von ihnen genossen die saftigen Hammelkeulen, die sie mit ihren soliden Gabeln erreichen konnten. Andere dagegen entdeckten Möglichkeiten, wie sie das neue Utensil auf eine ritterlichere Art verwenden konnten, und begannen, sich mit ihren Nachbarn zu duellieren.

Es schien Arthur, daß sich die Tischsitten sich durch eine richtige Sitzordnung erheblich verbessern würden. Genau wie im vorigen Fall rief er den KGB zu sich, der einen Graphen zeichnete, aus dem hervorging, wer neben wem friedlich sitzen konnte. Daraufhin wurde die Aufgabe, eine richtige Sitzanordnung zu finden (einen Hamiltonschen Kreis in diesem Graphen, wie man es später nenne würde), an Merlin übertragen.

Als Merlin sah, daß es keine Lösung des Problems gab, versuchte er erst gar nicht, Arthur mit 150! Diagrammen zu überzeugen. Statt dessen schrieb er einen Brief an Dénes König, doch entweder war die Post zu langsam, oder es gab ein anderes Hindernis, denn er erhielt nie eine Antwort auf diesen Brief. Da er nicht in der Lage war, in der vorgegebenen Zeit eine Lösung zu finden, wurde er zum Galgen geschickt. Dieses Urteil wurde sofort geändert in ‚... für alle Ewigkeit in den Kerker; eine Begnadigung ist erst nach Verbüßung von 1/3 der Strafe möglich‘.“

Interaktive Beweise und co-NP

Auch Dénes König hätte Merlin in diesem Fall nicht helfen können, denn Hamiltonsche Kreise sind von einem ganz anderen Kaliber als perfekte Korrespondenzen.

Hätte Merlin eine Lösung des Problems, also einen Hamiltonschen Kreis, gefunden, so hätte Arthur diese Lösung schnell verifizieren können: Sein Hofastronom hätte ihm die neue Sitzordnung aufgezeichnet, und er hätte für alle 150 Ritter verifiziert, daß sie sich jeweils mit ihrem rechten Nebenmann vertragen. Dies zeigt, daß die Menge HK, die alle Graphen mit einem Hamiltonschen Kreis enthält, in **NP** liegt.

Die komplementären Mengen von Mengen aus **NP** faßt man in der Klasse **co-NP** zusammen. Zum Beispiel liegt also die Menge $\overline{\text{HK}}$, die alle Graphen ohne Hamiltonschen Kreis umfaßt, in **co-NP**. Ein weiteres bekanntes Problem aus der theoretischen Informatik ist die Frage, ob **NP** $\neq$ **co-NP** gilt, was man heute zwar allgemein annimmt, aber nicht beweisen kann.

Wenn diese Annahme stimmt, kann es aber keinen in polynomialer Zeit nachprüfbaren Beweis für $G_{\text{Sitz}} \in \overline{\text{HK}}$ *geben.*

Wie Merlin den König trotzdem von der Richtigkeit seiner Behauptung überzeugen kann, werden wir gleich im dritten Teil der Geschichte erfahren. Zunächst wollen wir aber an einem etwas einfacheren Beispiel erläutern, wie so eine Lösung denn im Prinzip aussehen könnte.

Die Menge HK besitzt innerhalb von **NP** einen Sonderstatus: Sie gehört zu den „schwierigsten“ Problemen in **NP**, den sogenannten *NP-vollständigen Problemen*. Man kann jede Instanz eines Problems in **NP**, also jede Frage der Form „$x \in X$?“ als Problem der Existenz eines Hamiltonschen Kreises in einem Graphen formulieren. Das heißt, es gibt eine Transformation f, die in polynomialer Zeit (wobei der Eingabeparameter die „Länge“ von x ist) einen Wert $f(x)$ berechnet, so daß gilt:

$$x \in X \Leftrightarrow f(x) \in \text{HK}.$$

Eine andere bekannte **NP**-vollständige Menge ist SAT. Diese Menge enthält alle diejenigen (quantorenfreien) booleschen Formeln, für die es eine Belegung der in ihnen vorkommenden Variablen mit den Werten TRUE oder

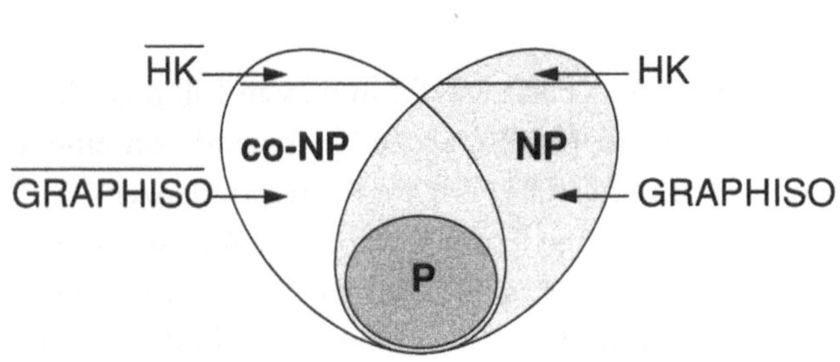

Bild 5: Die Komplexitätsklassen **P** und **co-NP**

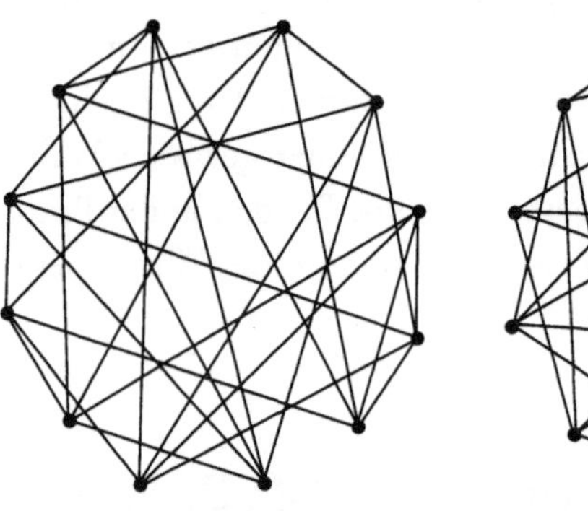

Bild 4: Zwei nicht-isomorphe Graphen

FALSE gibt, so daß die gesamte Formel den Wert TRUE annimmt.

Das Schöne an der Existenz vollständiger Probleme in gewissen Komplexitätsklassen (wir werden später noch ein weiteres Beispiel kennenlernen), ist die Tatsache, daß man einen Satz nur für *ein* vollständiges Problem zu beweisen braucht, um ihn für alle Probleme in dieser Klasse zu beweisen. Wenn wir also zeigen könnten, wie Merlin den König von der Tatsache $G_{\text{Sitzordnung}} \notin$ HK überzeugt, dann ließe sich die gleiche Methode für alle Probleme in **NP** (bzw. **co-NP**) anwenden.

Es sollte nun klar sein, daß Beweise für vollständige Probleme nur schwer zu führen sind. Wir wollen uns daher ein Problem heraussuchen, das nicht vollständig ist.

Arthur interessiert sich als Adliger natürlich sehr für Genealogie und Verwandschaftsverhältnisse. So läßt er nur zum Spaß von seinem KGB zwei Graphen malen, einen für die Burgfräulein und einen für die Ritter, bei denen je zwei Personen durch eine Linie verbunden sind, wenn sie ein gemeinsames Eltern-, Großeltern- oder Urgroßelternteil haben. Beim Betrachten der beiden unübersichtlich großen Graphen vermutet Arthur, daß die beiden gleich sind. Um seine Vermutung nachzuprüfen, läßt er Merlin aus dem Kerker holen und verspricht ihm Hafterleichterung, wenn er ihm beweisen kann, daß die beiden Graphen (nicht) isomorph sind. Merlin sieht auf einen Blick, daß es keinen Isomorphismus zwischen den beiden Graphen gibt, und erbittet ein Jahr Bedenkzeit. Ihm ist klar, daß er die Situation aus Bild 5 vor sich hat, und daß es deswegen keinen kurzen Beweis für die Behauptung $(G_{\text{Ritter}}, G_{\text{Fräulein}}) \notin$ GRAPHISO geben kann, das heißt, daß die beiden Graphen nicht isomorph sind.

Nach einem Jahr kommt er wieder zu Arthur und schlägt ihm das folgende Spiel vor, um Arthur davon zu überzeugen, daß die beiden Graphen tatsächlich nicht isomorph sind [GMW86]:

1. Arthur wählt (z.B. durch Wurf einer Münze mit den Seiten 0 und 1) zufällig einen der beiden Graphen $G_0 = G_{\text{Ritter}}$ oder $G_1 = G_{\text{Fräulein}}$ aus, und bestimmt eine zufällige Permutation $\pi \in S_n$ auf n Elementen.
2. Arthur berechnet $G := \pi(G_b)$ und sendet diesen Graphen an Merlin.
3. Merlin muß nun entscheiden, ob $b = 0$ oder $b = 1$ gilt.

Dieses Spiel wird so oft wiederholt, bis Arthur überzeugt ist.

Warum funktioniert dieses Spiel, d.h. warum glaubt Arthur Merlin, wenn dieser für eine bestimmte Anzahl Spiele immer das richtige Bit genannt hat? Nehmen wir einmal an, Merlin würde nie lügen, und die beiden Graphen wären tatsächlich isomorph. Dann könnte er in Schritt 3 des obigen Spiels den Wert von b nur raten, denn G könnte sowohl aus G_0 als auch aus G_1 gebildet worden sein. Er würde also trotz seiner enormen mentalen Fähigkeiten nur mit Wahrscheinlichkeit ½ das richtige Bit nennen, da beide Möglichkeiten informationstheoretisch gleich wahrscheinlich sind. Wenn Arthur und Merlin dieses Spiel t mal spielen, so ist die Wahrscheinlichkeit, daß Merlin lügt und t-mal richtig rät, nur $(½)^t$. Diese Zahlenfolge geht so schnell gegen 0, daß Arthur schon nach wenigen Wiederholungen überzeugt ist.

Merlin hat Arthur also auf eine neue Art und Weise von der Richtigkeit seiner Behauptung überzeugt, nämlich durch einen interaktiven Beweis.

Definition: Ein *interaktiver Beweis* ist ein Spiel zwischen zwei Spielern, einem unbegrenzt leistungsfähigen *Prover* (Merlin) und einem in der ihm zur Verfügung stehenden Rechenzeit polynomial beschränkten *Verifier* (Arthur), der aber zufällige Fragen stellen kann. Der Prover versucht dabei, den Verifier von der Richtigkeit einer Behauptung $x \in X$ zu überzeugen. Dabei müssen die beiden folgenden Bedingungen erfüllt sein:

1. *Vollständigkeit:* Ist die Behauptung $x \in X$ richtig, so kann der Prover den Verifier immer überzeugen.
2. *Korrektheit:* Ist die Behauptung $x \in X$ falsch, so kann der Prover den Verifier höchstens mit einer Wahrscheinlichkeit von 1/2 (fälschlicherweise) überzeugen.

Eigenschaft 2 sieht nicht sehr überzeugend aus: Wenn Merlin mich mit Wahrscheinlichkeit 1/2 betrügen kann, dann werden ich dem Ergebnis eines interaktiven Beweises nicht unbedingt trauen.

Durch mehrmaliges Spielen kann man die Fehlerwahrscheinlichkeit aber dramatisch verringern. Wenn Arthur t-mal mit Merlin gespielt hat, und jedesmal hat ihn Merlin überzeugt, so ist die Wahrscheinlichkeit, daß Merlin geschummelt hat, höchstens gleich $(1/2)^t$.

Man kann die Begriffe Vollständigkeit und Korrektheit weit schwächer formulieren und dann zeigen, daß das so erhaltene Konzept eines interaktiven Beweises äquivalent zu dem oben definierten ist. Über diesen Ansatz kann man sich z.B. in [Go89] informieren.

Interaktive Beweise wurden im Jahr 1985 gleichzeitig in zwei unabhängigen Arbeiten mit leicht unterschiedlichen Definitionen eingeführt. Bei den von L. Babai eingeführten und in [BaM88] beschriebenen *Arthur-Merlin-Spielen* ist die Rolle des Verifiers darauf beschränkt, zufällige Bits (z.B. durch Münzwurf) zu erzeugen. Merlin sieht das Ergebnis des Münzwurfs und muß entsprechend antworten. Der oben beschriebene Beweis für die Nichtisomorphie von zwei Graphen paßt nicht in dieses Schema, sondern eher in die Definition eines *interaktiven Beweises* [GMR89], da es in diesem Beispiel essentiell ist, daß Merlin das Ergebnis des Münzwurfs (die Auswahl von G_0 oder G_1) nicht sieht. Überraschenderweise konnten Goldwasser und Sipser ein Jahr später zeigen [GS86], daß die beiden Modelle äquivalent sind. Das bedeutet unter anderem, daß es auch ein Arthur-Merlin-Spiel geben muß,

mit dem man die Nichtisomorphie von zwei Graphen zeigen kann.

Wenn wir etwa mit **AMA** die Klasse von Mengen bezeichnen, für die es einen interaktiven Beweis gibt, bei dem zunächst Arthur, dann Merlin und zum Schluß nochmals Arthur eine Nachricht senden, so können wir zwei uns bereits bekannte Komplexitätsklassen neu charakterisieren: Ist **A** die Klasse von Mengen, bei denen zum Beweis des Enthaltenseins nur Arthur eine Nachricht senden muß, und **M** die entsprechende Klasse für Merlin, dann gilt **A = BPP** und **M = NP**.

Sei $t(n)$ eine durch ein Polynom nach oben beschränkte Funktion. Wir bezeichnen mit $\mathbf{AM}[t(n)]$ die Klasse derjenigen Mengen, für die es einen interaktiven Beweis gibt, in dem jeweils höchstens $t(n)$ Nachrichten in jeder Richtung ausgetauscht werden. Dabei bezeichnet der Eingabeparameter n die Länge des Elements, für das die Mitgliedschaft in der Menge gezeigt werden soll. Babai und Moran haben in [BaM88] den folgenden Satz bewiesen:

Speed-Up-Theorem: $\mathbf{AM}[2 \cdot t(n)] = \mathbf{AM}[t(n)+1]$.

Als Korollar ergibt sich daraus, $\mathbf{AM}[c] = \mathbf{AM}[2]$, d.h. alle interaktiven Beweise mit einer konstanten Anzahl von Nachrichten kommen auch mit nur zwei Nachrichten aus.

Hier stellt sich nun die Frage, wie die gerade definierten Komplexitätsklassen mit den „klassischen" Komplexitätsklassen **P**, **NP** und **co-NP** zusammenhängen. Wir werden sie im übernächsten Abschnitt und im letzten Abschnitt beantworten. Dies wird uns auch einen Hinweis liefern, warum Merlin erst im nächsten Abschnitt eine Möglichkeit findet, Arthur von der Unmöglichkeit einer guten Sitzordnung zu überzeugen.

Wie Merlin im Kerker landete, Teil 3

„Die Jahrhunderte vergingen in grauer Monotonie. Merlins einzige Vergnügen waren die Vögel, die an seinem Kerkerfenster sangen, und von Zeit zu Zeit eine Nachricht per E-mail. In der Zwischenzeit führte er einige theoretische Studien durch und machte sich mit MACSYMA vertraut. Er hörte von dem Cook-Levin-Theorem durch einige Fragen, die an einen Diskussionskreis gesendet wurden, und resignierte über der Feststellung, daß die Vermutung $P \neq NP$, wenn sie wahr ist, die Möglichkeit einschloß, daß er Arthur niemals überzeugen könnte.

Zumindest schien es so bis zum 13. Dezember 1989.

An diesem historischen Tag war das Wetter ungewöhnlich angenehm (vielleicht ein Zeichen der globalen Erwärmung), aber das hinderte Merlin nicht daran, am späten Nachmittag ein kleines Nickerchen zu machen, wie es seiner täglichen Routine entsprach. Als er aufwachte, ging er zu seiner Workstation, um seine E-mail nachzusehen, wie es seine Gewohnheit war, seit seine düstere Behausung zum ersten Mal von einer SUN erleuchtet wurde.

Die ersten fünf Nachrichten, die an das ganze Theorynet gesendet worden waren, warfen tiefliegende Fragen auf, die die gesamte wissenschaftliche Gemeinschaft betrafen. (,Ich arbeite für meine Promotion an dem Problem, maximale sternähnliche Anti-Schnecken in homeotoxalen Metagraphen in einer verteilten Umgebung zu finden. Könnte irgendeiner vielleicht einen Satz beweisen, auf dem ich meine Dissertation aufbauen kann?' -,Ich suche nach einem *einfachen* Beweis, daß es unendlich viele zusammengesetzte Zahlen gibt.' — Etc.)

Doch dann kam eine Nachricht mit einer eingeschränkteren Verteilung, und Merlin war erfreut, sich unter den ungefähr drei Dutzend Empfängern wiederzufinden. Er brauchte einige Zeit um zu verstehen, *wie* erfreut er sein sollte.

```
Date: Wed, 13 Dec 89 13:38:05 -0800
From: fortnow@gargoyle.uchicago.edu
(Lance J. Fortnow)
To: condon@cs.wisc.edu, jf@coma.att.com,
..., shamir@wisdom.weizmann.ac.il, ...,
merlin@cave.nyeve.gov

Subject: IP contains PH

\documenstyle[11pt]{article}
\title{The Polynomial-Time Hierarchy has
Interactive Proofs}
\authors{Carsten Lund, Lance Fortnow,
Howard Carloff and Noam Nissan}
\at{Department of Computer Science and
Laboratory for Computer Science\\ Uni-
versity of Chicago and Massachusetts
Institute of Technology\\ Chicago, IL
```

```
60637 and Cambridge, MA 02139}

\begin{document}
\maketitle

\begin{theorem}
Every language in $BPP^{\# P}$ has an
interactive proof system.
\end{theorem}

We will show an interactive protocol for
verifying the permanent. Using the fact
that the permanent is $\# P$-complete
(Valiant) we ...
                    * * *

\end{document}
```

Während der Laserdrucker das Dokument vollständig ausdruckte, stellte Merlin einige Berechnungen an und konnte danach die folgende Nachricht an Arthur schikken:

```
Date: Wed, 13 Dec 89 19:42:14 BST
From: merlin@cave
To: arthur

Sire,
in einer separaten Nachricht sende ich
Ihnen eine Matrix M der Ordnung
103.680.300, mit Einträgen aus
{-1,0,1,2,3}. Unter Beachtung von L.G.
Valiant, TCS 8 (1979), Seite 189-201
können Sie leicht nachprüfen, daß die
Permanente von M genau 2^{43.200.000}
mal die Anzahl der Hamiltonschen Kreise
im 'Sitzgraphen' ist. Lassen Sie mich
wissen, wann Sie polynomiale Zeit zur
Verfügung haben. Ich werde Sie mit einer
Sicherheit von 1-2^{-1000} davon über-
zeugen, daß diese Permanente gleich Null
ist. Bitte überprüfen Sie Ihr mathemati-
sches Grundwissen, insbesondere das
Hornerschema, und halten Sie ihre Würfel
bereit.
Ihr
Merlin
P.S. Danke für den Anschluß ans Netz.
P.P.S. Was die Wiedergutmachung be-
trifft, so wäre ich mit einem Lehrstuhl
in Chicago zufrieden."
```

Spiele, PSPACE und die Polynomiale Hierarchie

Die Geschichte von Merlin ist hier an einem (glücklichen) Ende, die der interaktiven Beweise noch nicht. Wir wollen hier zunächst noch erläutern, was in der E-mail vom 13. Dezember 1989 bewiesen wurde. Dazu führen wir zwei neue Begriffe aus der Komplexitätstheorie ein: Die Polynomiale Hierarchie und die Klasse **PSPACE**.

Die *Polynomiale Hierarchie* **PH** ist die Vereinigung der Klassen Σ_k, Π_κ und Δ_k für $k \in$ **N**, die hier aufgrund des dazu erforderlichen technischen Apparats nicht exakt definiert werden. Wir beschränken uns daher darauf, die hinter dieser Konstruktion stehende Idee zu skizzieren.

Wir beginnen mit der uns bereits bekannten Klasse **P** und setzen $\Sigma_0 = \Pi_0 = \Delta_0 = $ **P**. Die Klasse Σ_{k+1} besteht dann aus den Mengen, für die ein Beweis des Enthaltenseins in polynomialer Zeit *verifiziert* werden kann, und die Klasse Δ_{k+1} enthält genau die Mengen, für die ein Beweis des Enthaltenseins in polynomialer Zeit *gefunden* werden kann, *wenn man dazu alle in Σ_k enthaltene Information zum Nulltarif verwenden darf.*

(Diese etwas vage Formulierung kann nach Einführung des Begriffs der Orakel-Turingmaschine durch eine mathematisch exakte ersetzt werden; der interessierte Leser sei auf [BDG88] verwiesen.) Die Klasse Π_{k+1} schließlich enthält die Mengen, deren Komplemente in Σ_{k+1} enthalten sind. In **PH** treffen wir unsere alten Bekannten **NP** und **co-NP** als Σ_1 und Π_1 wieder.

Die Klasse **PSPACE** ist einfacher zu definieren: In ihr sind alle Mengen enthalten, für die man einen Beweis des Enthaltenseins mit polynomialem Speicheraufwand berechnen kann. **PSPACE** enthält genau wie **NP**-vollständige Probleme; unter diesen befindet sich auch die Verallgemeinerung des Spiels GO auf Spielfelder mir n×n Spielfeldern, weshalb man sich **PSPACE** auch als „Klasse der Spiele" einprägen könnte. Die für uns wichtigste **PSPACE**-vollständige Menge ist QBF („Quantified Boolean Formula"):

Definition: Die Menge **QBF** enthält genau diejenigen quantifizierten Booleschen Formeln ohne freie Variablen, die zu „True" ausgewertet werden können.

Bereits an einem sehr einfachen Beispiel wird klar, wie komplex das Problem des Enthaltenseins in QBF ist. Wir betrachten dazu die Formel $F(x_1, x_2) = \forall x_1 \, \exists x_2 \, (x_1 \vee x_2)$ und fragen uns, ob diese Formel in QBF enthalten ist oder nicht. Wir setzen TRUE = 1 und FALSE = 0. Die Auswertung von $F(x_1, x_2)$ ergibt dann

$$\forall x_1 \, \exists x_2 \, (x_1 \vee x_2) = \exists x_2 \, (0 \vee x_2) \wedge \exists x_2 \, (1 \vee x_2) = \exists x_2 \, (x_2)$$
$$\wedge \, 1 = (1 \vee 0) \wedge 1 = 1,$$

also gilt $F(x_1, x_2) \in$ QBF. Man sieht leicht, daß bei dieser Art der Auswertung der Formeln der benötigte Zeitaufwand exponentiell mit der Anzahl der booleschen Variablen steigt. Durch rekursive Auswertung von quantifizierten booleschen Formeln kann man aber den benötigten Speicherplatz polynomial beschränken.

Es ist nicht bekannt, ob die Polynomiale Hierarchie **PSPACE** ganz ausfüllt oder nicht.

Wir können uns nun wieder unserem eigentlichen Thema zuwenden und fragen, warum Merlin bis zum 13. Dezember 1989 warten mußte, bevor er Arthur von der Unmöglichkeit der Lösung des Camelotschen Sitzproblems überzeugen konnte.

Merlin suchte nach einem in polynomialer Zeit nachprüfbaren Beweis für zwei Probleme in **co-NP**. Dies gelang ihm für $\overline{\text{GRAPHISO}}$, aber nicht für $\overline{\text{HK}}$, und wir müssen uns fragen, woran das lag.

In einem klassischen mathematischen Beweis, und auch in den Beweisen für das Enthaltensein in Mengen aus **NP**, gibt es keine Interaktion zwischen Prover und Verifier. Der nächste Schritt bei der Verallgemeinerung des Beweisbegriffs besteht darin, interaktive Beweise mit einer konstanten Anzahl von Interaktionen zu finden. Alle in den Jahren 1985 bis 1988 gefundenen interaktiven Beweisen waren von dieser Art, auch der für $\overline{\text{GRAPHISO}}$. Es ist nach einem Resultat von Boppana, Hastad und Zachos [BHZ87] nur sehr schwer vorstellbar, daß man einen solchen interaktiven Beweis auch für $\overline{\text{HK}}$ finden kann: In diesem Fall gäbe es, da $\overline{\text{HK}}$ **co-NP**-vollständig ist, interaktive Beweise mit konstanter Interaktion für alle Mengen in **co-NP**, und nach dem Speed-Up-Theorem wäre

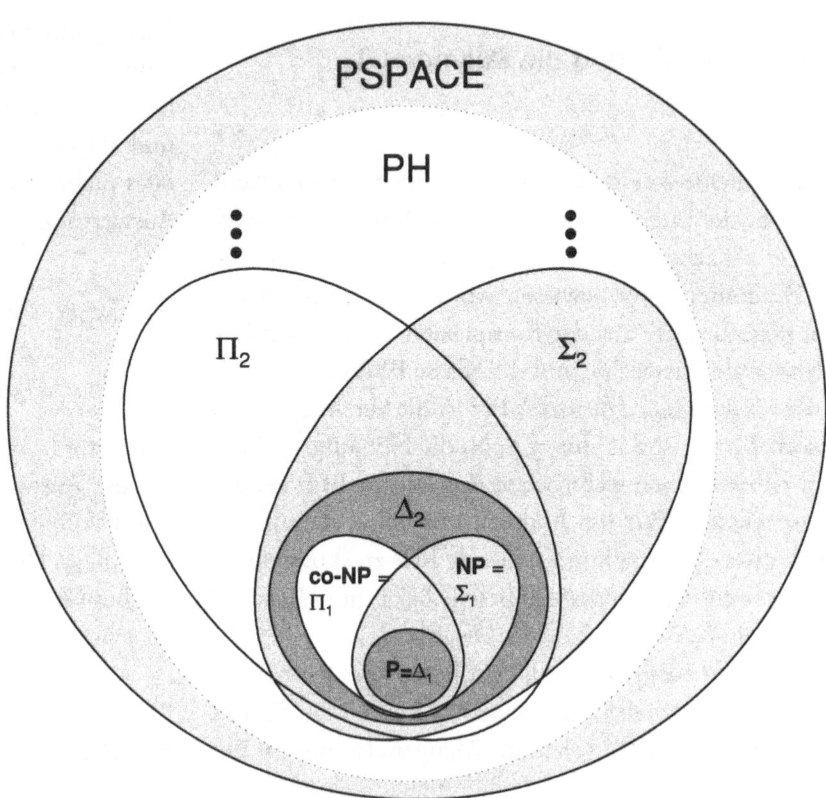

Bild 6: PH und PSPACE

co-NP $\subseteq$ AM[2]. Dies würde aber nach [BHZ87] implizieren, daß unsere wunderschön konstruierte Polynomiale Hierarchie auf der zweiten Stufe bereits kollabiert, genauer gesagt zu Π_2 zusammenschrumpft.

Die neue Idee, die in der E-mail-Nachricht vom 13. Dezember enthalten war, bestand nun darin, einen interaktiven Beweis für alle Mengen in der polynomialen Hierarchie anzugeben, bei dem die Anzahl der Interaktionen nicht konstant war, sondern vom Eingabeparameter n abhing. Die einzige Beschränkung für die Anzahl der Interaktionen wird durch den Verifier vorgegeben: da dieser polynomial begrenzt ist, muß dies auch die Anzahl der Interaktionen sein. Wir bezeichnen die Klasse der Mengen, für die Enthaltensein mit einem interaktiven Beweis mit einer polynomial begrenzten Anzahl von Interaktionen gezeigt werden kann, durch **IP** = **AM[poly]**.

Wir wollen die verwendeten Ideen im nächsten Abschnitt anhand des dieses Forschungsfeld krönenden Ergebnisses von Shamir [Sha90] vorstellen.

Der 26. Dezember 1989

Am zweiten Weihnachtstag des Jahres 1989 sorgte eine E-mail-Nachricht des renommierten israelischen Mathematikers Adi Shamir (in kryptographischen Zirkeln unter anderem als Miterfinder des berühmten RSA-Algorithmus bekannt) für Aufsehen, deren Inhalt knapp und präzise durch ihren Titel angegeben wurde: **IP** = **PSPACE**. Dieses Ergebnis beendete ein jahrelanges, in den letzten Monaten mit einer atemberaubenden Geschwindigkeit (per E-mail) ausgetragenes Rennen um die exakte Charakterisierung der Komplexitätsklasse **IP**.

In diesem Artikel wurde gezeigt, daß es einen interaktiven Beweis für das Enthaltensein in der **PSPACE**-vollständigen Menge QBF gibt. Wir werden im folgenden die wichtigsten Ideen dieses Beweises skizzieren.

Eine quantifizierte boolesche Formel $F\,(x_1,x_2,...,x_n)$ ohne freie Variablen kann wie folgt ausgewertet werden:

- Ist der erste Quantor, der die Variable x_1 bindet, ein Allquantor, d.h. $F\,(x_1,x_2,...,x_n) = \forall x_1\, F(x_2,...,x_n)$, so gilt $F\,(x_1,x_2,...,x_n) = F\,(0,x_2,...,x_n) \wedge F\,(1,x_2,...,x_n)$.

- Ist der erste Quantor ein Existenzquantor, d.h.
  $F(x_1,x_2,...,x_n) = \exists x_1\, F(x_2,...,x_n)$,
  so gilt $F(x_1,x_2,...,x_n) = F(0,x_2,...,x_n) \vee F(1,x_2,...,x_n)$.

Durch sukzessives „Aufblähen" der Formel kann man also prinzipiell überprüfen, ob $F(x_1,x_2,...,x_n)$ ein Element von QBF ist. Dieses rekursive Auswerten von immer kleineren Teilformeln resultiert aber letztendlich in 2^n auszuwertenden Formeln, erfordert also einen Rechenaufwand, der exponentiell im Eingabeparameter n wächst.

Die Beweis von Shamir beruht im wesentlichen auf zwei Ideen:

1. Übersetzung dieses Problems in eine reichere mathematischere Struktur, in der die Variablen mehr als nur zwei Werte annehmen können.

2. Ersetzen der beiden Auswertungen der Formel an den Stellen $1 =$ True und $0 =$ False durch *eine* Auswertung der Formel an einer zufällig gewählten Stelle.

Wie ein unbeschränkt leistungsfähiger Prover einen polynomial begrenzten Verifier davon überzeugen kann, daß der Wert einer gegebenen Formel 1 ist, ist im folgenden detailliert beschrieben:

Schritt 1: Arithmetisierung des Problems

Die erste Idee besteht darin, statt der Formel $F(x_1,x_2,...,x_n)$ eine äquivalente Formel zu betrachten, die in einer reicheren mathematische Struktur (nämlich in einem endlichen Körper) definiert ist.

Um eine quantifizierte boolesche Formel $F(x_1,x_2,...,x_n)$ in einen arithmetischen Ausdruck $A(z_1,z_2,...,z_n)$ zu übersetzen, benutzt man die folgenden syntaktischen Ersetzungsregeln:

1. Jede boolesche Variable x_i wird durch eine Variable z_i ersetzt, die Werte in Z annehmen kann.

2. Jedes Auftreten von $\neg x_i$ wird durch $(1 - z_i)$ ersetzt.

3. Ersetze den $\wedge$-Operator durch die Multiplikation ganzer Zahlen $\cdot$, $\vee$ durch $+$, TRUE durch 1, FALSE durch 0, den Existenzquantor $\exists x$ durch die Summation ganzer Zahlen $\sum_{x=0}^{1}$ und den Allquantor $\forall x$ durch $\prod_{x=0}^{1}$.

Der arithmetische Ausdruck $A(z_1,z_2,...,z_n)$, der so entsteht, muß den folgenden beiden Bedingungen genügen:

- Besitzt $F(x_1,x_2,...,x_n)$ den Wert FALSE, so ist $A(z_1,z_2,...,z_n) = 0$ im endlichen Körper.
- Läßt sich $F(x_1,x_2,...,x_n)$ dagegen zu TRUE auswerten, so gilt immer $A(z_1,z_2,...,z_n) \neq 0$.

Beispiel: Im oben beschriebenen Arithmetisierungsprozeß wird die quantifizierte boolesche Formel

$$F(x_1,x_2,x_3) = \forall x_1[\neg x_1 \vee \exists x_2 \forall x_3 (x_1 \wedge x_2) \vee x_3]$$

in den arithmetischen Ausdruck

$$A(z_1,z_2,z_3) = \prod_{z_1=0}^{1}\left[(1-z_1) + \sum_{z_2=0}^{1}\prod_{z_3=0}^{1}(z_1 \cdot z_2 + z_3)\right]$$

übersetzt.

Schritt 2: Eliminieren der Summen- und Produktzeichen

Statt zu beweisen, daß $F(x_1,x_2,...,x_n) \in$ QBF gilt, kann Merlin nun behaupten, daß $A(z_1,z_2,...,z_n)$ den Wert $a \neq 0$ hat. Eine direkte Auswertung des Ausdrucks $A(z_1,z_2,...,z_n)$ durch Arthur ist nicht möglich, da dies wegen der vielen darin auftretenden Summen- und Produktzeichen nicht in polynomialer Zeit machbar ist. Außerdem kann dieser Ausdruck so große Werte annehmen, daß Arthur diese nicht mehr handhaben kann.

Das zweite Problem kann man relativ elegant lösen: Statt zu beweisen, daß $A(z_1,z_2,...,z_n)$ einen Wert $a \neq 0$ aus Z annimmt, kann Merlin auch eine für diesen Zweck geeignete Primzahl p (mit dem dazugehörigen NP-Beweis für ihre Primalität, vgl. [BDG88], S. 59) an Arthur liefern, um dann nur noch zu beweisen, daß $A(z_1,z_2,...,z_n)$ einen Wert $a' \neq 0$ aus Z_p annimmt [Sha90].

Wie wird man aber die Summationen und Produktbildungen los? Man eliminiert sie sukzessive. Indem man das erste der Summen- oder Produktzeichen entfernt, erhält man ein Polynom $f(z_1)$ in einer Unbekannten.

Beispiel: Merlin behauptet, daß die Formel $A(z_1,z_2,z_3)$ den Wert 2 annimmt. Wir entfernen das erste Produktzeichen aus unserer Beispielformel und erhalten einen arithmetischen Ausdruck

$$A'(z_1, z_2, \ldots, z_n) = (1 - z_1) + \sum_{z_2=0}^{1} \prod_{z_3=0}^{1} (z_1 \cdot z_2 + z_3).$$

mit freier Variable z_1. Dieser Ausdruck kann als Polynom $f(z_1)$ aufgefaßt werden. Arthur weiß, daß $f(0) \cdot f(1) = 2$ gelten muß.

Durch Entfernen des Summen- oder Produktzeichens kann am Beginn der Formel $A'(z_1, z_2, \ldots, z_n)$ eine Teilformel $g(z_1)$ stehen, die nur die freie Variable z_1 enthält. Der Rest von $A'(z_1, z_2, \ldots, z_n)$ ist ein Polynom $h(z_1)$, das mit einem Summen- oder Produktzeichen beginnt.

Beispiel: Als ersten Schritt für die Verifikation der Gleichung $f(0) \cdot f(1) = 2$ teilt Arthur das Polynom in einen linken, summen- und produktzeichenfreien Teil

$$g(z_1) = 1 - z_1$$

und einen rechten Teil

$$h(z_1) = \Sigma\Pi(z_1 z_2 + z_3).$$

Den linken Teil kann er selbst auswerten; er merkt sich die Werte $g(0) = 1$ und $g(1) = 0$. Den rechten Teil wertet er mit Hilfe von Merlin aus.

Schritt 3: Der Trick mit dem Polynom von kleinem Grad

Da $h(z_1)$ für Arthur nicht auswertbar ist, bittet er Merlin, dieses Polynom in die vereinfachte Standardform zu bringen, d.h. Merlin soll ihm die Koeffizienten von $h(z_1)$ nennen; anschließend kann Arthur das vereinfachte Polynom auswerten (z.B. mit dem Hornerschema).

Dies funktioniert allerdings nur dann, wenn das vereinfachte Polynom wirklich auswertbar ist. Das ist immer dann der Fall, wenn das Polynom nur „wenige" (und das heißt hier immer „polynomial viele") Koeffizienten hat, z.B. wenn das Polynom kleinen Grad hat. Mit der Formel

$$\prod_{z_1=0}^{1} \prod_{z_2=0}^{1} \prod_{z_3=0}^{1} \cdots \prod_{z_n=0}^{1} (z_1 + z_2 + z_3 + \cdots + z_n)$$

würde der Trick also nicht funktionieren, weil hier das entsprechende Polynom in z_1 den Grad 2^n hätte.

Der wichtigste Beitrag von Shamir bestand nun darin, zu zeigen, wie man garantieren kann, daß $h(z_1)$ immer ein Polynom von kleinem Grad ist. Er definierte dazu den Begriff der *einfachen* quantifizierten booleschen Formel als eine Formel, in der zwischen jedem Auftreten einer booleschen Variablen und dem Quantor, der diese bindet, höchstens ein Allquantor vorkommt. Man kann nun jede quantifizierte boolesche Formel in polynomialer Zeit in eine äquivalente einfache Formel übersetzen, und für einfache Formeln wächst der Grad von $h(z_i)$ höchstens linear in n.

Wir können also o.B.d.A. annehmen, daß $h(z_1)$ einen kleinen Grad d hat. Merlin kann Arthur die vereinfachte Form $h'(z_1)$ durch Angabe von d Koeffizienten mitteilen. Arthur wertet nun $h'(z_1)$ an den Stellen 0 und 1 aus und kombiniert diese Teilergebnisse mit den Werten $g(0)$ und $g(1)$.

Beispiel: Arthur erhält von Merlin das Polynom $h'(z_1) = z_1^2 + z_1$ und überprüft ob

$$(g(0) + h'(0)) \cdot (g(1) + h'(1)) = (1 + 0) \cdot (0 + 2) = 2 \neq 0.$$

Nachdem wir uns des Produkt- bzw. Summenzeichens entledigt haben, können wir auch die Variable z_1 loswerden. Dazu wählen wir einen zufälligen Wert r_1 aus einem Wertebereich, dessen Größe exponentiell im Eingabeparameter n ist (etwa aus $\mathbf{Z}_p$ für die große, von Merlin vorgegebene Primzahl p mit $p \approx 2^n$) und setzen

$$A_1(z_2, \ldots, z_n)$$
$$:= \begin{cases} A'(r_1, z_2, \ldots, z_n) - g(r_1) & \text{falls } f(z_1) = g(z_1) + h(z_1) \\ A'(r_1, z_2, \ldots, z_n) / g(r_1) & \text{falls } f(z_1) = g(z_1) \cdot h(z_1) \end{cases}$$

und $a_1 := h'(r_1)$.

Am Anfang von $A_1(z_2, \ldots, z_n)$ steht nun wieder ein Produkt- oder Summenzeichen, und wir können mit den neuen Werten $A_1(z_2, \ldots, z_n)$ und a_1 wieder bei Schritt 2 starten.

Beispiel: Arthur wählt zufällig die Zahl $r_1 = 3$. Dann ist

$$A_1(z_2, z_3) = A'(3, z_2, z_3) - g(3)$$

$$-2 + \sum_{z_2=0}^{1} \prod_{z_3=0}^{1} (3 \cdot z_2 + z_3) + (-2) = \sum_{z_2=0}^{1} \prod_{z_3=0}^{1} (3 \cdot z_2 + z_3)$$

und $a_1 = h'(3) = 12$.

Nach spätestens n Iterationen wurden alle Produkt- und Summenzeichen sowie alle Variablen eliminiert. Jetzt kann Arthur den Wert $A_{n-1}(r_n) = A(r_1,...,r_n)$ selbst bestimmen und mit dem Wert a_n vergleichen.

Arthur akzeptiert Merlins Behauptung nur dann, wenn $A_{n-1}(r_n) = a_n$ ist.

Beispiel: Durch Entfernen des ersten Summenzeichens von $A_1(z_2, z_3)$ erhält man

$$A'_1(z_2, z_3) = \prod_{z_3=0}^{1} (3 \cdot z_2 + z_3).$$

In der Polynomdarstellung $f_1(z_2) = g_1(z_2) + h_1(z_2)$ ist $g_1 \equiv 0$. Arthur erhält von Merlin die vereinfachte Darstellung $h_1'(z_2) = 9z_2^2 + 3z_2$. Daraufhin überprüft er, ob $h_1'(0) + h_1'(1) = 0 + 12 = 12 = a_1$ gilt, und wählt als Zufallswert $z_2 = 2$. Daraus ergeben sich

$$A_2(z_3) = \prod_{z_3=0}^{1} (6 + z_3)$$

und $a_2 = h_1'(2) = 42$.

Wieder ist g_2 identisch 0, und Merlin schickt die vereinfachte Version $h_2'(z_3) = z_3 + 6$. Arthur berechnet $h_2'(0) \cdot h_2'(1) = 6 \cdot 7 = 42 = a_2$.

Schließlich wählt er die Zufallszahl $r_3 = 5$ und kann nun sowohl $h_2'(5) = 11$ als auch $A_2'(5) = 11$ auswerten und die beiden Ergebnisse vergleichen.

Kann Merlin betrügen?

Nehmen wir an, die Formel $F(x_1, x_2,...,x_n)$ sei nicht in der Menge QBF enthalten, aber Merlin möchte sich an Arthur rächen und ihn als Entschädigung für die lange Haft mindestens einmal an der Nase herumführen. Merlin müßte dann behaupten, daß der zu $F(x_1, x_2,...,x_n)$

gehörende arithmetische Ausdruck $A(z_1, z_2,...,z_n)$ (der ja den Wert 0 hat) einen Wert $a \neq 0$ annimmt. Würde Merlin sich jetzt immer an das oben beschriebene Protokoll halten, so würden am Ende die Werte $A(r_1, r_2,...,r_n)$ der Auswertung von A an den zufällig gewählten Stellen und der Wert des Polynoms $f_{n-1}(r_n)$ nicht übereinstimmen, und Merlin wäre bei seinem Betrugsversuch ertappt worden.

Er muß also versuchen, in mindestens einer Runde vom vorgegebenen Protokoll abzuweichen. Da das einzige, was Merlin zu tun hat, die Vereinfachung eines Polynoms $h(z_{i+1})$ zu einem Polynom $h'(z_{i+1})$ ist, kann er nur an dieser Stelle ansetzen.

Merlin versucht also, ein Polynom $h''(z_{i+1})$ zu wählen, das an den Stellen 0 und 1 den von ihm behaupteten Wert annimmt, an der von Arthur zufällig gewählten Stelle r_{i+1} aber mit $h(z_{i+1})$ identisch ist.

Hier kommt nun eine gut bekannte Eigenschaft von Polynomen ins Spiel: Zwei verschieden Polynome vom Grad d können höchstens an $d - 1$ Stellen übereinstimmen. Da $h''(z_{i+1}) \neq h(z_{i+1})$ ist können die beiden Polynome an höchstens $d - 1$ Stellen den gleichen Wert annehmen. Merlin muß diese $d - 1$ Stellen aber festlegen, bevor er die zufällige Wahl r_{i+1} von Arthur kennt. Er muß also darauf hoffen, daß r_{i+1} unter diesen $d - 1$ Werten ist. Die Wahrscheinlichkeit, daß ein solches Ereignis eintritt, ist aber verschwindend gering, da der Wertebereich von r_{i+1} exponentiell größer ist als der Grad d des Polynoms.

Merlin kann in jeder der n Runden mit einer Wahrscheinlichkeit $p \approx d/2^n$ betrügen, und damit insgesamt mit Wahrscheinlichkeit $(nd)/2^n$. Durch Vergrößerung des Menge, aus der die Zufallszahlen gewählt werden, kann man diese Wahrscheinlichkeit beliebig klein machen. Merlin kann also nicht betrügen.

Literatur

[Ba90] L. Babai, *E-mail and the unexpected power of interaction.* Proc. IEEE FOCS, 1990, 30–44.

[BaM88] L. Babai und S. Moran, *Arthur-Merlin games: a randomized proof system, and a hierarchy of complexity classes.* JCSS 36 (1988), 254–276.

[BDG88] J. L. Balcazar, J. Diaz und J. Gabarro, *Structural Complexity I.* Springer-Verlag Berlin Heidelberg 1988.

[BHZ87] R. Boppana, J. Hastad und S. Zachos, *Does co-NP have short interactive proofs?* Information Processing Letters 25/ 2 (1987), 127–132.

[BLR93]   M. Blum, M. Luby und R. Rubinfeld, *Self-Testing/Correcting with Applications to Numerical Problems.* JCSS 47 (1993), 549–595.

[Br90]   G. Brassard, *Cryptology – Column 3. Hot News on Interactive Protocols.* SIGACT news 21 No. 1, 7-11.

[BSW95]   A. Beutelspacher, J. Schwenk und K.-D. Wolfenstetter, *Moderne Verfahren der Kryptographie.* Vieweg, Wiesbaden 1995.

[GMR89]   S. Goldwasser, S. Micali und C. Rackoff, *The Knowledge Complexity of Interactive Proof Systems.* SIAM J. Comp. 8(1) (1989), 186–208.

[GMW86]   O. Goldreich, S. Micali und A. Wigderson, *Proof that Yiels Nothing but their Validity and a Methodology of Cryptographic Protocol Design.* Proc. 27th IEEE FOCS (1986), 174–187.

[Go89]   S. Goldwasser, *Interactive Proof Systems.* Proceedings of Symposia in Applied Mathematics, Vol 38, 1989, 108–128.

[GS86]   S. Goldwasser und M. Sipser, *Private Coins versus Public Coins in Interactive Proof Systems.* Proc. 18th ACM STOC (1986), 59–86.

[Ha69]   F. Harary, *Graph Theory.* Addison-Wessley, Reading, Mass. 1969.

[Ju90]   D. Jungnickel, *Graphen, Netzwerke und Algorithmen.* BI Wissenschaftsverlag, Mannheim, 2. Auflage 1990.

[Kra86]   Kranakis, *Primality and Cryptography.* Teubner Verlag Stuttgart 1986.

[Ma85]   Sir T. Malory, *Le Morte Darthur.* William Caxton, 1485.

[Sha90]   A. Shamir, *IP = PSPACE.* Proc. 31st IEEE FOCS (1990), 11–15.

Bücher aus dem Umfeld

Moderne Verfahren der Kryptographie
Von RSA zu Zero-Knowledge

von Albrecht Beutelspacher, Jörg Schwenk und Klaus-Dieter Wolfenstetter
1995. X, 140 Seiten. Kartoniert.
ISBN 3-528-06590-7

Angesichts der immer weiter zunehmenden Vernetzung mit Computern erhält die Informationssicherheit und damit die Kryptographie eine immer größere Bedeutung. Gleichzeitig werden die zu bewältigenden Probleme immer komplexer. Kryptographische Protokolle dienen dazu, komplexe Probleme im Bereich der Informationssicherheit mit Hilfe kryptographischer Algorithmen in überschaubarer Weise zu lösen. Die Entwicklung und Analyse von Protokollen wird ein immer wichtigerer Zweig der modernen Kryptologie. Große Berühmtheit erlangt haben die sogenannten „Zero-Knowledge-Protokolle", mit denen es gelingt, einen anderen von der Existenz eines Geheimnisses zu überzeugen, ohne ihm das geringste zu verraten. Der Stoff ist alles andere als trocken. Den Autoren gelingt es, auch schwierige Sachverhalte leicht verständlich und amüsant zu vermitteln, dazu dienen auch die zahlreichen instruktiven Abbildungen und anschaulichen Beispiele. Dieses in sich abgeschlossene Buch ist eine ideale Ergänzung zu dem Titel *Beutelspacher, Kryptologie*. In diesem konkurrenzlosen Buch findet nicht nur der Fachmann vieles Neue, das er noch nicht kannte, und vieles Alte, was er immer schon mal verstehen wollte, sondern es eignet sich auch hervorragend für Neueinsteiger.

Verlag Vieweg · Postfach 1547 · 65005 Wiesbaden · Fax 0611/7878-420

Thomas Buchholz

Surfing The Net: Mathematik im Internet

Internet und WWW

Seit geraumer Zeit ist es in aller Munde: das Netz der
Netze – das Internet. Dabei ist es so neu nicht. Schon vor
rund 25 Jahren wurde auf Betreiben des amerikanischen
Department of Defense der Grundstein für das Internet
gelegt: das sogenannte Arpanet (entwickelt von der Advanced Research Projects Agency, einem Zweig des Department of Defense, in Zusammenarbeit mit verschiedenen
Universitäten und Institutionen wie MIT und RAND).
Zu Beginn bestand es gerade mal aus vier Rechnern. Aber
– und das war entscheidend – es war eines der ersten de-
zentralen Rechnernetze überhaupt. Nicht zuletzt deshalb,
weil man nach Wegen suchte, während eines nuklearen
Krieges die nationale Kommunikation aufrecht erhalten
zu können. Dabei hätten zentrale Kontrolleinheiten ka-
nonische Ziele für feindliche Angriffe dargestellt. Sehr be-
deutungsvoll war außerdem, daß es sich um einen Zusammenschluß von Rechnern verschiedener Bauart han-
delte; um eine Kommunikation dieser Rechner zu ermöglichen, mußte man sich auf sogenannte Protokolle einigen, die die Art und Weise des Datenflusses regeln.

Die Geburt des Internet

Als die eigentliche Geburtsstunde des Internet kann der
1. Januar 1983 angesehen werden, als nämlich im gesamten Arpanet eine Umstellung auf TCP/IP (Transmission
Control Protocol/Internet Protocol) vollzogen wurde. Diese
Protokolle ermöglichten (und ermöglichen immer noch)
einen relativ leichten Neuanschluß von Rechnern und lokalen Netzwerken an das bestehende Netz, und so konnte
das Internet im Laufe der Zeit zu dem werden, was es jetzt
ist: ein Netzwerk von Netzwerken, das kleinere Netzwerke zu einem großen Netz vereinigt. Heute besteht das Internet nicht mehr nur aus vier, sondern aus etwa vier Millionen Rechnern, und mehr als 50 Millionen Menschen be-

*Thomas Buchholz wurde am
27.11.1968 in Frankfurt am
Main geboren.
Seit 1990 studiert er Mathematik mit Nebenfach Informatik an der Justus-Liebig-
Universität Gießen.
Seine Tätigkeit als studenti-
sche Hilfskraft in der Informatik hat ihm schon recht
früh die Möglichkeit gegeben,
sich intensiv mit den Möglichkeiten des Internet zu befassen
und den damit verbundenen Boom hautnah mitzuerleben.
Zur Zeit gilt sein Haupinteresse aber der Zeitberechenbarkeit
von Funktionen innerhalb zellulärer Maschinenmodelle, was
auch den Kern seiner Diplomarbeit ausmacht.*

sitzen Zugang zum Internet, während etwa 180 Millionen per E-mail erreichbar sind, und die Zahlen wachsen
weiter rapide an.

Schon sehr früh wurden die Möglichkeiten, die das
Internet bietet, von wissenschaftlichen Organisationen
erkannt und ausgenutzt; nicht zuletzt deshalb machten
noch bis vor kurzem Universitäten das Gros der Internet-
Nutzer aus. Was das Internet so interessant macht, das
sind die sogenannten Internet-Dienste wie E-mail, FTP
(File Transfer Protocol), Telnet, Usenet News, WAIS (Wide
Area Information System), Gopher und WWW (World
Wide Web), um nur einige zu nennen. Eine ausführliche
Beschreibung all dieser Dienste würde den Rahmen dieses Artikels bei weitem sprengen; eine knappe Beschreibung des letztgenannten Dienstes muß hier zunächst genügen.

Das World Wide Web

Einen mittlerweile fast natürlich gewordenen Zugang zu
Informationen im Internet bietet das World Wide Web
(WWW), der jüngste Dienst, der zwischen 1989 und 1992

von Tim Berners-Lee am CERN in Genf entwickelt wurde. Zu den Vorzügen des WWW gehört einerseits, daß es eine Vielzahl der Internet-Dienste vereinigt und andererseits eine sehr einfache, benutzerfreundliche Handhabung gestattet. Alles was man – neben einem entsprechenden Netzzugang – braucht, ist ein sogenannter „Browser" (z.B. Mosaic[1], Netscape[2], Lynx[3], jeweils verfügbar via FTP), mit dem WWW-Dokumente angezeigt werden können. Diese Dokumente können von sogenannten WWW-Servern, das sind spezielle ans Internet angeschlossene Rechner, abgerufen werden. Waren diese Dokumente zunächst nur textbasiert, so begründete der von Marc Andreessen und Eric Bina am NCSA (National Centre for Supercomputing Applications) entwickelte Browser Mosaic, der es erstmals gestattete auch Bilder, Videos und Sound in WWW-Dokumente einzubinden, den Siegeszug des WWW.

WWW-Dokumente selbst sind als „Hypertext" angelegt, d.h. es ist möglich, diese Dokumente (nicht-linear) durch Aktivieren (in der Regel „Anklicken" mit der Maus) von markierten Wörtern zu durchforsten, wobei man dann weitere Dokumente erhält, die nähere Informationen zu den entsprechenden Wörtern bieten. Dazu wurde am CERN eigens die Sprache HTML (Hypertext Markup Language) entwickelt, die es gestattet, derartige Dokumente relativ schnell und einfach zu erstellen. Schon recht früh wurden dabei Möglichkeiten bereitgestellt, nicht nur vorgefertigte Dokumente abzurufen, sondern den Benutzter auch in die Lage zu versetzen, Informationen aus WWW-Dokumenten heraus an die entsprechenden WWW-Server zurückzusenden. Damit war eine erste Möglichkeit der Interaktion gegeben. Die kürzlich von SUN Microsystems entwickelte Sprache Java, mittels derer sogar ausführbare Programme in WWW-Dokumente eingebunden werden können, eröffnet diesbezüglich noch ungeahnte Möglichkeiten. All diese Eigenschaften machen das WWW insbesondere für die Mathematik zu einem hevoragendem Medium.

Mathematik im Internet

Jetzt ist es an der Zeit, daß wir uns mit dem befassen, was einen Artikel wie diesen in ein Jahrbuch der Mathematik führt: die Mathematik im Internet. Dabei möchte ich aufzeigen, wo der interessierte Internet-Benutzer auf Mathematik im Internet treffen kann. Natürlich kann es sich dabei nur um eine subjektive Auswahl handeln, die keinerlei Anspruch auf Vollständigkeit erhebt, die aber versucht, die verschiedensten Seiten von Mathematik im Internet abzudecken. Im übrigen ist der Autor stets an Interessantem und Amüsantem rund um die Mathematik im Internet interessiert und würde sich diesbezüglich über E-mails freuen.

Einen ersten Einstieg in die mathematische Internetwelt bieten die „Math-Net Links to the Mathematical World"[4], die am Konrad-Zuse-Zentrum für Informationstechnik Berlin (ZIB) in Zusammenarbeit mit der Deutschen Mathematiker-Vereinigung[5] (DMV) im Hinblick auf ein verteiltes elektronisches Informationssystem bereitgestellt werden. Dabei sieht die Konzeption vor, daß sich die mathematischen Fachbereiche und Forschungsinstitute sowie mathematische Forschungslabors aus der Industrie ihre örtlichen mathematischen Ressourcen untereinander und zugleich auch weltweit verfügbar machen. Derzeit handelt es sich dabei um über 2000 Verweise auf mathematische Informationen im Internet und Beispiele für Anwendungen der Mathematik (im weiteren Sinne) in den Wissenschaften. Jedoch wird hier auch der weniger mit Mathematik vertraute WWW-Benutzer auf seine Kosten kommen – so ist beispielsweise ein Besuch des virtuellen Mathematischen Museums sehr empfehlenswert. Weitere Einstiegspunkte für die Erkundung der mathematischen Internetwelt liefern darüber hinaus zum Beispiel die „Mathematical Archives"[6] oder die „World Wide Web Virtual Library: Mathematics"[7].

Streifzüge durch die Mathematik im Internet

Wer sich für die Geschichte der Mathematik interessiert, wird sich auf den von der Clark University[8], Massachusetts, angebotenen WWW-Seiten wohlfühlen, die historisches Material sehr vielfältig und anschaulich unter Ausnutzung der graphischen und hypertextuellen Möglichkeiten des WWW bereitstellt. So kann man hier auf Zeitlinien wandeln und sich in mathematisch historisch interessante Gebiete wie Babylon, Ägypten, Griechenland, China und andere mehr begeben. Mehr als 1000 Biographien von Mathematikern lassen sich ferner von dem

Wie mir sci.math die Erdös-Zahlen näherbrachte

Bis vor kurzem wußte ich noch nicht, worum es sich bei den ominösen Erdös-Zahlen handelt (Asche auf mein Haupt!). Zwar war ich während meines Studiums mit diversen Zahlen konfrontiert worden, doch Erdös-Zahlen waren nicht darunter gewesen. Paul Erdös selbst war mir, wenn auch nicht persönlich, so doch durch eine Vielzahl von mathematischen Sätzen bekannt; also nahm ich an, daß es sich bei diesen Zahlen wohl um eine seiner Schöpfungen handeln müsse. Ehe ich mich anderweitig orientierte, wollte ich zunächst einmal prüfen, in wie weit ich mit Hilfe des Internet meine Unwissenheit zu kompensieren vermochte. Da das Internet dezentral organisiert ist, ist es oftmals schwierig, die gewünschten Daten – obwohl sie vorhanden sein mögen – überhaupt aufzufinden. Bei derartigen Fragestellungen und Problemen bieten sich daher die Usenet News, wie eingangs erwähnt neben WWW ein weiterer Internet-Dienst, an. Dabei handelt es sich um eine Art „schwarzes Brett", an dem Internet-Nutzer über die verschiedensten Themen miteinander diskutieren können. Derzeit gibt es weltweit über 10 000 verschiedene Gesprächsgruppen, an denen man via sogenannter „News-Reader" teilnehmen kann. Natürlich gibt es auch Newsgroups, die sich mit mathematischen Problemen beschäftigen wie sci.math oder de.sci.-mathematik um nur einige zu nennen (die Namen der Newsgroups deuten jeweils auf die thematischen Inhalte hin). Sehr hilfreich für den Einstieg in derartige

Newsgroups ist eine Konsultierung der zugehörigen FAQs[10] (frequently asked questions), die von Newsgroup-Teilnehmern erstellt wurden und sich mit den häufigst gestellten Fragen und natürlich ihren Antworten befassen. Noch bevor ich meine Frage ans „schwarzes Brett" heften mußte (man spricht dabei von Posten), fand ich in den FAQs zu sci.math eine ausführliche Beschreibung dessen, was denn nun Erdös-Zahlen sind:

Form an undirected graph where the vertices are academics, and an edge connects academic X to academic Y if X has written a paper with Y. The Erdös number of X is the length of the shortest path in this graph connecting X with Erdös.

Darüberhinaus wurde neben weiterer Literatur zum Ursprung dieser Zahlen auch eine Quelle angegeben, von der man eine Übersicht über alle Personen mit Erdös-Zahlen kleiner oder gleich zwei abrufen kann, angegeben (Einstein beispielsweise hat Erdös-Zahl 2!)

Hätte ich nicht schon in den FAQs gefunden, was mich interessierte, so hätte ich sicher sein können, daß in den mathematischen Newsgroups jede Art von Fragen rund um die Mathematik willkommen gewesen wären, und die Unterstützung durch andere Teilnehmer hätte nicht lange auf sich warten lassen.

WWW-Server der School of Mathematics and Computational Sciences der University of St. Andrews[9] abrufen, von denen mehr als 200 sehr detailierte Informationen enthalten, die mit über 300 zeitgenössischen Bildern der Mathematiker selbst illustriert sind. Sehr nett ist hierbei auch die Geburtsortskarte und der Service „Mathematiker des Tages", der zu jedem Tag des Jahres die Mathematiker aufzeigt, die an diesem Tag geboren wurden oder gestorben sind.

Der mehr an berühmten (gelösten und ungelösten) mathematischen Problemen Interessierte sollte sich unbedingt mit den von Alex Lopez-Ortiz an der University of Waterloo, Kanada, im WWW bereitgestellten FAQs (Frequently Asked Questions) der Newsgroup sci.math befassen (siehe dazu auch Kasten). Die Themen sprechen dabei Menschen aller mathematischer Leistungsklassen an. Sie reichen von elementaren Dingen aus der Algebra und Zahlentheorie bis hin zum großen Fermat und dessen Beweis. Es werden aber auch Fragestellungen wie nach der Nichtexistenz eines Nobelpreises für Mathematik (vergleiche: Jahrbuch Überblick Mathematik 1995) oder nach dem Ursprung der Fieldsmedaille (mit einer Übersicht der Preisträger) angerissen.

History of Mathematics: Timeline

Einige sehr gelungene Beispiele von Interaktion im Umgang mit Mathematik im Internet lassen sich am Geometry Center[11] an der University of Minnesota finden: Zusammenhänge aus der Geometrie und anderen Bereichen der Mathematik werden durch entsprechende, vom Benutzer beeinflußbare, Anwendungen visualisiert. Unter anderem kann man versuchen den High-Score für eine Tetris-Variante zu erreichen, bei der man nachweislich spätestens nach 70000 Teilen verloren hat (der aktuelle Rekord liegt bei 868 Teilen...) und einen mathematischen Beweis abrufen, warum auch das Original-Tetris nicht unbegrenzt gespielt werden kann. Auch für die Verwendung der interaktiven Möglichkeiten des WWW bei der Darstellung von abstrakten mathematischen Beweisen existieren schon exzellente Beispiele; so bietet beispielsweise die University of British Columbia[12], Kanada, die Möglichkeit einen Beweis des Satzes von Pythagoras zu „sehen".

Auf diese Weise kann ein sehr viel anschaulicherer Zugang zur Mathematik insbesondere für Unterrichtszwecke gewonnen werden, als er über herkömmliche Medien möglich wäre. Allerdings erfordern derartige Dinge zur Zeit noch einen recht hohen Aufwand seitens der Anbieter; es bleibt zu hoffen, daß im Laufe der Zeit genügend Hilfsmittel zur Verfügung gestellt werden können, die die Erstellung derartiger WWW-Dokumente erleichtert.

Natürlich gibt es auch eine Vielzahl von Dokumenten, die sich um die verschiedensten mathematischen Teildisziplinen drehen und zum Teil sehr detaillierte Informationen auch aus der aktuellen Forschung bereitstellen. Dabei soll durch sie nicht nur ein Überblick über derzeit via Internet verfügbarer entsprechender Resourcen gegeben werden, sondern auch die Kommunikation zwischen Menschen, die sich mit denentsprechenden Gebieten befassen, angeregt werden.

Aber auch für den Hobby-Mathematiker gibt es dort Interessantes zu erhaschen. Als Beispiel sei hier auf das „Number Theory Web"[13], das von Keith Matthews an der University of Georgia bereitgestellt wird, verwiesen, das sich mit all dem befaßt, was Zahlentheoretiker interessieren könnte. In diesem Zusammenhang wollen wir nicht vergessen, auch auf „The Prime Page"[14] zu verweisen, die nach eigenen Angaben „the prime source for information about prime numbers" darstellt.

Doch was wäre die Mathematik, wenn nicht auch der spielerische Umgang mit ihr möglich wäre, und gerade in diesem Bereich bieten sich eine Fülle von Angeboten im Internet. Wenn man in die Lage versetzt wird von einigen Zahlen die ersten zigtausend Nachkommastellen von π abzurufen, so kann man sich bei π vielleicht noch um Sinn oder Unsinn streiten[15]. Das Angebot, einen Blick auf die ersten 250 000 Nachkommastellen der Quadratwurzel von 9 zu werfen, ist allerdings ein offenkundiges

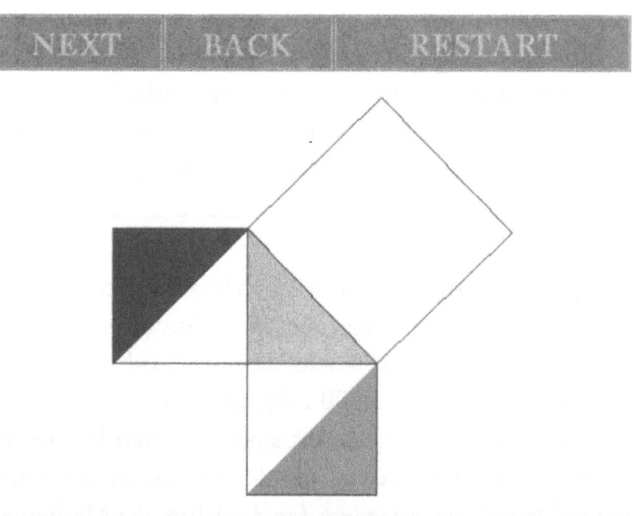

Instead of showing that the areas of the smaller squares add up to the area of the big one, we will show that half the sum of the areas of the small ones add up to half the area of the big one.

Beweis des Satzes von Pythagoras

Kuriosum. Weitere derartige Dinge findet man z. B. auf der „Fun with Numbers Homepage"[16]. Und was wäre die Mathematik ohne die berühmten Mathematiker-Witze[17], über die zugegebenermaßen doch nur Mathematiker lachen können.

Natürlich gibt es im Internet noch eine Vielzahl von weiteren interessanten oder amüsanten Dokumenten und Informationen rund um die Mathematik. Viele davon wären es wert, hier ebenfalls gesonderte Erwähnung zu finden. Wir meinen aber, daß für einen ersten knappen Eindruck um die Vielfalt der Mathematik im Internet die Ausführungen hier reichen mögen. Andererseits sollen sie als Appetitanreger verstanden werden und zu eigenen Erkundungen des Internet anregen. Denn gerade die Suche und das Auffinden von interessanten Dingen im Internet macht eine große Faszination dieses Mediums aus. Bei derartigen Exkursionen macht das Fehlen einer hierarchischen Ordnung das Auffinden der gewünschten Daten nicht immer ganz einfach. Zu diesem Zweck gibt es Suchsysteme[18], die zu gewissen Suchbegriffen Verweise auf entsprechende Dokumente in der ganzen Welt liefern und neben den eingangs erwähnten Einstiegspunkten hilfreich zur Seite stehen können.

In diesem Sinne: Happy Surfing!

Für die Mathematik wichtige Internetadressen

1. Mosaic: ftp://ftp.ncsa.uiuc.edu/
2. Netscape: ftp://ftp.netscape.com/
3. Lynx: ftp://ftp2.cc.ukans.edu/
4. Math-Net Links to the Mathematical World: http://elib.zib-berlin.de:88/Math-Net/Links/math.html
5. Deutsche Mathematiker-Vereinigung: http://www_dmv.math.tu-berlin.de
6. Mathematical Archives: http://www.cecm.sfu.ca/projects/ISC/
7. World Wide Web Virtual Library: Mathematics: http://euclid.math.fsu.edu/Science/math.html
8. History of Mathematics Home Page: http://aleph0.clarku.edu/~djoyce/mathhist/mathhist.html
9. History of Mathematics: http://www-groups.dcs.st-and.ac.uk/~history/
10. Frequently Asked Questions in Mathematics: http://daisy.uwaterloo.ca/~alopez-o/math-faq/
11. Geometry Center: http://www.geom.umn.edu/
12. University of British Columbia: http://www.math.ubc.ca/~morey/java/pyth/
13. Number Theory Web: http://www.maths.uq.oz.au/~ krm/web.html
14. The Prime Page: http://www.utm.edu/research/primes/
15. The Pi Page: http://www.ccsf.caltech.edu/~roy/pi.html
16. Fun With Numbers Homepage: http://www.mind.net/xethyr/numbers/index.html
17. Science Jokes Archive: http://www.princeton.edu/~ pemayer/ScienceJokes.html
18. Suchsysteme: http://www.uni-giessen.de/suche.html

Knut Radbruch

Mathematik in der Lyrik

Einstimmung

Mathematische Spuren sind in sämtlichen literarischen Gattungen zu finden. Was die Romane betrifft, sei exemplarisch auf Goethes *Wilhelm Meisters Wanderjahre* und Musils *Der Mann ohne Eigenschaften* hingewiesen. Für das Schauspiel seien *Der Witzling* von Adelgunde Viktorie Gottsched und *Don Juan oder Die Liebe zur Geometrie* von Frisch genannt. Dieser Beitrag befaßt sich jedoch ausschließlich mit Lyrik.

Bei einem Streifzug durch die deutschsprachige Lyrik der vergangenen drei Jahrhunderte begegnet man immer wieder mathematischen Begriffsbildungen und Denkweisen, welche explizit oder auch metaphorisch in Verse und Strophen hineinmontiert sind. Dabei muß das Augenmerk nicht nur auf die getroffene Wahl der mathematischen Themen gerichtet werden, sondern auch auf die Art und Weise ihrer lyrischen Verarbeitung. Wenn zusätzlich noch epochenspezifische Aspekte berücksichtigt werden, ergeben sich insgesamt einige Bausteine oder auch Teilkonfigurationen für das umfassende Mosaik einer Kulturgeschichte der Mathematik.

Jede literarische Gattung zeichnet sich durch einen besonderen Umgang mit der Sprache sowie durch typische Kompositionsprinzipien aus. Ein besonderes Charakteristikum von Gedichten besteht darin, daß Situationen, Konstellationen, Themen oder Probleme knapp und spontan mitgeteilt werden. Umfangreiche inhaltliche Vorbereitungen oder das Einfügen in einen historischen bzw. geographischen Rahmen, wie dies in Romanen häufig geschieht, entfallen beim Gedicht. Hier werden Bezüge, Begründungen und Zusammenhänge nicht romanhaft entfaltet, sondern in wenigen Zeilen ausformuliert. Gerade in unserem Jahrhundert bestehen Gedichte oft aus Bruch-Stücken, die nicht nach übergeordneten Gesichtspunkten miteinander zu einem harmonischen Ganzen zusammengesetzt sind. Sie sollen den Leser zu eigenstän-

Knut Radbruch, gebürtiger Hamburger, ist seit fünfundzwanzig Jahren Professor am Fachbereich Mathematik der Universität Kaiserslautern. Seine derzeitigen Hauptarbeitsgebiete sind Philosophie der Mathematik, Mathematikdidaktik und Geschichte der Mathematik. In Vorlesungen, Seminaren, Kolloquien und Veröffentlichungen behandelt er schon seit vielen Jahren Beziehungen zwischen „Mathematik und den Geisteswissenschaften". Seine 1993 gehaltene Vorlesung „Mathematische Spuren in der Literatur" weckte auch das Interesse der Germanisten. Im vorigen Jahr erschien in der Internationalen Zeitschrift für Geschichte und Ethik der Naturwissenschaften, Technik und Medizin sein Übersichtsbeitrag „Literatur als Medium einer Kulturgeschichte der Mathematik".

digem Weiterdenken herausfordern, mitunter sogar provozieren. Gedichte vermitteln Impulse zur Eigenaktivität.

Über einen langen Zeitraum gehörten sowohl der Reim als auch das Versmaß zu den unverzichtbaren Konstituenten des Gedichts. In neuerer Zeit haben sich die Lyriker vom Diktat des Reims und der metrischen Gesetzmäßigkeit befreit. Dies bedeutet in der Regel einen Verlust an eingängiger Überzeugungskraft; verloren geht eben gerade, wie man immer wieder sagt, der musikalische Klang des Gedichts. Andererseits ermöglicht die Lösung aus der Bindung an Reim und Metrik einen freieren Umgang mit der Sprache; hierdurch erfahren die Ausdrucks- und Gestaltungsmöglichkeiten in Gedichten neue Freiheiten, welche früheren Epochen nicht zur Verfügung standen. Gewinn und Verlust dürften sich hier die Waage halten.

Doch nun sollen die Gedichte selbst zu Wort kommen.

Die Faszination des Unendlichen

Der professionelle Umgang mit dem Unendlichen, wie er seit der Antike in der Mathematik realisiert wird, hat zu allen Zeiten nicht nur die Mathematiker fasziniert. Aus dem Jahr 1736 stammt Albrecht von Hallers (1708–1777) **Unvollkommenes Gedicht über die Ewigkeit.** Darin heißt es:

Die schnellen Schwingen und Gedanken,
Wogegen Zeit und Schall und Wind
Und selbst des Lichtes Flügel langsam sind,
Ermüden über dir und hoffen keine Schranken.
Ich häufe ungeheure Zahlen,
Gebürge Millionen auf;
Ich wälze Zeit auf Zeit und Welt auf Welten hin,
Und wann ich auf der March des Endlichen nun bin
Und von der fürchterlichen Höhe
Mit Schwindeln wieder nach dir sehe,
Ist alle Macht der Zahl, vermehrt mit tausend Malen,
Noch nicht ein Teil von dir;
Ich tilge sie, und du liegst ganz vor mir.[1]

Albrecht von Haller (1708–1777)

Kant hat in seiner *Kritik der reinen Vernunft* angemerkt, hier werde die „Ewigkeit ... schauderhaft erhaben"[2] geschildert. In jedem Fall wird die unüberbrückbare Kluft zwischen noch so großen endlichen Zahlen und einer wie auch immer begrifflich gefaßten Unendlichkeit mit suggestiver Überzeugungskraft lyrisch herausgestellt. Ob es sich hier wirklich um eine literarische Realisierung der Gleichung $\infty - a = \infty$ handelt, wie dies Stäuble[3] in einer Interpretation vorschlägt, sei dem individuellen Urteil des Lesers überlassen. Noch ein zweites Mal arbeitet von Haller seine Bewunderung für unendlich große Zahlen in ein Gedicht ein, und zwar in **Gedanken über Vernunft, Aberglauben und Unglauben:**

Was die Natur verdeckt, kann Menschen-Witz entblö-
                                                    ßen,
Er mißt das weite Meer unendlich großer Größen,
Was vormals unbekannt und unermessen war,
Wird durch ein Ziffern-Blatt umschränkt und offenbar.[4]

Aus dem frühen 18. Jahrhundert wagen wir nun einen Sprung in die Gegenwart. Vor wenigen Jahren hat Hans Magnus Enzensberger (geb. 1929) einen speziellen Typ von Unendlichkeit, nämlich das abzählbar Unendliche, als Folie einer Beschreibung der Gefühle unterlegt. Dabei werden in der Tat mathematische Einsichten unseres Jahrhunderts verarbeitet.

Von der Algebra der Gefühle

Ich habe oft das Gefühl (brennend,
dunkel, undefinierbar usw.),
daß das Ich keine Tatsache ist,
sondern ein Gefühl,
das ich nicht loswerde.

Ich hege es, lasse ihm freien Lauf,
erwidere es, von Fall zu Fall.
Aber es ist nur eins unter vielen.

Die Menge der Gefühle ist abzählbar unendlich,
d.h. sie lassen sich im Prinzip numerieren,
bis ins Aschgraue.

Die Nummer der Eifersucht
ist offensichtlich die Sieben.
Auch die Angst ist prim.

Und ich habe das dumpfe Gefühl,
daß die Demütigung
die 188 auf ihrer Stirn trägt -
eine Zahl ohne Eigenschaften.

Auch das Gefühl, numeriert zu sein,
ist vermutlich längst numeriert,
nur wozu und von wem?

Das erhabne Gefühl des Zorns
bewohnt ein anderes Zimmer
in Hilberts Hotel
als das Gefühl,
über den Zorn erhaben zu sein.

Und nur wer sich hingeben kann
dem abstrakten Gefühl
für die Abstraktion, der weiß,
daß es in manchen sehr hellen Nächten
den Wert $\sqrt{-1}$ anzunehmen pflegt.

Dann wieder läuft es mir kalt
über den Rücken, das Gefühl,
ein Paket zu sein,
das gefühllose, pelzige Gefühl,
von dem die Zunge zu bersten droht
nach der Injektion,
wenn sie dem Zahn auf den Zahn fühlt,
oder die Peinlichkeit
mit ihrem durchdringenden Bleigeschmack,
das mächtige Gefühl der Ohnmacht,
das unaufhaltsam der Null zustrebt,
und das falsche Gefühl
der wahren Empfindung
mit seinem abscheulichen Kettenbruch.

Dann erfüllt mich
eine Schnittmenge aus gemischten Gefühlen,
schuldig, fremd, wohl, verloren,
alles auf einmal.

Nur dem höchsten der Gefühle
wäre das Ich nicht gewachsen.
Statt Aufwallungen zu suchen
mit dem Limes ∞,
läßt es sich lieber
eine Minute lang übermannen
vom Schauder des eisig heißen Wassers
unter der Dusche, dessen Nummer
noch keiner entziffert hat.[5]

Als Reaktion auf die stürmische Entwicklung der Infinitesimalmathematik fanden in der ersten Hälfte des 18. Jahrhunderts auch unendlich kleine Größen in Gedichten sowohl implizit als auch explizit Berücksichtigung. Albrecht
von Haller bewundert 1730 in seinem Gedicht **Die Falsch-
heit menschlicher Tugenden** Newton als bahnbrechen-
den Forscher der Mathematik und Physik:

Sein stets gespannter Sinn verzehrt der Jahre Blüte,
Schlaf, Ruh und Wollust fliehn sein himmlisches Ge-
                                                    müte.

Wie durch unendlicher verborgner Zahlen Reih
Ein krumm geflochtner Zug gerecht zu messen sei;
Warum die Sterne sich an eigne Gleise halten;
Wie bunte Farben sich aus lichten Strahlen spalten;
Was für ein innrer Trieb der Welten Wirbel dreht;
Was für ein Zug das Meer zu gleichen Stunden bläht;
Das alles weiß er schon: er füllt die Welt mit Klarheit,
Er ist ein steter Quell von unerkannter Wahrheit.[6]

Die entsprechende Hommage auf Leibniz reicht Johann
Christoph Gottsched (1700–1766) wenige Jahre später
nach:

Wer kennt die Wunderrechnung nicht,
Die Archimed ersann, den Weltraum zu ergründen?
Was größers war kaum auszufinden,
In dem, was Menschenwitz verspricht.

Nur L e i b n i t z hat noch mehr versucht;
Er fand die Rechenkunst in dem unendlich Kleinen;
Hier konnt er doppelt groß erscheinen,
Und ganzer Völker Neid war seines Witzes Frucht.
Die Eifersucht der stolzen Britten
Hat die Erfindung ihm aufs heftigste bestritten.[7]

Als Gedicht der Gegenwart, in welchem das Infinitesima-
le thematisiert wird, sei das **Erkenntnistheoretische Modell** von Hans Magnus Enzensberger genannt. Darin erfährt der Begriff der Konvergenz eine literarische Ausfor-
mung.

Erkenntnistheoretisches Modell

Hier hast du
eine große Schachtel
mit der Aufschrift
Schachtel.
Wenn du sie öffnest,
findest du darin
eine Schachtel
mit der Aufschrift
Schachtel
aus einer Schachtel
mit der Aufschrift
Schachtel.

Wenn du sie öffnest –
ich meine jetzt
diese Schachtel,
nicht jene –,
findest du darin
eine Schachtel
mit der Aufschrift
Und so weiter,
und wenn du
so weiter machst,
findest du
nach unendlichen Mühen
eine unendlich kleine
Schachtel
mit einer Aufschrift
so winzig,
daß sie dir gleichsam
vor den Augen
verdunstet.
Es ist eine Schachtel,
die nur in deiner Einbildung
existiert.
Eine vollkommen leere
Schachtel. [8]

Maß – Zahl – Gewicht

In mehreren Dialogen stellt Platon die erkenntnisleitende
Funktion der Ordnungsprinzipien Maß, Zahl und Gewicht heraus. Exemplarisch sei lediglich eine Passage aus

dem späten Dialog Philebos in Erinnerung gerufen: „Zum
Beispiel, wenn jemand aus allen Künsten die Rechenkunst
und Meßkunst und die Waagekunst ausscheidet, so ist es,
geradeheraus zu sagen, nur etwas Geringfügiges, was von
einer jeden dann noch übrigbleibt."[9] In den Weisheits-
büchern Salomons, die von einem alexandrinischen Ju-
den im letzten Jahrhundert vor der Zeitenwende verfaßt
wurden, fungieren Maß, Zahl und Gewicht als Struktur-
prinzipien, von denen sich der Schöpfer hat leiten lassen:
Omnia in mensura et numero et pondere disposuisti.[10] Als
im 17. und 18. Jahrhundert die Naturnachahmung zur
zentralen Aufgabe der Dichtung erhoben wurde, mußten
somit Maß, Zahl und Gewicht zwangsläufig in den Kanon
literarischer Themen aufgenommen werden. Bei Barthold
Hinrich Brockes (1680–1747) heißt es in einem Gedicht
zum Jahreswechsel 1731:

Aller Dinge, die vom Schöpfer je geschaffen und ge-
> *macht,*
Zustand und Beschaffenheit, Wirkung, Stoff, Natur und
> *Wesen,*
Wie es die Natur uns zeigt, wie wir's in der Bibel lesen,
Sind, nach Maß, Gewicht und Zahlen, wunderbar
> *hervorgebracht.*[11]

Johann Christoph Gottsched (1700–1766)

Nur ein Jahr später wendet sich Johann Christoph Gottsched **An Herrn Johann Ernst Kulmus:**

Du siehst Natur und Welt mit andern Augen an,
Als mancher, der nichts denkt, als was er greifen kann;
Und findest mit Vernunft, in jedem Körnchen Sandes;
Die sonnenklare Spur des ewigen Verstandes.
Euklides, den du liebst, hat dich geschickt gemacht,
Die Schönheit dieser Welt, an Ordnung, Glanz und
                                             Pracht,
Nach Maß, Gewicht und Zahl zu prüfen, zu ergründen,
Und täglich größre Lust in dem Bemühn zu finden. [12]

In der Folgezeit geriet die ausschließlich an mathematischen Ordnungsprinzipien ausgerichtete Beschreibung der Welt zunehmend in die Kritik. Johann Wolfgang Goethe (1749–1832) hat uns seine diesbezüglichen Bedenken durch Mephistopheles mitteilen lassen:

Daran erkenn' ich den gelehrten Herrn!
Was ihr nicht tastet, steht euch meilenfern,
Was ihr nicht faßt, das fehlt euch ganz und gar,
Was ihr nicht rechnet, glaubt ihr, sei nicht wahr,
Was ihr nicht wägt, hat für euch kein Gewicht,
Was ihr nicht münzt, das, meint ihr, gelte nicht. [13]

Es ist durchaus denkbar, daß sich Erich Kästner (1899–1974) an jenen Worten, die Mephisto in der Kaiserlichen Pfalz spricht, orientiert hat, als er 1929 in seinem Gedicht **Zeitgenossen, Haufenweise** schrieb:

Es ist nicht leicht, sie ohne Haß zu schildern,
und ganz unmöglich geht es ohne Hohn.
Sie haben Köpfe wie auf Abziehbildern
und, wo das Herz sein müßte, Telephon.

Sie wissen ganz genau, daß Kreise rund sind
und Invalidenbeine nur aus Holz.
Sie sprechen fließend, und aus diesem Grund sind
sie Tag und Nacht – auch Sonntags – auf sich stolz.

In ihren Händen wird aus allem Ware.
In ihrer Seele brennt elektrisch Licht.
Sie messen auch das Unberechenbare.
Was sich nicht zählen läßt, das gibt es nicht! [14]

Noch wesentlich schärfer fällt die Kritik an der Dominanz von Maß und Zahl bei Volker Braun (geb. 1939) aus, dessen 1965 erschienenes Gedicht **Mitteilung an die reifere Jugend** folgendermaßen beginnt:

Nein, die Bäume unserer Lust könnt ihr nicht konstru-
                                            ieren.

Zirkel und Lineal geben ein Plakat ab, nicht das Leben.
Unsere Vergnügen sind zu toll und gefährlich, um sie in
                                          Serien zu produzieren.
Unser Glück ist total: es läßt sich nicht ausrechnen.
Unsere Vorsicht vor uns ist vergeblich: wir sind maßlos. [15]

Berühmte Sätze der Mathematik

Leider gibt es nur wenige Lehrsätze der Mathematik, die eine lyrische Umsetzung erfahren haben. Immerhin stehen zwei Beispiele zur Verfügung, die uns zugleich den Wandel in der Auffassung vom Gedicht zeigen, welcher sich in unserem Jahrhundert vollzogen hat.

Etwa um 1830 schuf Adelbert von Chamisso (1781–1838) sein Gedicht über den Lehrsatz des Pythagoras. Zwei historische Anmerkungen seien vorangeschickt. Der Gehalt des Satzes findet sich bereits lange vor Pythagoras in der Babylonischen Geometrie. [16] Dort wird jedoch nicht ein Lehrsatz samt Beweis präsentiert, sondern die Aussage des Satzes wird bei der Durchrechnung konkreter Beispiele ohne Kommentar oder Rechtfertigung einfach verwendet. Die Angabe über das Ochsenopfer, welches Pythagoras zum Dank für die Entdeckung des nach ihm benannten Satzes erbracht haben soll, ist urkundlich nicht belegt. Adelbert von Chamisso hat diese Legende vermutlich aus einer Notiz von Ludwig Börne übernommen. Dort findet sich auch schon die metaphorische Korrespondenz von Ochsen und dummen Schülern, die sich seit Pythagoras gegen den Satz verschworen haben.

Vom Pythagoräischen Lehrsatze

Die Wahrheit, sie besteht in Ewigkeit,
Wenn erst die blöde Welt ihr Licht erkannt;
Der Lehrsatz nach Pythagoras benannt
Gilt heute wie er galt zu seiner Zeit.

Adelbert von Chamisso (1781–1838)

Ein Opfer hat Pythagoras geweiht
Den Göttern, die den Lichtstrahl ihm gesandt;
Es taten kund geschlachtet und verbrannt
Ein hundert Ochsen seine Dankbarkeit.

Die Ochsen, seit dem Tage, wenn sie wittern,
Daß eine neue Wahrheit sich enthülle,
Erheben ein unmenschliches Gebrülle;

Pythagoras erfüllt sie mit Entsetzen,
Und machtlos, sich dem Licht zu widersetzen,
Verschließen sie die Augen und erzittern.[17]

Aus den fünfziger Jahren unseres Jahrhunderts stammt Enzensbergers **Hommage à Gödel**. Hier wird die im Gödelschen Unvollständigkeitsatz enthaltene Selbstbezüglichkeit gewisser formaler Systeme thematisiert, welche nicht nur das Hilbertsche Programm als undurchführbar aufzeigte, sondern zugleich eine neue qualitative Grenze intellektueller Bemühung überhaupt sichtbar werden lies. Nicht unerheblich ist der Unterschied in der Form zwischen den Gedichten Chamissos und Enzensbergers. Chamisso fühlt sich noch Reim und Versmaß verpflichtet, in Enzensbergers Gödelgedicht spielen Reim und Metrik überhaupt keine Rolle mehr. Die damit gewonnene sprach-

liche Freiheit wird unter anderem in der Weise genutzt, daß Passagen mit Lehrbuchcharakter in das Gedicht integriert sind.

Hommage à Gödel

Münchhausens Theorem, Pferd, Sumpf und Schopf,
ist bezaubernd, aber vergiß nicht:
Münchhausen war ein Lügner.

Gödels Theorem wirkt auf den ersten Blick
etwas unscheinbar, doch bedenk:
Gödel hat recht.

„In jedem genügend reichhaltigen System
lassen sich Sätze formulieren,
die innerhalb des Systems
weder beweis- noch widerlegbar sind,
es sei denn das System
wäre selber inkonsistent.“

Du kannst deine eigene Sprache
in deiner eigenen Sprache beschreiben:
aber nicht ganz.
Und kannst dein eignes Gehirn
mit deinem eignen Gehirn erforschen:
aber nicht ganz.
Usw.

Um sich zu rechtfertigen
muß jedes denkbare System
sich transzendieren,
d.h. zerstören.

„Genügend reichhaltig“ oder nicht:
Widerspruchsfreiheit
ist eine Mangelerscheinung
oder ein Widerspruch.

(Gewißheit = Inkonsistenz.)

Jeder denkbare Reiter,
also auch Münchhausen,
also auch du bist ein Subsystem
eines genügend reichhaltigen Sumpfes.

Und ein Subsystem dieses Subsystems
ist der eigene Schopf,
dieses Hebezeug
für Reformisten und Lügner.

Hans Magnus Enzensberger (geb. 1929)

In jedem genügend reichhaltigen System,
also auch in diesem Sumpf hier,
lassen sich Sätze formulieren,
die innerhalb des Systems
weder beweis- noch widerlegbar sind.
Diese Sätze nimm in die Hand
und zieh![18]

Mathematische Begriffe und Konzeptionen

Es dürfte kaum überraschen, daß man mathematischen Begriffen und Konzeptionen recht häufig in Gedichten begegnet. Dabei gibt es beachtliche Unterschiede sowohl in der Intention, welche mit der Hereinnahme von Mathematik verfolgt wird, als auch in der Ausführlichkeit mathematischer Erörterung. Das Spektrum reicht von Ge-

dichten, die sich thematisch ausschließlich mit Mathematik befassen, zu solchen, in denen ein einziges Wort aus der Mathematik recht unvermittelt erscheint und zu vielfältiger Deutung herausfordert. Wir beginnen unseren Streifzug durch die zurückliegenden zweieinhalb Jahrhunderte im Jahr 1744 mit Abraham Gotthelf Kästners (1719–1800) Lehrgedicht **Gedanken über die Verbindlichkeit der Dichter, allen Lesern deutlich zu seyn.** Darin wird an einem mathematischen Beispiel die didaktische Forderung illustriert, daß Lehrbücher adressatenspezifisch abgefaßt werden müssen:

Ein Schüler, der bereits das Octaedrum kennt,
Des Zirkels Umfang mißt, die Logarithmen nennt,
Erblickt des Britten Werk, das alle Weisen ehren,
Er liest, versteht es nicht, schmäht Newtons dunkle
                                          Lehren;
.....
Der Leser, dem man schreibt, bestimmt des Autors
                                          Pflicht.
Wenn Newton Lehrer lehrt, les ihn kein Schüler nicht.[19]

Zwei Jahre später gibt Gottsched in einem Lobgedicht auf Leibniz einen historischen Rückblick auf die Veränderung der Grundzahl im Zahlensystem. Zum besseren Verständnis sei vorab erwähnt, daß Erhard Weigel, dessen Schüler Leibniz zeitweise gewesen ist, in mehreren Schriften für sein von ihm Tetractys genanntes Zahlensystem mit der Grundzahl 4 warb.

Gebrauchte sonst P y t h a g o r a s
Die Kunst, zehn Ziffern nur im Rechnen anzuwenden;
Und doch das schwerste zu vollenden;
So that zwar W e i g e l mehr als das.
Vier Ziffern langten völlig hin,
Die unermeßne Reih der Größen zu erreichen:
Doch dieser Kunstgriff selbst muß weichen,
Was größers noch erfand des L e i b n i t z scharfer Sinn.
Das ungeheure Heer der Zahlen
läßt durch zwo Ziffern sich, durch Null und Eins schon
                                          malen.[20]

Gegen Ende des vorigen und zu Beginn dieses Jahrhunderts hatte eine Art geometrischer Gebrauchslyrik Konjunktur. Stellvertretend für diese Mode sei hier lediglich ein Gedicht von Johannes Trojan (1837–1915) genannt.

Das Quadrat

Laßt uns das Quadrat betrachten,
Denn das ist dem Geist gesund.
Höher müssen wir es achten,
Als den Kreis, der gar zu rund.

Niemand kann es ihm bestreiten,
Daß es ist an Tugend reich.
Denn es hat vier gute Seiten,
Und sie sind einander gleich.

Ohne jeden falschen Dünkel
Steht es da auf dem Papier.
Denn es hat nur rechte Winkel
Und besitzt derselben vier.

Manchen Vorzug hat's unstreitig,
Den beim Dreieck man vermißt,
Und erfreut auch anderseitig,
Weil es so symmetrisch ist.

Ja, zur Lust der Weltbewohner
Ist's geschaffen in der That.
Reinlicher und zweifelsohner
Ist wohl nichts als das Quadrat.[21]

Andere Titel von Gedichten aus jener Zeit lauten **Der Kreis, Punkt, Tangente, Kugel.** Da hat Christian Morgensterns (1871–1914) Versuch einer lyrischen Beschreibung des Übergangs von der affinen zur projektiven Ebene schon mehr Pfiff:

Die zwei Parallelen

Es gingen zwei Parallelen
ins Endlose hinaus,
zwei kerzengerade Seelen
und aus solidem Haus.

Sie wollten sich nicht schneiden
bis an ihr seliges Grab:
das war nun einmal der beiden
geheimer Stolz und Stab.

Doch als sie zehn Lichtjahre
gewandert neben sich hin,
da war's dem einsamen Paare
nicht irdisch mehr zu Sinn.

War'n sie noch Parallelen?
Sie wußten's selber nicht, –
sie flossen nur wie zwei Seelen
zusammen durch ewiges Licht.

Das ewige Licht durchdrang sie,
da wurden sie eins in ihm;
die Ewigkeit verschlang sie,
als wie zwei Seraphim.[22]

Den Parallelen, welche sich möglicherweise doch schneiden, begegnet man übrigens in der Literatur unseres Jahrhunderts öfter, so bei Thomas Mann und Robert Musil. Hier sei noch eine Passage aus dem 1966 erschienenen Gedicht **Des Toten gedenken** von Günter Eich (1907–1972) zitiert:

Dorthin gehen,
wo die Parallelen sich schneiden.
Die Forderungen der Logik
durch Träume erfüllen.[23]

Der Hinweis auf den goldenen Schnitt in Karl Krolows (geb. 1915) Gedicht **Nachtstunden** aus dem Jahr 1956 ist möglicherweise durch Leonardo da Vinci oder Raffael angeregt worden. Aber ganz unabhängig davon lassen die nur vagen Andeutungen in diesem Gedicht viel Freiraum für individuelle Deutung.

Nachtstunden

Nachtstunden, die bis unter
Die Nagelmonde reichen! –
Sie lassen mir die Wahl,
Eine Straßenecke
Oder ein Liebespaar zu werden
Mit nach dem Goldenen Schnitt gezeichneten
Körpern.
Von linken oder rechten Händen
Gestreutes Laub verrät den Weg,
Den ich wählte.
Es raschelt noch, während ich
Einem Hinterhalt zum Opfer falle.[24]

Im Unterschied zu diesem recht punktuellen Rekurs auf den goldenen Schnitt bei Krolow verarbeitet Erich Fried

(1921–1988) in seinem Gedicht **Topologik** aus dem Jahr 1983 die Nichtorientierbarkeit des Möbiusbandes als eine Art Leitmotiv. Darüberhinaus ist das Wortspiel mit Topologik sowie Toplogie und Logik nicht zu übersehen.

Topologik

Ich liebe dich
doch liebe dich wohin?
Etwas in mir
verdreht sich
weil es gerade
so wie es ist ist
(gerade
weil es so ist)

Ich bin außer mir
wenn ich in mich gehe
und außer dir
vielleicht auch
Was
gehört da
wohin?
Und wohin geht das?
Ich habe
mir
ein Möbiusherz
gefaßt
das sich
in ausweglose
Streifen
schneidet[25]

In einem analogen Verhältnis wie **Nachtstunden** und **Topologik** stehen auch die beiden folgenden Gedichte aus dem Jahr 1995. In Ulla Hahns (geb.1946) **Krähen** werden die beiden mathematischen Begriffe Kalkül und Algebra nur als Chiffren in den Gang der Handlung eingebunden.

Krähen

Die schwarzen Äste im Winter beladen
mit noch mehr Schwärze wenn
diese Vögel sie zu Zeichen machen
Kalkül und Algebra

im Ypsilon der Schwingen. Schnee stäubt
wenn sie die Linie deines Lebens nehmen
zwischen Apfelbaum und Birke
kürzester Weg.[26]

Bei Enzensbergers **Bifurkationen** hingegen wirkt dieser Begriff des Titels durch das ganze Gedicht.

Bifurkationen

Alles, was sich verästelt,
verzweigt: Delta Blitz Lunge,
Wurzeln, Synapsen, Fraktale,
Stamm- und Entscheidungsbäume;
alles, was sich vermehrt
und zugleich vermindert –

nicht zu fassen,
schon zu reichhaltig
für dieses Spatzenhirn,
dieses x-beliebige Glied
einer infiniten Serie,
die sich hinter dem Rücken
dessen, der da, statt zu denken,
gedacht wird, entwickelt,
verästelt, verzweigt.[27]

Tragweite und Grenzen der Mathematik

Überblickt man diejenigen Gedichte der letzten zweihundertundfünfzig Jahre, in denen eine Aussage über Ansehen und Einschätzung von Mathematik gemacht wird, so ist eine auffällige Entwicklung zu erkennen. Im 18. Jahrhundert überwiegt zunächst eine positive Grundeinstellung zur Mathematik, welche sich teilweise zu euphorischer Bewunderung steigert. Gegen Ende desselben Jahrhunderts setzt sich dann eine zunehmend kritische und distanzierte Haltung immer mehr durch. Im 19. Jahrhundert gewinnt schließlich schroffe Ablehnung gegenüber der Mathematik die Oberhand. Erst in neuerer Zeit erfährt die Mathematik in der Lyrik wieder Anerkennung; noch immer gibt es selbstverständlich kritische Texte, doch werden auch Gedichte veröffentlicht, aus denen eine po-

Novalis (1772–1801)

sitive Auffassung von Mathematik herausgehört und herausgelesen werden kann. Im Jahr 1733 brachte Albrecht von Haller in seinem Gedicht **An Herrn D. Gessner** ein Loblied auf die Mathematik von kaum zu überbietender Euphorie:

Bald steigest du auf Newtons Pfad
In der Natur geheimem Rat,
Wohin dich deine Meß-Kunst leitet;
O Meß-Kunst, Zaum der Phantasie!
Wer dir will folgen, irret nie;
Wer ohne dich will gehn, der gleitet.[28]

Exakt im Jahr 1800 entwirft Novalis (1772–1801) die Vision einer Weltorientierung und Weltbeschreibung, welche nicht durch Mathematik dominiert wird. Dabei ist zu beachten, daß Novalis die Mathematik sehr geschätzt und ihr in seinem Entwurf einer neuen Enzyklopädie des Wissens einen zentralen Platz zugewiesen hat. Dennoch projiziert er aus dem Geist der Romantik heraus als Hoff-

nung in die ferne Zukunft eine Reduktion des mathematischen Anteils bei der Daseinsgestaltung:

Wenn nicht mehr Zahlen und Figuren
Sind Schlüssel aller Kreaturen
Wenn die so singen, oder küssen,
Mehr als die Tiefgelehrten wissen,
Wenn sich die Welt ins freye Leben
und in die Welt wird zurück begeben,
Wenn dann sich wieder Licht und Schatten
Zu ächter Klarheit wieder gatten
Und man in Mährchen und Gedichten
Erkennt die wahren Weltgeschichten,
Dann fliegt vor Einem geheimen Wort
Das ganze verkehrte Wesen fort.[29]

Ein besonders intensiver Protest nicht nur der Dichter, sondern insbesondere auch der Philosophen im 19. Jahrhundert richtete sich gegen die Übertragung der an Euklids Elementen orientierten demonstrativen Methode aus der Mathematik in andere Bereiche. Noch 1755 hatte Christian Wolff die Meinung vertreten, „daß auch ausser der Mathematick die Beweise am allerbesten auf eine solche Art, wie man in der Geometrie verfähret, eingerichtet werden können.“[30] Und drei Jahre später berichtet Montucla in seiner Mathematikgeschichte, daß der Mathematiker Roberval im Anschluß an den Besuch eines Schauspiels gefragt habe: *qu'est-ce que cela prouve?* Ob es sich nun um einen authentischen Bericht oder eine Anekdote handelt, sei dahingestellt; in jedem Fall hat diese Frage, was denn in einem Schauspiel bewiesen worden sei, die Dichter bis in unser Jahrhundert immer neu herausgefordert.[31] Die literarisch überzeugendste Bearbeitung dieser Thematik ist Franz Grillparzer (1791–1872) mit seinem satirischen Gedicht **Gründlichkeit** gelungen.

Gründlichkeit

Wie viel, im Reich des Geistes gar,
Hängt ab von Ort und Zeit,
Was falsch einst, gilt uns heut für wahr,
Für dumm, was sonst gescheit.

Und mancher, den die eigne Zeit
Verspottet und verlacht,
Lebt' er in unsern Tagen, heut,
Sein Glück wär längst gemacht.

Franz Grillparzer (1791–1872)

So jener Mathematikus
Im heiteren Paris,
Setzt ins Theater nie den Fuß,
Da Zahlen nur gewiß.

Doch einst die Freunde brachten ihn
Ins Schauspielhaus mit Glück,
Man gab ein Schauspiel von Racine,
Des Meisters Meisterstück.

Da wird denn rings Begeistrung laut,
Man weint, man klatscht, man tobt,
Was man gehört, was man geschaut,
Wird eines Munds gelobt.

Nur unser Mathematikus
Sah stieren Augs das Spiel,
Bis ihn der Freunde Schar am Schluß
Befragt: wie's ihm gefiel,

Ob ihn ergriff der Dichtung Macht,
Des Unglücks Jammerruf?
Doch er erwidert mit Bedacht:
»Mais qu'est ce que cela prouve?«

Da tönt Gelächter rings umher,
Das Wort durchläuft die Stadt
Und ein Jahrhundert oder mehr
Lacht sich die Welt nicht satt.

O armer Mann, du kamst zu früh
Und nicht am rechten Ort;
In unsers Deutschlands Angst und Müh
Erkennt man erst dein Wort,

Wo man Ideen nur begehrt,
Von Glut und Reiz entfernt,
Man, bis zum Halse schon gelehrt,
Noch im Theater lernt —

Dort ruft ein jeder Kritikus,
Was auch der Dichter schuf,
Wie jener Mathematikus:
„Mais qu'est ce que cela prouve?"[32]

Während Grillparzer gegen eine Ausweitung des Beweisanspruchs über die Grenzen der Mathematik hinaus opponiert, stellt Friedrich Rückert (1788–1866) in seiner **Weisheit des Brahmanen** das Forschungsparadigma der Mathematik ganz allgemein in Frage:

Dem Mathematiker ist darum nur gelungen
So Vieles, weil er zieht aus Allem Folgerungen.
Er folgert, wenn er auch nicht sieht, wozu es frommt,
Erwartend, ob es ihm einmal zustatten kommt.
Auf einmal sieht er, wie Unnützes selber nützt,
Wenn Allergrößtes sich auf Allerkleinstes stützt.[33]

Anfang dieses Jahrhunderts erschienen fast gleichzeitig drei Romane, in denen der Unterricht in Mathematik nicht übermäßig vorteilhaft geschildert oder positiv beurteilt wird. Sowohl in **Freund Hein** von Emil Strauß als auch in Hesses **Unterm Rad** sowie in Musils **Verwirrungen des Zöglings Törless** leiden die Protagonisten sowohl unter der Art und Weise des Mathematikunterrichts als auch unter dem Erwartungsdruck der Gesellschaft, welche gute Leistung gerade in diesem Unterrichtsfach erwartet. Entsprechende Vorwürfe an den Mathematikunterricht im Gewand des Gedichts wurden gut fünfzig Jahre später nachgereicht. Im Jahr 1957 erschien Gerhard Pragers (1920–1975) Gedicht **Überstanden,** aus dem hier nur die beiden ersten Strophen wiedergegeben werden:

Der Zehnjährige

Ich habe überstanden:
Gouvernanten,
Matrosenanzüge,
Sonntagsspaziergänge.
Meine Träume sind:
Antigouvernantenträume,
Antimatrosenanzugsträume,
Antispaziergangsträume.

Der Zwanzigjährige

Ich habe überstanden:
Mathematikarbeiten,
Vaterzorn,
Backfischgelächter.
Meine Gedanken sind:
Antimathematikgedanken,
Antivatergedanken,
Antibackfischgedanken.[34]

Daß Erinnerungen an die Schulzeit zumindest teilweise weniger erfreulich sind und daß man deshalb froh ist, diese Jahre überstanden zu haben, erscheint durchaus verständlich. Insofern ist es dann doch aufschlußreich, daß in der lyrischen Aufarbeitung dieser Erinnerung ausgerechnet die Mathematik als Repräsentant für unangenehme Erinnerungen herhalten muß. Kaum freundlicher fällt das Gedicht von Reiner Kunze (geb. 1933) aus dem Jahr 1972 aus:

Nach einer unvollendeten
Mathematikarbeit

Alles
durchdringe die mathematik, sagt
der lehrer: medizin
*   psychologie*
*   sprachen*

Er vergißt
meine träume

In ihnen rechne ich unablässig
das unberechenbare

Und ich schrecke auf wenn es klingelt
wie du[35]

Eine harmonische Beziehung zur Mathematik zeichnet offensichtlich den Lyriker Karl Krolow aus. Während der vergangenen fünf Jahrzehnte stellt er in seinen Gedichten immer wieder Bezüge zur Mathematik her, wobei sich gewisse Themen wie Invarianten über alle Schaffensperioden hinweg vielfach wiederholen. Zu diesen mehrfach wiederkehrenden Themen gehört die Mathematik als eine Disziplin, welche dazu prädestiniert ist, Ordnung zu stiften und Klarheit zu schaffen. Im Zusammenhang mit Ordnung und Klarheit greift er gern auf Euklid zurück. Im Gedicht **Eine Landschaft für mich** heißt es:

Die Fläche schwarzer Oliven,
gestern von Euklid geordnet.[36]

Das 1965 erschienene Gedicht **Junihimmel** enthält die Passage

Euklidische Klarheit –
Spannung zwischen Licht
und Augapfelfarbe.[37]

Wer sich von der Mathematik entfernt, verlernt die Ordnung des Lebens – so lautet die Botschaft im Gedicht **Vergessen:**

Er schickte sich nicht
in die Abfolge des Alphabets.
Eine Zahlenreihe bekam etwas Unwillkürliches.
Er verlernte, ehe er vergaß.
Die Auslassungen nahmen zu.
Es gab keine Kopflosigkeit,
während er die Ordnung seines Lebens
verlernte.[38]

1972 ist im Gedicht **Mehrmals** von der reinen Ordnung der Mathematik die Rede:

Mehrmals, immer wieder
leuchtender Abfall,
die reine Ordnung der Mathematik
oder der Kinderwunsch,
sich unter einer fremden Achsel
zu verstecken.[39]

Karl Krolow (geb.1915)

1995 veröffentlichte Krolow dann, quasi als Summe seines Nachdenkens über die ordnungsstiftende Kraft der Mathematik, das Gedicht **Ich suchte nach Ordnung,** welches wir hier ungekürzt wiedergeben.

Ich suchte nach Ordnung

Ich suchte nach Mathematik,
um Ordnung in einiges zu bringen,
vielleicht Logik, die unerschütterlich ist.
Ich ließ mich erschüttern – das Andante
des einundzwanzigsten Klavierkonzerts
von Mozart, C-dur,
im unendlich Vielen der Mathematik –
dagegen Tränen, ein Beben.
Eine Tonart – dagegen ein mathematisches Zeichen.
Ich suchte nach Ordnung.
Die logischen Partikel, Aussagen-Kalkül:
„Nicht alle Kreter sind Lügner.“
„Manche Kreter sind keine Lügner.“

Ich fand Modelle. C-dur
eine Modell-Tonart für Musik?
Ich schmeckte doch Tränensalz –
die Tränen bei Mozarts C-dur.
Dieses Salz trocknet schnell.
Ich suchte nach Ordnung.[40]

An den Schluß dieses Beitrags plazieren wir – ebenfalls ungekürzt – das 1991 veröffentlichte Gedicht **Die Mathematiker** von Hans Magnus Enzensberger, welches in den vergangenen fünf Jahren für lebhafte Diskussionen unter Mathematikern und auch bei einem breiteren Publikum gesorgt hat.

Die Mathematiker

Wurzeln, die nirgends wurzeln,
Abbildungen für geschlossene Augen,
Keime, Büschel, Faltungen, Fasern:
diese weißeste aller Welten
mit ihren Garben, Schnitten und Hüllen
ist euer Gelobtes Land.

Hochmütig verliert ihr euch
im Überabzählbaren, in Mengen
von leeren, mageren, fremden
in sich dichten und Jenseits-Mengen.

Geisterhafte Gespräche
unter Junggesellen:
die Fermatsche Vermutung,
der Zermelosche Einwand,
das Zornsche Lemma.

Von kalten Erleuchtungen
schon als Kinder geblendet,
habt ihr euch abgewandt,
achselzuckend,
von unseren blutigen Freuden.

Wortarm stolpert ihr,
selbstvergessen,
getrieben vom Engel der Abstraktion,
über Galois-Felder und Riemann-Flächen,
knietief im Cantor-Staub,
durch Hausdorffsche Räume.

Dann, mit vierzig, sitzt ihr,
o Theologen ohne Jehova,

haarlos und höhenkrank

in verwitterten Anzügen

vor dem leeren Schreibtisch,

ausgebrannt, o Fibonacci,

o Kummer, o Gödel, o Mandelbrot,

im Fegefeuer der Rekursion.[41]

Literatur

Baasner, Rainer: Abraham Gotthelf Kästner, Aufklärer (1719-1800), Niemeyer: Tübingen 1991

Braun, Volker: Provokation für mich. Gedichte, Mitteldeutscher Verlag: Halle (Saale) 1965

Brockes, Barthold Hinrich: Irdisches Vergnügen in Gott, Vierter Theil, Neuausgabe. Lang: Bern 1970

von Chamisso, Adelbert: Sämtliche Werke, Winkler: München 1980

Eich, Günther: Anlässe und Steingärten. Gedichte, Suhrkamp: Frankfurt/m. 1966

Enzensberger, Hans Magnus: Gedichte 1950–1985, Suhrkamp: Frankfurt/M. 1986

Enzensberger, Hans Magnus: Zukunftsmusik, Suhrkamp: Frankfurt/M. 1991

Enzensberger, Hans Magnus: Kiosk. Neue Gedichte, Suhrkamp: Frankfurt/M. 1995

Fried, Erich: Es ist was es ist, Wagenbach: Berlin 1983

Gericke, Helmuth: Mathematik in Antike und Orient, Springer: Berlin 1984

Goethe, Johann Wolfgang: Werke. Hamburger Ausgabe (Hrsg. von E. Trunz), 11. Aufl. Beck: München 1981

Gottsched, Johann Christoph: Gesammelte Schriften (Ausgabe der Gottsched-Gesellschaft), Gottsched-Verlag: Berlin o.J.

Gottsched, Johann Christoph: Ausgewählte Werke (hrsg. von J. Birke), de Gruyter & Co: Berlin 1968

Grillparzer, Franz: Sämtliche Werke (Hrsg. von P. Frank und K. Pörnbacher), 2. Aufl., Hanser: München 1969

Hahn, Ulla: Epikurs Garten, Deutsche Verlags-Anstalt: Stuttgart 1995

von Haller, Albrecht: Versuch Schweizerischer Gedichte, neu verlegt bei Lang: Bern 1969

von Haller, Albrecht: Die Alpen und andere Gedichte, Reclam Jun: Stuttgart 1984

Kästner, Erich: Lärm im Spiegel, Weller Co.: Leipzig/Wien 1929

Kant, Immanuel: Werke in zehn Bänden (Hrsg. von W. Weischedel), Wissenschaftliche Buchgesellschaft: Darmstadt 1983

Krolow, Karl: Tage und Nächte. Gedichte, Diederichs: Düsseldorf-Köln 1956

Krolow, Karl: Ein Lesebuch (Hrsg. von W. H. Fritz), Suhrkamp: Frankfurt/M. 1975

Krolow, Karl: Gesammelte Gedichte 2, Suhrkamp: Frankfurt/M. 1975

Krolow, Karl: Die zweite Zeit, Gedichte, Suhrkamp: Frankfurt/M. 1995

Kunze, Reiner: zimmerlautstärke. gedichte, Fischer Taschenbuch Verlag: Frankfurt/M. 1972

Morgenstern, Christian: Werke und Briefe (hrsg. von M. Cureau u.a), Urachhaus: Stuttgart 1990

Novalis: Schriften (Hrsg. von P. Kluckholm und R. Samuel), Wissenschaftliche Buchgesellschaft: Darmstadt 1977

Platon: Sämtliche Werke (hrsg. von W. F. Otto, E. Grassi, G. Plamböck), Rowohlt: Hamburg 1957

Prager, Gerhard: Geigerzähler. Gedichte, Limes: Wiesbaden 1957

Rückert, Friedrich: Gesammelte Poetische Werke in zwölf Bänden (Neue Ausgabe), Sauerländer: Frankfurt/M. 1882

Schillemeit, Jost: Der Geometer und die Dichtung. Philologische Arabeske über eine literarische Anekdote. in: S. A. Corngold – M. Curschmann – Th. J. Ziolkowski (Hrsg.): Aspekte der Goethezeit: Göttingen 1977, S.293–311

Stäuble, Eduard: Albrecht von Haller – der Dichter zwischen den Zeiten; Der Deutschunterricht Jahrgang 8 (1956), Heft 5, S.5–23

Trojan, Johannes: Ode an den Sauerstoff und andere Scherzgedichte (Hrsg. von K. Beyer), Stapp: Berlin 1979

Anmerkungen

[1] v.Haller: Die Alpen, S.77

[2] Kant: Kritik der reinen Vernunft, B 641

[3] Stäuble: Albrecht von Haller, S.14

[4] v.Haller: Die Alpen, S.25

[5] Enzensberger: Kiosk, S.47/49

[6] v.Haller: Die Alpen, S.49

[7] Gottsched: Ausgewählte Werke I, S.197/198

[8] Enzensberger: Gedichte 1950-1985, S.121

[9] Platon, Philebos, 55e

[10] Salomons Buch der Weisheit, XI 21

[11] Brockes: Irdisches Vergnügen in Gott IV, S.494

[12] Gottsched: Gesammelte Schriften V, S.64/65

[13] Goethe: Werke (Hamburger Ausg.) III, S.154

[14] Kästner: Lärm im Spiegel, S.16

[15] Braun: Provokation für mich, S.19

[16] vgl. Gericke: Mathematik in Antike und Orient, S.33

[17] v.Chamisso: Sämtliche Werke I, S.577

[18] Enzensberger: Gedichte 1950-1985, S.80/81

[19] Baasner: Kästner, S.261

[20] Gottsched: Ausgewählte Werke I, S.198

[21] Trojan: Ode an den Sauerstoff, S.61

[22] Morgenstern: Werke und Briefe III, S.228

[23] Eich: Anlässe und Steingärten, S.32

[24] Krolow: Tag und Nächte, S.24

[25] Fried: Es ist was es ist, S.18

[26] Hahn: Epikurs Garten, S.39

[27] Enzensberger: Kiosk, S.72

[28] v. Haller: Versuch Schweizerischer Gedichte, S.157

[29] Novalis: Schriften I, S.344/345

[30] Wolff: Übrige theils noch gefundene Schriften, S.624

[31] vgl. Schillemeit: Der Geometer und die Dichtung

[32] Grillparzer: Sämtliche Werke I, S.357/358

[33] Rückert: Gesammelte Poetische Werke IIX, S.388

[34] Prager: Geigerzähler, S.8

[35] Kunze: Zimmerlautstärke, S.20

[36] Krolow: Ein Lesebuch, S.74

[37] Krolow: Gesammelte Gedichte, S.18

[38] Krolow: Die zweite Zeit, S.118

[39] Krolow: Gesammelte Gedichte 2, S.228

[40] Krolow: Die zweite Zeit, S.91

[41] Enzensberger: Zukunftsmusik, S.26/27

Erhard Anthes

Mechanische Rechenmaschinen.
Zur Geschichte und Didaktik

Die Besinnung auf die historischen Wurzeln des Computers hat in den vergangenen Jahren zu vielfältigen Publikationen geführt, darunter auch zu solchen, die sich mit den mechanischen Rechenmaschinen befassen. In zwei Punkten leiden manche dieser Darstellungen unter erheblichen Verkürzungen: Erstens behandeln sie aus dem Zeitraum 17./18. Jh. fast ausschließlich nur die Konstruktionen von Schickard, Pascal, Leibniz und Hahn, einige erwähnen immerhin noch Poleni, Braun und Müller; und zweitens gehen sie kaum auf die Fortsetzung dieser Entwicklungen im 19. und 20. Jh. ein. Zu diesen beiden Defiziten sollen hier einige Nachträge gemacht werden. Weiterhin haben elektronische Taschenrechner und Personalcomputer in relativ kurzem Zeitraum den Eingang in sämtliche Schultypen gefunden; in der didaktischen Diskussion geht es nicht mehr um die Frage, ob die Maschinen im Unterricht benutzt werden dürfen oder müssen, sondern nur noch um die Art der Verwendung, und es geht um die Veränderungen, die deren Einsatz in den Schulfächern bewirken wird. Hier stellt sich die Frage, wie vor dem „elektronischen Zeitalter" über den Einsatz der Rechenmaschine gedacht wurde, welche Anläufe, den Anwendungsbezug von Mathematik auch über die Maschine herzustellen, unternommen wurden und wer die Akteure waren.

Erhard Anthes studierte die Fächer Mathematik und Physik an der Universität Frankfurt und schloß die Ausbildung zum Lehrer mit dem ersten und zweiten Staatsexamen für das Lehramt an Gymnasien ab.
Seit 1968 ist er in der Lehrerbildung an der Pädagogischen Hochschule Ludwigsburg tätig, *wo er sich immer wieder um den Einsatz von Medien, speziell Taschenrechnern und Computern, im Mathematikunterricht der Schulen und in der Ausbildung der Lehrer kümmert.*
Er treibt sich seit 1979 auf Flohmärkten herum, um mathematische Instrumente, speziell Rechenhilfsmittel jeder Art, aufzustöbern.
Die so entstandene Sammlung enthält Proportionalzirkel, Zähl- und Meßgeräte, Planimeter, Rechenscheiben und -schieber, chinesische, japanische und andere Kugelrechner, mechanische Rechenmaschinen und elektronische Taschenrechner.
In Verbindung mit der Ausbildung von Mathematiklehrern an Grund-, Haupt-, Real- und Förderschulen entwickelte sich sein Arbeitsgebiet zur Geschichte des Rechnens und der Rechenmethodik. Er arbeitet seit Jahren in der Redaktion der Zeitschrift „Historische Bürowelt" mit und betreut dort den Bereich Rechenmaschinen.

Zur Entwicklung der mechanischen Rechenmaschine

Erste Ansätze des maschinellen Rechnens (17./18. Jh.)

Nicht nur die oben bereits genannten Personen haben sich im 17. und 18. Jh. mit der Konstruktion von Rechengeräten befaßt, es sind heute über 20 Wissenschaftler und Instrumentenbauer bekannt, die in diesem Zeitraum eine unterschiedliche Anzahl von Maschinen herstellten oder so beschrieben, daß man später Nachbauten anfertigen konnte. In der nachfolgenden Tabelle werden die Anzahlen der Originale und der Nachbauten, soweit heute bekannt, angegeben.

In der Spalte Maschinentyp soll die Bezeichnung „Maschine" auf selbständigen Zehnerübertrag hinweisen, während bei „Geräten" der Zehnerübertrag vom Bediener ausgeführt werden muß. Staffelwalze, Sprossenrad, Stellsegment, Schaltklinke sind moderne Bezeichnungen für die unterschiedlichen Schaltwerke in Rechenmaschinen. Wo dies nicht bekannt ist, steht ein allgemeiner Begriff.

Historische Rechenmaschinen

Jahr	Konstrukteur	Land	Maschinentyp	Original	Nachbau
1623	Schickard	D	Addiermaschine	0	viele vorhanden
1642	Pascal	F	Addiermaschine	8	2
1659	Burattini	I	Addiergerät	1	0
1666	Morland	E	Addiergerät	3	vorhanden
1666	Morland	E	Multipliziergerät	1	1
1673	Leibniz	D	Staffelwalze	1 (1694)	4
1678	Grillet	F	Addiergerät	2	0
1688	Perrault	F	Addiergerät	2	0
1700ca.		China	Addiergerät	4	0
1700ca.		China	Addiermaschine	6	0
1709	Poleni	I	Sprossenrad	0	2
1720	Caze	F	Addiergerät	1	0
1725	Gersten	D	Addiermaschine	0	1
1725	Lepine	F	Addiergerät	1	0
1727	Braun	D	Sprossenwalze	1	0
1727	Braun (Leupold)	D	Stellsegment	1	3
1730	Boistissandeau	F	Addiermaschine	0	0
1750	Pereire	F	Addiergerät	0	0
1770	Jacobson	Lit	Rechenmaschine	0	0
1774	Hahn	D	Staffelwalze	2	3
1775	Stanhope	E	Staffelwalze	1	0
1777	Stanhope	E	Schaltklinke	1	0
1784	Müller	D	Staffelwalze	1	1
1784	Hahn	D	Addiermaschine	0	0
1789	Auch	D	Addiermaschine	3	1
1792	Schuster	D	Staffelwalze	3	3
1792	Reichold	D	Addiermaschine	0	0
1813	Stern	P	Rechenmaschine	0	0
1817	Stern	P	Quadratwurzelmaschine	0	0
1820	Thomas	F	Staffelwalze	vorh.	0

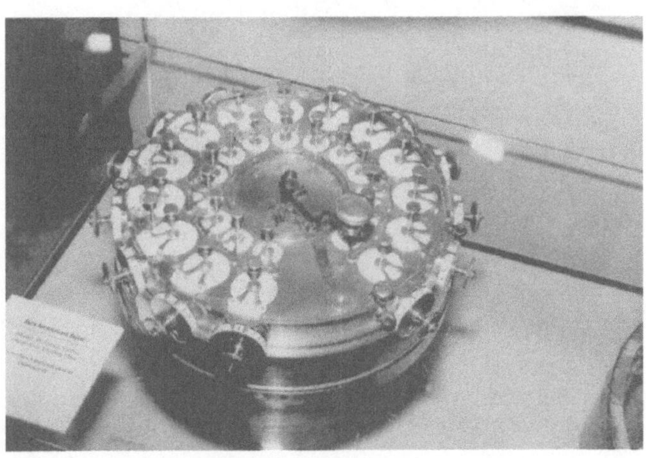

Bild 1: Staffelwalzenmaschine von J.H. Müller, 1784 (Hess. Landesmuseum Darmstadt)

Die einfacheren Geräte sollten vorwiegend für kaufmännisches Rechnen benutzt werden und waren daher auf die damaligen Zahlungsmittel abgestimmt. Die komplizierteren Maschinen, wie die von Leibniz, Poleni, Braun, Hahn u.a., waren vor allem für die im technischen und wissenschaftlichen Bereich wichtigere Multiplikation und Division eingerichtet. Daß damit auch die Quadratwurzel einer Zahl berechnet werden konnte, ist erst Mitte des 19. Jh. durch das nach Prof. Dr. Toepler (Riga) benannte und von dem Kinematiker Prof. Dr. Reuleaux (Berlin) propagierte Verfahren bekannt geworden.[1] Dem Versicherungskaufmann Charles Xavier Thomas schließlich gelang es, eine auf den Ideen von Leibniz und Hahn (Staffelwalze, verschiebbarer Schlitten, zweistufige Zehnerübertragung, mehrstelliges Umdrehungszählwerk) beruhende Konstruktion zu entwerfen und diese unter ständigen Verbesserungen in größeren Stückzahlen zu produzieren.[2]

Beginn der industriellen Produktion (19. Jh.)

Während zu Beginn des 19. Jh. noch die handwerkliche Produktionsweise vorherrschte, konnte mit zunehmender Einführung von Fertigungsmaschinen die Präzision der hergestellten Teile und deren Anzahl gesteigert werden. Bis ca. 1880 gab es nur einen Hersteller (C.X.Thomas in Colmar und Paris), der in der Lage war, den Bedarf an Rechenmaschinen im aufkommenden Bank- und Versicherungsgewerbe, im Vermessungswesen und in wissenschaftlichen Instituten zu decken.

Bis zur Mitte des Jahrhunderts erfuhr man von etwa einem Dutzend neuen Konstruktionen, darunter befanden sich wenige, die es zu einer gewissen Bekanntheit brachten, wie die Addiermaschine von Didier Roth (1841), der auch eine Sprossenradmaschine (1841) baute. Oder die komplizierte Staffelwalzenmaschine Arithmaurel (1849) der Uhrmacher Maurel und Jayet. Weitere Konstruktionen wurden in England (z.B. von Tyrell, Downing, Wertheimber) und in Polen (Chaim Zelig Slonimski, Abraham Israel Staffel) bekannt, wobei die polnischen Geräte sogar in der Lage gewesen sein sollen, die Quadratwurzel zu ziehen. Auch in Italien wurde eine Konstruktion gebaut: Gonellas Addiermaschine von 1850.

In der zweiten Hälfte des 19. Jh. wurden über 60 weitere Versuche gemacht, brauchbare Rechenmaschinen zu bauen; die meisten davon sind über das Experimentier-

stadium nicht hinausgekommen. Einige dieser Geräte haben die Wirren der Zeit überstanden und können heute in Museen besichtigt werden, z.B. die Schaltklinkenmaschine von Dietzschold (1877) in Dresden, die von Heyde und Büttner (1879) in Braunschweig, die aufwendige Rechenmaschine (1882) des russischen Mathematikers Tschebyschew in Paris, einen sehr einfachen Addierer aus den USA (Spalding, 1884) und die eher kuriose Sprossenradmaschine von Büttner (1888) in Bonn; die zirkulare Staffelwalzenmaschine von Edmondson (1885) existiert noch in mehreren Exemplaren, eine davon im Landesmuseum in Braunschweig. Dort befinden sich noch weitere originelle Maschinen, etwa die Staffelwalzenmaschine von Duschanek (1886), die Multipliziermaschinen (1886) des Mathematikprofessors Selling aus Würzburg, die Sprossenradmaschine von Esser (1892) und manche andere.

In dieser Zeit wurden allerdings auch die Erfindungen gemacht, die das Zeitalter der mechanischen Rechenma-

Bild 2: Addiermaschine von C.G. Spalding, 1884 (Forschungsinstitut für Diskrete Mathematik der Universität Bonn, FDM)

Bild 3: Erste Rechenmaschine von Eduard Selling, 1886 (Deutsches Museum München)

schine in den Kontoren und Büros bestimmten: Die Odhnersche Sprossenradmaschine (patentiert 1878), der Feltsche Comptometer (US-Patent 1887), die Burroughssche druckende Addiermaschine (US-Patent 1893), die Steigersche Millionär (patentiert 1893). Der sich Ende des 19. Jh. abzeichnende wirtschaftliche Erfolg der damals führenden Rechenmaschinen-Produzenten Thomas, Burkhardt, Grimme, Natalis & Co (Brunsviga), American Arithmometer Company (Burroughs) und Felt and Tarrant (Comptometer) förderte die stürmische Entwicklung vieler Konkurrenzmodelle, die auf unterschiedlichstem Wege Patente zu umgehen suchten und damit zu einer Weiterentwicklung beigetragen haben.[3]

Motorisierung (bis 1930)

Zu Beginn des 20. Jh. hatte die druckende Addiermaschine aus den USA und die nichtdruckende Vierspezies-Rechenmaschine aus Europa einen beachtlichen Interessenten- und Abnehmerkreis gefunden. Der Elektromotor war inzwischen so weit verkleinert worden, daß er auch für den Einbau in Addier- und Multipliziermaschinen in Betracht gezogen werden konnte. Im Jahre 1901 zeigte der US-Amerikaner Frank C. Rinche eine druckende Addiermaschine, die elektrisch angetrieben wurde; das Patent erhielt er 1903. Die erste verkaufsfähige Maschine erschien 1904, die Universal Accountant. Burroughs übernahm die Herstellungsrechte 1908.

Die erste Vierspeziesmaschine mit elektrischem Antrieb war eine Konstruktion des Österreichers Alexander Rechnitzer, dem eine motorbetriebene, automatisch rechnende Maschine ab 1902 in Deutschland patentiert wurde. Rechnitzer konnte nach seiner Übersiedelung in die USA noch weitere Verbesserungen finden, seine Maschine Autarith geriet jedoch in Vergessenheit. Auch die von dem Amerikaner Emory S. Ensign um 1907 herausgebrachte Maschine gleichen Namens mit eigener Tastatur für die Multiplikation („Wahltastatur") und Elektroantrieb blieb nur kurze Zeit in Produktion. Dagegen konnte in Deutschland ein anderer einen großen Erfolg verbuchen: Der Feinmechaniker und Instrumentenbauer Christel Hamann entwickelte um 1905 sein Proportionalhebelprinzip, das ab 1911 serienmäßig in der Mercedes Euklid Verwendung fand, und das durch seinen sinusförmigen Bewegungsablauf hervorragend für den Motorantrieb geeignet war; ab 1913 wurden die elektrisch angetriebenen Geräte gebaut.

Weitere Erfindungen mit dem Ziel, eine Motorisierung zu ermöglichen, wurden von Carl Friden in USA (Stellsegment-Prinzip, 1922) und noch einmal von Christel Hamann (Schaltklinken-Prinzip, 1925) gemacht. Auch die Staffelwalzenmaschinen wurden mit Motor ausgerüstet: Um 1913 die Tim/Unitas, ca. 1914 die Archimedes. Eine erste Sprossenradmaschine mit Motor wurde in Frankreich gebaut, die l'Eclair (1912) des italienischen Konstrukteurs Roberto Piscicelli. In USA flanschte man 1915 bei Marchant an eine konventionelle Sprossenradmaschine einen Motor an. Nach dem ersten Weltkrieg

Bild 4: Staffelwalzenmaschine von A. Burkhardt (Maschine Nr. 569 von etwa 1892)

Bild 5: Monroe Modell K, 1921, mit „Außenbordmotor"

konnten schließlich alle Gerätetypen im Prinzip mit elektrischem Antrieb gebaut werden, so auch die Staffelwalzenmaschine von Monroe, deren Modell K 1921 einen „Außenbordmotor" erhielt.

Die Anwendungsfelder der Rechenmaschinen in Wissenschaft, Technik und den kaufmännischen Bereichen erforderten die Möglichkeit zur Speicherung von Zahlen. Hier war die neu entstandene Rechenmaschinenindustrie ebenfalls kreativ: Man fertigte schon Anfang des 20. Jh. Maschinen mit doppelten Rechen- und Zählwerken, zu denen dann Algorithmen für die unterschiedlichsten Aufgaben entwickelt wurden. Hier ist vor allem das Vermessungswesen zu erwähnen, aus dem einerseits die Wünsche an die Hardware formuliert wurden und das andererseits mit der Hilfe von Rechenformularen die meist komplexen Bedienungsabläufe zur maschinellen Lösung einer Aufgabe strukturierte.[4] So war bereits 1907 die Berliner Staffelwalzenmaschine Unitas mit doppeltem Resultatwerk, 1913 das Wiener Fabrikat Austria als Zwillingsmaschine (zwei Resultatwerke) und um 1910 die Sprossenradmaschine Berolina Duplikator mit Speicherwerk verfügbar. Die erste echte Doppelmaschine (zwei Einstellwerke, zwei Resultatwerke) gab es etwa ab 1912 zu kaufen: Die Leipziger Firma Triumphator brachte eine derartige Sprossenradmaschine auf den Markt. Diese brachte für die häufig umfangreichen Berechnungen im Vermessungswesen erheblichen Zeitgewinn.

Automatisierung (ab 1930)

Wie schon angedeutet, hatte die Motorisierung nicht nur eine Entlastung des Bedienenden zur Folge, bedeutungsvoller war die Möglichkeit, weitere und komplexere Funktionen mit Hilfe des elektrischen Antriebes einbauen und die Ablaufgeschwindigkeit steigern zu können. Die Autarith von 1902 gelangte nicht zur Herstellung, und so war der erste fabrikmäßig produzierte Automat das Modell 7 der Mercedes Euklid (1913), das aber erst nach dem ersten Weltkrieg in großen Stückzahlen verkauft wurde.

Um 1930 wurden von allen großen Firmen hervorragend ausgebaute Vollautomaten auf den Markt gebracht: Madas Modell VIIeTA (1927), Mercedes Euklid Modell 18V (1929), Rheinmetall Modell SAL (1930), Badenia Modell TEA 10 (ca.1930), Hamann Modell Selecta (1932), Archimedes Modell GEMR (ca.1933), Marchant Modell D (1933, mit neuem Schaltprinzip: Proportionalräder). Hersteller und Benutzer der Vierspeziesmaschinen beklagten aber als wesentliches Manko die immer noch fehlende Schreibeinrichtung. Zwar waren immer wieder Versuche unternommen worden, die Vierspeziesmaschine mit Druckwerk auszurüsten – so entstand 1908 die Brunsviga Arithmotyp und 1910 die druckende Staffelwalzenmaschine XxX – aber diesen und anderen Modellen waren kein Erfolg beschieden. Hier bahnten sich aber noch vor dem zweiten Weltkrieg Lösungen an, deren Anknüpfungspunkte die druckende Addiermaschine lieferte: Der Chefkonstrukteur der deutschen Firma Astra, Lorenz Maier,

Bild 6: Zwillingsmaschine Austria von S.J. Herzstark, 1913 (FDM Bonn)

Bild 7: Mercedes Euklid Modell 7 von Chr. Hamann, 1913, erster kommerzieller Rechenautomat

baute ab 1936 in einer Versuchsserie das Modell 9, eine druckende Addiermaschine mit schneller Multiplizier- und Dividiereinrichtung; Remington, Rand und Olivetti waren zur selben Zeit dabei, aus Zweispeziesmaschinen den druckenden Vierspeziesrechner zu entwickeln. Nach dem zweiten Weltkrieg war es dann soweit: Etwa 1946 erschien die Remington DX 94 und 1948 die von Natale Capellaro konstruierte Olivetti Divisumma 14. Diese beiden Maschinen bildeten den Ausgangpunkt für einen weiteren Entwicklungsschub mechanischer Rechenmaschinen, der eine Fülle konkurrierender Fabrikate hervorbrachte.

Die Idee von Lorenz Maier fand ihre Fortsetzung in der Ultra 804 von Gustav Schenk, der 1958 als schnelle Multipliziereinrichtung eine Sprossenradwalze in eine drukkende Addiermaschine einbaute.[5] Die Division wurde allerdings noch, wie in den Maschinen von Remington oder Olivetti, von den langsam bewegten Addiersegmenten bewältigt. Erst mit der Transmatic der Fa. Diehl (1963) war dann ein gewisser Abschluß der Zusammenführung von druckenden Addiermaschinen mit den schnell arbeitenden Multipliziergeräten erreicht. Die Ultra 804 wurde ab 1962 als Mach 1.07 von der amerikanischen Firma Monroe gebaut und vertrieben und erreichte ebenso wie die Transmatic eine weltweite Verbreitung.

Einige Sonderkonstruktionen der 50er und 60er Jahre sind noch erwähnenswert: Zuerst natürlich der einzige mechanische Serienrechner, der automatisch die Quadratwurzel ziehen konnte, die von Friden gebaute Staffelwalzenmaschine Modell SRW (1952); bei dieser Maschine lief

Bild 9: Staffelwalzenmaschine XxX, 1910, mit Druckwerk (FDM Bonn)

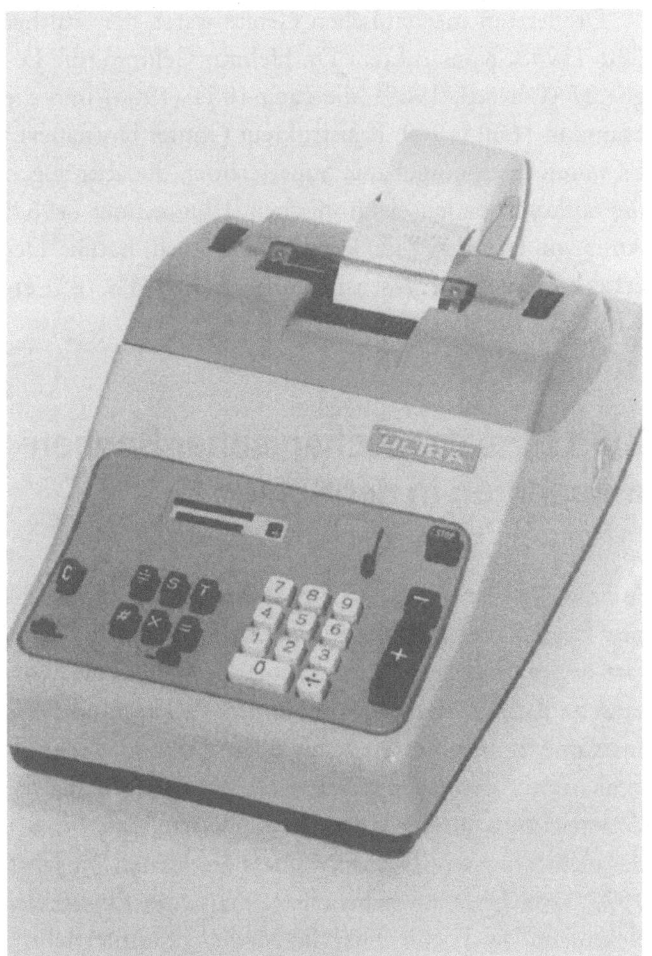

Bild 10: Ultra 804 von Gustav Schenk, 1958, druckender Rechenautomat

Bild 8: Sprossenradmaschine Brunsviga Arithmotyp, 1908, mit Druckwerk (FDM Bonn)

das trickreich variierte Toeplersche Verfahren durch einen vollständig automatisierten Mechanismus selbsttätig ab.[6] Wer jemals dieses Verfahren auf einer Sprossenrad- oder Staffelwalzenmaschine per Hand ausgeführt hat, wird kaum glauben können, daß es mit Hilfe von Zahnrädern, Stangen und Hebel total mechanisiert werden kann. Dann sei noch auf die Pendelradmaschine Olympia RA (1955) hingewiesen, die an Stelle von Staffelwalze oder Sprossenrad einen ganz neuen Übertragungsmechanismus enthielt, der besonders für Rückübertragungen aus den Zählwerken in das Einstellwerk geeignet war.[7] Diese Rückübertragung erleichterte vor allem im technischen und wissenschaftlichen Einsatz die Berechnungen von Produkten mit mehr als zwei Faktoren. Sprossenradmaschinen waren schon seit den 20er Jahren damit ausgestattet (z.B. 1925 Brunsviga Nova III), Staffelwalzenmaschinen brachten diese Zusatzfunktion erst nach dem zweiten Weltkrieg.

Die letzten mechanischen Geräte waren die Walther 600 (1958, Konstrukteur Dr. Helmut Gelling), die Logos 27 (Olivetti, 1965), die Facit 1051 (1966) und die Hamann 1630 (1969, Konstrukteur Günter Hornauer).[8] Es waren hoch ausgebaute Superrechner, die aber gegen die aufkommenden elektronischen Tischrechner (1962: Anita von Norman Kitz) keine Chance mehr hatten. Der erste kommerzielle Taschenrechner (Sanyo ICC 82) erschien ca. 1969 auf dem Markt.

Bild 11: Olivetti Logos 27-2, 1966, druckender Rechenautomat

Zum Einsatz mechanischer Rechenmaschinen in der Schule

Auf das Erscheinen der ersten elektronischen Taschenrechner[9] folgten auch bald die ersten Überlegungen zum Einsatz dieses Mediums in der Schule. Besonders die „wissenschaftlichen" Rechner von Hewlett Packard und Texas Instruments inspirierten Medienbewußte und Technikfreaks unter den Lehrern zu vielen Vorschlägen für die Unterrichtsgestaltung. Die ersten Aufsätze zum Einsatz des elektronischen Taschenrechners erschienen im Jahre 1975, zwei Jahre zuvor berichtete man vom Einsatz des elektronischen Tischrechners im Mathematikunterricht.[10] Schulbezogene Publikationen mit informatischer Zielrichtung (Computer und Datenverarbeitung) wurden ab Ende der 60er Jahre im Anschluß an die Etablierung des Faches Informatik an den Universitäten gedruckt.[11] Während die rasche Entwicklung der elektronischen Rechner ab den 60er Jahren bald von den unterschiedlichsten Überlegungen zu deren Einsatz im Schulunterricht begleitet war, findet man entsprechende Bemühungen im Zeitalter mechanischer Rechentechnik nur äußerst sporadisch. Davon soll im folgenden berichtet werden.

Von Eduard Selling bis Felix Klein

Nicht irgend jemand hat den Anstoß gegeben, daß sich Lehrer mit dem Einsatz der Rechenmaschine im Unterricht beschäftigten: Es war Felix Klein, der in seiner „Elementarmathematik vom höheren Standpunkt aus" auf dieses Medium einging; er beschrieb ausführlich die Benutzung der Maschine bei den vier Grundrechenarten und äußerte zum Schluß des Kapitels: *„Lassen Sie mich diesen Abschnitt mit dem Wunsche abschließen, daß bei ihrer großen Bedeutung die Rechenmaschine auch in weiteren Kreisen, als das heute leider noch der Fall ist, genau bekannt würde. Vor allem sollte natürlich jeder Lehrer der Mathematik mit ihr vertraut sein, und es müßte sich gewiß auch ermöglichen lassen, daß jedem Primaner unserer höheren Lehranstalten einmal eine solche Rechenmaschine vorgeführt wird.“*[12]

Lietzmann griff den Anstoß – wenn auch sehr verhalten – auf. Im 2. Band der „Methodik" (1916) findet man im Zusammenhang mit der Potenzrechnung in Untertertia (Kl.8) die Formulierung: *„Ich gebe auch zu erwägen, ob man nicht schon hier auf die im Geschäftsleben immer häufiger verwandten Additions- und Multiplikationsmaschinen hinweist."*[13] Und im 1919 erschienenen Band 1 seiner Methodik schrieb er im Rahmen eines historischen Rückblicks zu den Rechenmethoden des Abakus: *„Die Zukunft wird immer mehr wie die Schreibmaschine auch die Rechenmaschine benutzen."*[14] Für die Schulsammlung empfahl er: *„Ob man auch einen wirklich brauchbaren Pantographen oder ein Planimeter usf. der Schulsammlung einverleibt, oder wohl gar eine Rechenmaschine, das wird nicht allgemein zu entscheiden sein."*[15]

Trotz dieser sehr zurückhaltenden Formulierungen griff ein Lehrer, Finke (1918), die Anregung auf. Nach einigen enthusiastischen Vorbemerkungen stellte er folgendes in Aussicht: *„Daß aber auch wir Rechenlehrer für unseren Unterricht wertvolle Anregungen durch die R.-M. empfangen können, die vielleicht zu Reformen dieses Unterrichts geeignet erscheinen, das mögen die folgenden Zeilen beweisen, in denen von einer vielleicht wenig bekannten Multiplikation nach österreichischer Art, von einem Rechnen ohne jeden Strich, von einer einfachen und übersichtlichen Schreibweise für zusammengesetzte Aufgaben sowie von einer kinematischen Begründung des Unterrichts im Multiplizieren und Dividieren die Rede ist."*[16]

Im anschließenden Text wird für die schriftliche Multiplikation ein abgekürztes Verfahren vorgeschlagen, bei dem jedes Teilprodukt zum bereits vorhandenen stellengerecht aufaddiert wird, so daß nach Bildung des letzten Teilprodukts und Summierung mit der darüber stehende Zeile das Endergebnis gebildet ist. Das Verfahren entspricht dem abgekürzten schriftlichen Divisionsverfahren.

Anfang des Jahrhunderts hatten die meisten Rechenmaschinen noch keine Zehnerübertragung im Umdrehungszählwerk, in dem der Multiplikator bzw. der Quotient aufgebaut wird. In größerem Umfang entstanden mechanische Rechner mit Zehnerübertragung im Umdrehungszählwerk mit den Modellen der Marke „Triumphator", die ab 1904 produziert wurden. Als besonderer Vorteil konnte mit diesen Maschinen die „abgekürzte Multiplikation" durchgeführt werden, d.h. eine Zahl konnte mit 87 = 100 – 13 multipliziert werden, indem drei Minusumdrehungen auf der Einerstelle, eine Minusumdrehung auf der Zehnerstelle und schließlich eine Plusumdrehung auf der Hunderterstelle ausgeführt wurde; statt 8 + 7 Umdrehungen waren nur noch 5 Umdrehungen nötig. Dieses Verfahren – das wie gesagt den Zehnerübertrag im Umdrehungszählwerk voraussetzte – führte zu erheblicher Zeitersparnis beim maschinellen Rechnen. Es setzte sich in den folgenden Jahren durch und wurde insbesondere zur Beschleunigung des Multiplizierens bei motorisch betriebenen Rechnern in den 50er und 60er Jahren[17] eingesetzt. Finke regte an, dieses Verfahren im Unterricht einzuführen. Das Divisionsverfahren der mechanischen Rechenmaschine gab Finke den Anlaß, die „Überwärtsdivision" zu propagieren, bei der Divisor und Quotient unter den Dividenden geschrieben werden, die Differenzen aus Teildividenden und Teilprodukten aber oberhalb des Dividenden.

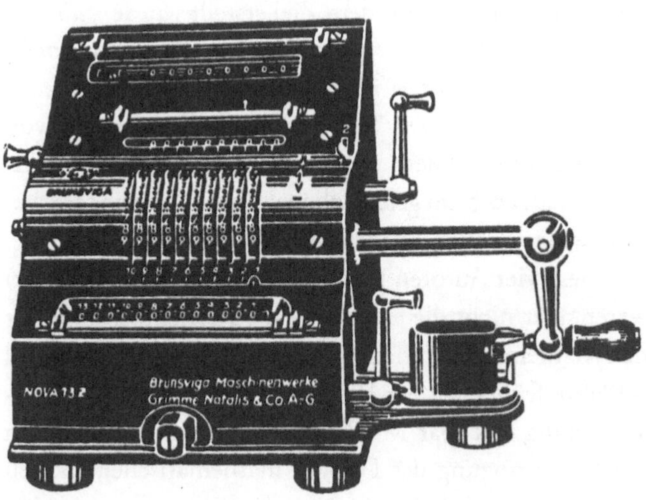

Bild 12: Brunsviga Nova 13 Z (Klein [1933], S.21)

Die Rechenmaschinen-Verfahren für die Multiplikation und Division benötigten insbesondere die Möglichkeit zur Versetzung des Einstellwerks gegenüber Hauptzählwerk und Umdrehungszählwerk.[18] Dies lieferte Finke die Idee zur Entwicklung einer Demonstrationstafel mit zwei Streifen, die gegeneinander verschiebbar waren, und auf die Multiplikand und Multiplikator bzw. Dividend und Divisor geschrieben wurden. Die Rechnungen wurden auf dem statischen Teil der Tafel notiert. Damit ließen sich die „österreichische Methode" des Multiplizierens und Dividierens darstellen, aber – so Finke – man hatte damit auch ein einfaches „Rechenmaschinenmodell" für die Schüler. Letzteres scheint aus heutiger Sicht und unter dem Eindruck der heutigen Materialvielfalt doch etwas übertrieben.

Finke entwickelte weiterhin ein einfaches Rechenmaschinenmodell, das aus einem Rechteck aus Pappe mit drei Lochreihen, Ziffernscheiben und Papierstreifen bestand. Auf die Papierstreifen wurden die beiden zu verknüpfenden Zahlen geschrieben, das Rechenergebnis mit Hilfe der Ziffernscheiben nach der „österreichischen Methode" aufgebaut.

Die entscheidenden konstruktiven Vorzüge der Rechenmaschine im Vergleich zu allen anderen Rechengeräten konnte mit diesen Hilfsmitteln natürlich nicht demonstriert werden, nämlich die Stellenverschiebung des Schlittens und die automatische Zehnerübertragung. Aber die Rechenmaschinen waren zu jener Zeit derart teuer, daß eine Beschaffung für Schulzwecke nicht in Frage kom-

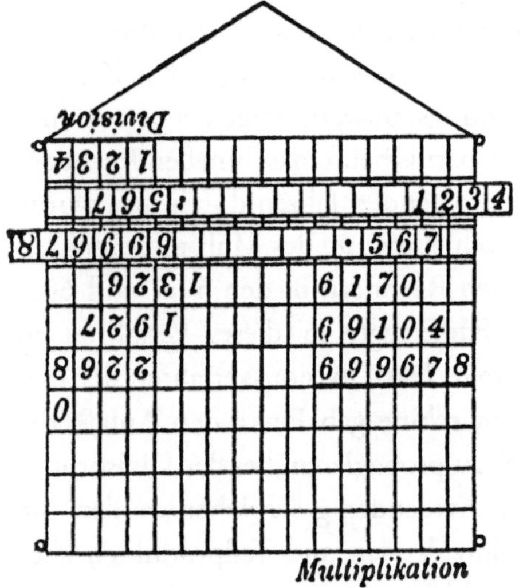

Bild 13: Demonstrationstafel von Finke (Finke [1918], S.136)

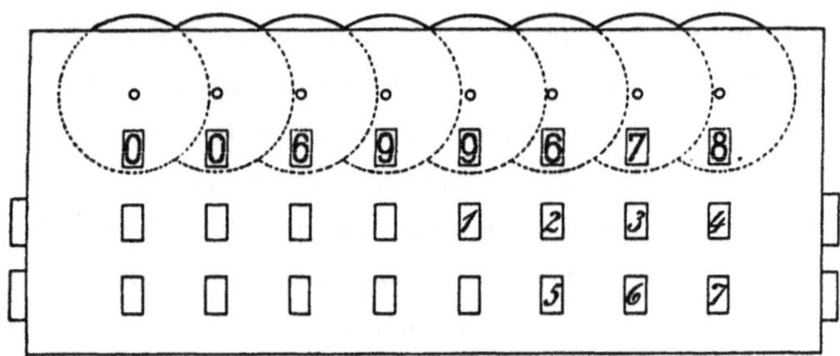

Bild 14: Rechenmaschinenmodell von Finke (Finke [1918], S.138)

men konnte. Nur so ist der schwache und wohl kaum aussagefähige Ersatz einer Rechenmaschine durch Modelle aus Pappe und Papier verstehbar. Finke knüpfte allerdings an den Umgang mit der mechanischen Rechenmaschine die Erwartung, für den Unterricht wertvolle Anregungen empfangen zu können, die sogar Anstoß zu Reformen (siehe Zitat oben) des Rechenunterrichts geben könnten. Mit seinen Ideen, so Finke, habe er positive Erfahrungen in den Klassen 5 und 6 des Gymnasiums gemacht.

Ein weiterer Gymnasiallehrer, Studienrat Prof. Dr. W. Dieck aus Sterkrade, hatte sich von F. Klein zu einer Publikation zur mechanischen Rechenmaschine anregen lassen.[19] Nach einem kurzen historischen Abriß beschrieb er sehr eingehend und dokumentiert durch viele Bilder den mechanischen Aufbau einer Rechenmaschine (Brunsviga Mod. J, Preis 1914 ca. RM 1000), wobei er auch intensiv auf die Funktionsabläufe im Einstellwerk, im Umdrehungszählwerk und bei der Zehnerübertragung einging. Die Bedienung der Maschine erläuterte er mit Anwendungen in den vier Grundrechenarten. Sein Aufsatz ist Teil einer Textsammlung, die mit dem Ziel erstellt wurde, *„die großen Gedanken der Mathematik in zusammenhängender Darstellung und aufsteigender Stufenfolge breiteren Kreisen zugänglich zu machen"*[20]. Diese Texte sollten einzeln von interessierten Schülern oder in Lesezirkeln durchgearbeitet werden, auch ein gelegentlicher Einsatz in einer Mathematikstunde sollte möglich sein.

Diese vier Autoren (Klein, Lietzmann, Finke, Dieck) waren aber nicht die ersten, die die Rechenmaschine für den Mathematikunterricht nutzbar machen wollten: Rund 30 Jahre früher sah der Würzburger Mathematiker Eduard Selling offenbar Möglichkeiten, seine Konstruktion zur Unterstützung des Lernens mathematischer, speziell arithmetischer Inhalte einzusetzen. Selling hatte in den Jahren 1880 bis 1920 mehrere Versuche zur Konstrukti-

Bild.15: Brunsviga Modell J (Dieck [1920], S.16)

on einer Rechenmaschine unternommen und diese auch durch Patente[21] abgesichert. Er war der einzige Konstrukteur, der direkt auf den Einsatz der Maschine im Mathematikunterricht einging: *„Auch in den Unterrichtsanstalten, nicht nur zur Einübung auf das später zu gebrauchende Handwerkszeug, sondern auch zur Einführung in die Begriffe des Rechnens wird mein Rechenknecht von Nutzen sein. Er kann dazu in größerem Maßstabe ausgeführt werden, sodaß er in einem Exemplare für die ganze Schule sichtbar ist. ... Ich habe einen kleinen Apparat construiren lassen, welcher für wenige Mark zu erwerben ist und bestimmt sein soll, die sogenannte Russische Rechenmaschine zu verdrängen, den abacus, swan pan und soroban. Derselbe leistet dasselbe wie diese, nur dass die Zehner-Uebertragung und -Entlehnung eine automatische ist, er leistet also dasselbe wie die Pascalische Maschine und alle sogenannten Additionsmaschinen, nur dass er so billig, einfach und leicht ist, dass die Zeit wieder kommen kann, der die Horazischen Worte entstammen (Sat.I, 6, 74) Laevo suspensi loculos tabulamque lacerto (Hängend am linken Arm die Rechenpfennigkapseln und die Tafel).“*[22]

Und auf den folgenden Seiten machte er Angaben über die Konstruktion eines solchen Demonstrationsapparates. Mit den letzten Worten war wohl die Meinung verbunden, daß sein Rechenapparat eine weite Verbreitung erfahren, vielleicht sogar als allgemeines Werkzeug für den Mathematikunterricht anerkannt würde. Mit dieser Hoffnung lag Selling aber 80 Jahre zu früh; vermutlich hatte er auch die Herstellungskosten nicht zutreffend eingeschätzt. Dazu kam, daß der Apparat technisch durchaus kompliziert war, da er ja auch die automatische Zehnerübertragung in der von Selling erdachten stetigen Weise darstellen sollte.

Während von den Sellingschen Rechenmaschinen einzelne Exemplare noch heute vorhanden sind, z.B. im Deutschen Museum München, im Braunschweigischen Landesmuseum und im Science Museum London, ist von der Existenz des Demonstrationsapparates nichts bekannt.

Beispiele aus den 30er Jahren

Ein zweiter Anlauf zum Einsatz der Rechenmaschine im Mathematikunterricht wurde in den 30er Jahren unternommen. Schülke schrieb 1930 noch folgendes: *„Gegenwärtig bewältigen Rechenmaschinen in Fabriken und Geschäften eine ganz ungeheure Rechenarbeit rein mechanisch. Dies Vorbild wirkt natürlich auch auf die Pädagogik, und das immer vorhandene Bestreben, dem Schüler die Arbeit zu erleichtern, erhält neue Anregung. Allerdings ist die Rechenmaschine für den Schulbetrieb noch nicht geeignet, aber man kann die Logarithmentafel engmaschiger machen und dadurch die Arbeit für Interpolation fast völlig verschwinden lassen.“*[23] Im daran anschließenden Text argumentierte er aber doch für die Beibehaltung des Interpolierens.

Die mechanische Rechenmaschine hatte zu diesem Zeitpunkt einen weiteren Entwicklungssprung – die Motorisierung – hinter sich und der Übergang zum Vollautomaten stand unmittelbar bevor.[24] Eine weite Verbreitung in den kaufmännischen und technischen Büros und in den wissenschaftlichen Einrichtungen sorgte für einen ständig wachsenden Bekanntheitsgrad. Wieder wurde die Forderung von Lehrern erhoben, die Rechenmaschine im Unterricht des Gymnasiums zu behandeln und die Schulen mit diesen Geräten auszustatten:

„Selbstverständlich gehört in jede Schule heute eine Rechenmaschine, denn es ist unmöglich, nur durch Beschreiben oder durch Zeichnungen dem Schüler die Wirkungsweise der Maschine klarzumachen. Er muß sie selbst benutzen können.“[25] Rohrberg dürfte der erste gewesen sein, der seine Erfahrungen aus dem Einsatz der Rechenmaschine im Mathematikunterricht in Unterrichtssequenzen publizierte. In seiner „Didaktik des mathematischen Unterrichtes“ sind zwei „Probelektionen“ aufgeführt:

- Wurzelberechnung nach dem Toepler-Verfahren (Oberprima);[26]
- Multiplikation mit der Rechenmaschine (Obertertia, Kl.9).[27]

Dazu enthält das Buch einen 14seitigen Abschnitt *Die Einfügung der Rechenmaschine* mit Beispielen zum Einsatz der Rechenmaschine und der Darstellung methodischer Schwierigkeiten. Ferner wird eine für den Schulgebrauch gedachte Sprossenradmaschine „Scola-Klawun" beschrieben, die sich bei näherem Hinsehen als die kleine Lipsia Mod. 11 entpuppt, seinerzeit durchaus für die kommerzielle Nutzung entwickelt und dementsprechend stabil (und teuer, ca. RM 400).

Schließlich gibt es von Rohrberg ein Ergänzungsheft[28] zu einem Schulbuch für die höheren Schulen mit dem Titel *Das Rechnen im wirtschaftlichen Leben.* Es war vorgesehen für den Einsatz in den Klassen U III bis U II[29] und enthält einen Abschnitt *Die Organisation des praktischen Rechnens,* der verschiedene maschinelle Hilfsmittel (Addiermaschine; Vierspeziesmaschine; schreibende Rechenmaschine; rechnende Schreibmaschine; Lochkartensystem) kurz erläutert. Sämtliche anderen Kapitel sind aber auf den Einsatz des Rechenschiebers ausgerichtet.

Von einem anderen Autor erfahren wir über die Situation der 30er Jahre: *„In den Betrieben, in denen man eine große Menge Zahlenrechnungen ausführen muß, geht man immer mehr zum Maschinenrechnen über. Die Methoden werden direkt der Maschine angepaßt und weichen oft erheblich von dem schulmäßigen Rechnen ab. Es ist daher nicht verwunderlich, daß Schüler, die die Schule verlassen haben, sich nur schwer in den Rechenbetrieb eines Büros hineinfinden, wenn sie nicht mit dem mechanischen Rechnen ver-*

traut gemacht worden sind … Leider können wir nicht jeden Schüler mit einer Rechenmaschine ausstatten, kostet doch eine gebrauchte Brunsviga-Maschine ohne Zehnerübertragung im Umdrehungszählwerk noch 125 RM."[30] Als Konsequenz empfahl er, sich einen chinesischen Abakus zu bauen und damit dem Schüler *„einen kleinen Hauch der Annehmlichkeit des maschinellen Rechnens"*[31] zu vermitteln.

Nach dem Zweiten Weltkrieg

Der dritte Anlauf zur Einführung der mechanischen Rechenmaschine in der Schule – so erfolglos wie die vorangehenden Versuche – fand dann in den 60er Jahren statt. Protagonisten waren Klaus Wigand, Helmut Rixecker, Heinrich Winter und etwas später Hartwig Meißner.

Ab Ende der 50er Jahre hatten offenbar einzelne Gymnasiallehrer Erfahrungen mit dem Einsatz von Rechenmaschinen im Mathematikunterricht sammeln können. Eine wesentliche Vorbedingung dafür war mit der um 1938 erfundenen Curta[32] in Erfüllung gegangen: Eine kleine, leise, leichte und leicht zu bedienende Rechenmaschine wurde in großen Stückzahlen produziert. Rixecker und Wigand berichteten sehr positiv von ihren Versuchen mit der Curta; auch Winter betonte die Eignung dieser Maschine für den Unterrichtsgebrauch. Im *Handbuch der Schulmathematik* werden neben historischen und technischen Anmerkungen auch einige didaktische Begründun-

Bild 16: Rechenmaschine Scola-Klawun
(Rohrberg [1930], S.101)

H = Einstellhebel, *E* = Einstellkontrolle, *R* = Resultatwert, *Z* = Zählwerk, *K* = Kurbel,
L = Löschvorrichtung, *F* = Schlittenbewegung, *T* = Sperrhaken.

Bild 17: Rechenmaschine in der Klasse (Wigand [1963], S.1)

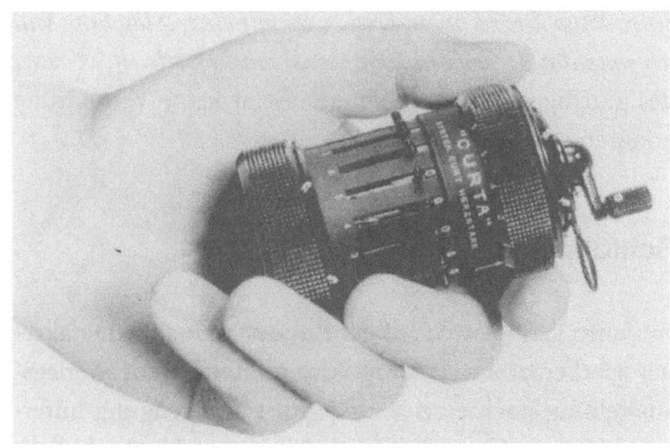

Bild 18: Rechenmaschine Curta von Curt Herzstark, 1938

gen für die Verwendung der Maschine im Unterricht gegeben.

Während Rixecker Empfehlungen[33] für den Einsatz der Rechenmaschine in den einzelnen Gymnasialklassen gab und die dazu geeigneten Stoffgebiete mitteilte, schilderte Wigand einen in der 5. Klasse erprobten Lehrgang zur Behandlung der vier Grundrechenarten unter Verwendung eines Klassensatzes Curta-Maschinen.[34] In einem Ausblick gab er weitere Unterrichtsinhalte des Gymnasiums an, bei denen ihm eine Verwendung der Rechenmaschine möglich erschien. Schon auf der MNU-Tagung 1961 in Frankfurt plädierte Klaus Wigand für die Benutzung von Rechenmaschinen und zwar unter dem Aspekt der Abgrenzung des analogen Rechnens mit dem Rechenstab und der Logarithmentafel gegenüber dem digitalen Rechnen: *„Die Maschine rechnet ‚genau' der Stab (und auch die Tafel, was oft übersehen wird) dagegen ‚genähert"*. Aber er stellte auch fest: *„Es erscheint im Augenblick noch unmöglich, daß etwa jeder Schüler eine Rechenmaschine besitzen könnte. Immerhin wäre es in 20 Jahren denkbar, wenn die Preise für diese feinmechanischen Geräte infolge einer Massenproduktion auf den Preis guter Armbanduhren, wie sie heute jeder Schüler trägt, gesunken wären. Für die Schule müßte es sich jetzt darum handeln, sich einen Satz von 30 bis 40 Maschinen zuzulegen."*[35]

Der Preis einer Curta belief sich in den 50er und 60er Jahren nahezu konstant auf etwa DM 450. Die Prognose Wigands hinsichtlich der Zeitschätzung ging einige Jahre früher in Erfüllung, aber – völlig unerwartet – als Auswirkung einer gänzlich neuen Technik.

Über Motive, sich mit der mechanischen Rechenmaschine im Volksschulunterricht zu beschäftigen, schrieb H. Winter: *„... der junge Mensch soll die Maschine als ein Mittel kennenlernen, das uns bei rechtem Gebrauch mehr Freiheit gibt"*[36]. Er propagierte den Einsatz dieses Instrumentes unter den didaktischen Aspekten der enaktiven Repräsentation und der operativen Methode. Er verglich die schriftlichen Rechenverfahren der Multiplikation/Division mit den Maschinen-Verfahren und stellte fest, daß mit Hilfe der Rechenmaschine die Rechenoperationen *„konkret faßbarer"*, *„augenscheinlicher"*, *„durchsichtiger"*[37] würden. Auch das *„reversible Denken"* könnte mit Hilfe der Maschinen-Verfahren gefördert werden.

Meißner verfolgte in seinen Versuchen deutlich andere Zwecke: Bei ihm stand der Gedanke der Datenverarbeitung im Vordergrund. Die mechanische Rechenmaschine benutzte er nur, um auf der enaktiven Ebene Anknüpfungspunkte und Einsichten für allgemeine Begriffe der Datenverarbeitung zu schaffen.

Zu allen Zeiten stand der Einführung der mechanischen Rechenmaschine im Schulunterricht der hohe Preis entgegen. Es wurden zwar von den Herstellern abgemagerte preiswerte Versionen in den Handel gebracht, aber auch diese waren für die Hand des Schülers noch zu teuer. Mitte der 60er Jahre wurde von der Zeitschrift „Schule" (Redaktion in München) ein Rechenmaschinen-Modell „Minimath" aus Plastik zum Preis von 19,80 DM angeboten; Hersteller war die Firma Sylvania in Genf.[38] Das Gerät war fünfstellig in allen Werken und arbeitete mit Staffelwalzen. Werbeslogan: *„Lassen Sie Ihre Kinder mit* *einer Maschine rechnen! Und zwar mit einer Maschine, mit der man das Rechnen nicht verlernt, sondern erlernt.*"[39] Trotz des günstigen Preises hat dieses Gerät keine Verbreitung erfahren.

Schlußbemerkungen

Im Jahre 1969 wurde auf der Bundestagung für Didaktik der Mathematik in Ludwigsburg im Rahmen der Verlagsausstellung noch einmal eine große Anstrengung unternommen, die Curta bei den Lehrern und Hochschullehrern bekannt und populär zu machen. Die Zeit für das Rechnen mit mechanischen Rechenmaschinen war aber abgelaufen: Die ersten elektronischen Tischrechner standen auch in den Hochschulen auf den Schreibtischen und die ersten elektronischen Taschenrechner gab es bereits zu kaufen – wenn auch nur für die horrende Summe von ca. DM 2000.

In den wenigen didaktischen Publikationen, die die mechanische Rechenmaschine überhaupt erwähnen, wird Bedauern über den hohen Anschaffungspreis geäußert und dies als das entscheidende hemmende Argument gegen die Einführung in den Mathematikunterricht angesehen. Das dominante Rechenhilfsmittel blieb daher bis Anfang der 70er Jahre der Rechenschieber. Er wurde dann innerhalb von ca. 5 Jahren durch den elektronischen Taschenrechner abgelöst.

Die mechanischen Rechner zählen heute teils zum Schrott, teils zu den Antiquitäten; nur wenige Liebhaber spüren die der Vernichtung entgangenen Maschinen auf Flohmärkten auf, um sie als technische Raritäten zu sammeln. Da ist es verdienstvoll, wenn an einigen Hochschulen diese Geräte aufbewahrt und manchmal sogar ausgestellt werden. An der Universität Dresden hat noch in seiner aktiven Zeit als Hochschullehrer Herr Prof. Lehmann eine ansprechende Sammlung zusammengetragen, die insbesondere die sächsische Rechenmaschinenproduktion darstellt. An der Universität Würzburg widmet sich Herr Prof. Vollrath dieser Aufgabe, der inzwischen eine kleine, aber feine Präsentation in der Bibliothek des Mathematischen Instituts aufgebaut hat. In Oldenburg hat Herr Prof. Weigand in kurzer Zeit eine respektable Sammlung von Rechengeräten zusammenbekommen; und er versucht das gleiche noch einmal in Gießen.

Darüber hinaus gibt es die großen Sammlungen mechanischer Rechengeräte in Deutschland, von denen zwei schon seit langem bestehen:

- die Rechenmaschinen-Sammlung des Deutschen Museums München, die seit 1988 im Rahmen des umfassenden Themas „Informatik und Automatik" ausgestellt ist;
- die Rechenmaschinen-Sammlung des Braunschweigischen Landesmuseums (vormalige Brunsviga-Sammlung), die sehr viele einmalige Objekte enthält, aber derzeit leider nicht öffentlich zugänglich ist.

Zwei andere umfangreiche Sammlungen stehen kurz vor der Eröffnung:

- die Sammlung des Heinz Nixdorf Museumsforums Paderborn; die Eröffnung findet am 24. Oktober 1996 statt;
- die Sammlung des Forschungsinstituts für Diskrete Mathematik Bonn (Prof. Korte, Eröffnung des „Arithmeums" voraussichtlich 1997).

Herrn Prof. Dr. Korte und Frau Annegret Kehrbaum (Forschungsinstitut für Diskrete Mathematik der Universität Bonn, FDM) danke ich für die rasche Hilfe bei der Beschaffung der Bilder 2, 6 und 8.

Literatur

Anthes, Erhard [1985], Pendelradmaschine Olympia RA 16. In: Historische Bürowelt No.10, Köln, S.14–15

Anthes, Erhard [1986], Druckende Rechenmaschine Facit 1051. In: Historische Bürowelt No.13, Köln, S.17–19

Anthes, Erhard [1986], Die Wiener Ingenieurfamilie Herzstark und die Erfindung der Rechenmaschine Curta. In: Blätter für Technikgeschichte, 46./47. Heft, Wien, S.115–137

Anthes, Erhard [1987], Zum 300. Geburtstag von Anton Braun (1686–1728) – Instrumentenmacher in Wien und Konstrukteur einer Rechenmaschine. In: Historische Bürowelt No.18, Köln, S.23–27

Anthes, Erhard [1988], Die zylindrischen Rechenmaschinen von Leupold bis Herzstark. In: Historische Bürowelt No.22, Köln, S.16–22

Anthes, Erhard [1989], Die Rechenmaschinen von Philipp Matthäus Hahn. In: Philipp Matthäus Hahn 1739–1790, Aufsatzband, Stuttgart, S.457–478

Anthes, Erhard [1993a], Dr.-Ing. Gustav Schenk – Konstrukteur des druckenden Vierspeziesautomaten Ultra 804/Mach 1.07. In: Von Menschen und Maschinen, Essen, S.36–49

Anthes, Erhard [1993b], Die letzte Hamann-Rechenmaschine: Modell 600. In: Historische Bürowelt No.33, Köln, S.13–18

Anthes, Erhard [1993c], Beiträge zur Geschichte der mechanischen Rechenmaschine. Heft 22 der Reihe Informatik und Datenverarbeitung in der Schule. Ludwigsburg

Anthes, Erhard [1995], Dr.-Ing. Helmut Gelling – Konstrukteur von Rechenmaschinen. In: Historische Bürowelt No.41, Köln, S.21–28

Buse, Dierk / Hartwig Meißner [1972], Einführung in die Datenverarbeitung. In: Der Mathematikunterricht 18, Heft 1, S.13–33

Chase, G.C. [1980], History of Mechanical Computing Machinery. In: Annals of the History of Computing 2, S.198–226 (erster Abdruck 1952)

Dieck, W. (Hrg.) [1920], Mathematisches Lesebuch, 2.Band (Für die Mittelstufe höherer Lehranstalten aller Art, für Volkshochschulen, Fachhochschulen usw.), Osterkamp, Sterkrade; darin: Handhabung, Bau und Leistung einer modernen Rechenmaschine (Brunsviga), S.15–30

Finke, W. [1918], Über Rechenmaschinen und Rechenunterricht. In: Zeitschrift für den mathematischen und naturwissenschaftlichen Unterricht 49, S.127–139

Fischer, Joachim [1988], Die Rechenmaschinen von Anton Braun und Philippe Vayringe. In: Kultur & Technik 3, S.160–163

Handbuch der Schulmathematik [1961], Band 1, Schroedel, Hannover, Kap. 2.7: Rechenmaschinen, S.47–51

Kehrbaum, Annegret / B.Korte [1993], Historische Rechenmaschinen im Forschungsinstitut für Diskrete Mathematik Bonn. In: DMV Mitteilungen, Heft 1, S.18–33 und Heft 2, S.8–20

Klein, Felix [1908/33], Elementarmathematik vom höheren Standpunkt aus, Band 1, Springer, Berlin, S.43–55; 4.Auflage, S.18–24

Lange, Werner [1979], Mechanische Rechenmaschinen, Wedel

Ligonnière, R. [1987], Préhistoire et Histoire des Ordinateurs. Paris

Lietzmann, Walter [1909], Stoff und Methode im mathematischen Unterricht der norddeutschen höheren Schule auf Grund der vorhandenen Lehrbücher. Teubner, Leipzig, S.69

Lietzmann, Walter [1916/19], Methodik des mathematischen Unterrichts, Band 2, Leipzig, S.281; Band 1, S.4 und S.284

Lind, Wilhelm [1954], Büromaschinen, Teil 1 (alles Erschienene), Füssen

Martin, Ernst [1925/92], The Calculating Machines. Translation of the german edition.Cambridge and Los Angeles 1992

Martin, Ernst [1936/85], Die Rechenmaschinen und ihre Entwicklungsgeschichte (mit Nachtrag). Nachdruck bei Köntopp, Leopoldshöhe 1985.

Meißner, Hartwig [1970], Von der Handrechenmaschine zur Datenverarbeitung. In: Der mathem.-naturwiss. Unterricht 23, S.15 ff

Meißner, Hartwig [1971], Datenverarbeitung und Informatik, Ehrenwirth

Petzold, Hartmut [1985/92], Rechnende Maschinen. Eine historische Untersuchung ihrer Herstellung und Anwendung vom Kaiserreich bis zur Bundesrepublik (Dissertation), VDI Verlag, Düsseldorf, S.174–175; gekürzt unter dem Titel „Moderne Rechenkünstler", Beck, München 1992, S.112–113

Rechnen [1921] (Das) mit der patentierten Trinks-Brunsviga Rechenmaschine, Band 1, Band 2, Braunschweig

Reese, Martin / W.Lange / E.Anthes [1993], Der Friden Wurzelautomat. In: Erhard Anthes (Hrg.), Beiträge zur Geschichte der Rechenmaschine, S.3–16, Ludwigsburg

Rixecker, H. [1962], Die Rechenmaschine im Unterricht. In: Der mathem.-naturwiss. Unterricht 15, S.31–33

Rohrberg, Albert [1930], Didaktik des mathematischen Unterrichts, Band 1, Oldenbourg, München, S.100–113 und S.161–171

Rohrberg, Albert [1932], Das Rechnen im wirtschaftlichen Leben (Reihe: Mathematik für höhere Schulen, Hrg. OStDir. Dr. Lötzbeyer, Ergänzungsheft 1), Ehlermann, Dresden, S.122–140

Schülke, A. [1930], Logarithmentafel oder Rechenknecht? In: Zeitschrift für den mathematischen und naturwissenschaftlichen Unterricht 61, S.10–11

Selling, Eduard [1887], Eine neue Rechenmaschine, Springer, Berlin, S.49–50

Wagenknecht, Christian / E.Anthes [1993], Wußten Sie schon, daß man mit mechanischen Rechenmaschinen Quadratwurzeln berechnen kann ? In: Praxis der Mathematik 35, Heft 3, S.133–136

Wicke, E. [1931], Die chinesische Rechenmaschine (Suanpan). In: Zeitschrift für den mathematischen und naturwissenschaftlichen Unterricht 62, S.16–17

Wigand, Klaus [1961], Moderne Mathematik und Rechenmaschinen (Vortrag MNU-Tagung 1961), Sonderdruck, Contina, Vaduz

Wigand, Klaus [1963], Rechenmaschinen in Sexta. In: Praxis der Mathematik 5, S.1–4

Wigand, Klaus [1965], Mathematik durch die Rechenmaschine (Vortrag auf der MNU-Tagung 1965). Erwähnung in: Praxis der Mathematik 7, S.129

Wigand, Klaus [1971], Elementares numerisches Rechnen. In: Beiträge zum Mathematikunterricht 1969, Teil 2, Schroedel, Hannover, S.154–160

Winter, Heinrich [1964], Zur Verwendung von technischen Hilfsmitteln im Rechenunterricht. In: Lehren und Lernen 1, Wuppertal, S.165–176

Wittke, Heinz [1943], Die Rechenmaschine und ihre Rechentechnik, Berlin

Wynands, Alexander / U.Wynands [1978], Elektronische Taschenrechner in der Schule, Braunschweig

Anmerkungen

[1]siehe Wagenknecht/Anthes [1993]

[2]zu den Konstruktionen von Hahn, Auch, Braun u.a. sind weitere Ausführungen in Anthes [1987], [1988], [1989]; Fischer [1988] gemacht.

[3]siehe dazu Chase [1980], Kehrbaum/Korte [1993]

[4]Eine Sammlung solcher Formulare findet man in Rechnen [1921] und in Wittke [1943]

[5]siehe Anthes [1993a]

[6]Beschreibung von Mechanismus und Algorithmus in Reese/Lange/

Anthes [1993]

[7]Beschreibung in Anthes [1985]

[8]Die meisten modernen Konstruktionen werden mit ihren wesentlichen technischen Funktionsteilen in Lind [1954] und Lange [1979] beschrieben

[9]1968 erster Rechner mit vier Grundrechenarten: Sanyo ICC 82; 1972 erster Taschenrechner mit transzendenten Funktionen: Hewlett Packard HP 35.

[10]siehe die Literaturangaben in Wynands/Wynands [1978].

[11]siehe Literatur in: Der Mathematikunterricht 18 (1972), Heft 1.

[12]F. Klein [1933], S.24; gleiche Formulierung in der 2.Auflage von 1911 als Nachdruck der 1.Auflage von 1908

[13]Lietzmann [1916], Band 2, S.281

[14]Lietzmann [1919], Band 1, S.4

[15]Lietzmann [1919], Band 1, S.284

[16]Finke [1918], S.128

[17]Die erste Maschine mit automatischer Multiplikation nach abgekürztem Verfahren ist die Schaltklinkenmaschine Hamann Modell V, die ab 1931 produziert wurde

[18]Bei den meisten Rechenmaschinen befinden sich Hauptzählwerk und Umdrehungszählwerk in einem verschiebbaren Schlitten, der am festen Einstellwerk stellenweise entlanggeschoben werden kann.

[19]Dieck [1920]

[20]Geleitwort zum Mathematischen Lesebuch, Band 2.

[21]DRP 39634, DRP 88297, DRP 149 564, DRP 261 469

[22]Selling [1887], S.49/50

[23]Schülke [1930], S.10

[24]siehe oben „Motorisierung"

[25]Rohrberg [1930], S.100

[26]Rohrberg [1930], S.163-166. Eine Beschreibung des Toepler-Verfahrens wird in Wagenknecht/Anthes [1993] gegeben.

[27]Rohrberg [1930], S.168–171

[28]Rohrberg [1932]

[29]Das entspricht den Klassen 8–10.

[30]Wicke [1931], S.16

[31]a.a.O., S.16

[32]siehe Anthes [1986]

[33]Rixecker [1962], S.31–33

[34]Wigand [1963]

[35]Beide Zitate aus Wigand [1961]

[36]Winter [1964], S.169

[37]a.a.O. S.173

[38]Herrn Gerhard Schroeter, Brunnthal, verdanke ich den Hinweis auf dieses Gerät.

[39]zitiert aus einem undatierten Prospekt (ca. 1965)

Theo Ungerer

Mikroprozessoren – heute, morgen und übermorgen

Mikroprozessoren dringen heute in alle Bereiche der industriellen Technik vor. Die neuesten und am weitesten entwickelten Mikroprozessoren finden Sie als zentrale Einheiten Ihrer Rechner. Von diesen handelt der vorliegende Bericht, der in komprimierter Form die Architektur- und Implementierungstechniken von Mikroprozessoren vom Anfang der 80er Jahre bis zum aktuellen Stand behandelt. Darauf aufbauend werden Prozessortechniken vorgestellt, die derzeit in der Forschung diskutiert werden und die zukünftigen Mikroprozessoren prägen werden. Anhand der aktuellen Technologieentwicklung wird eine mittelfristige Einschätzung zukünftiger Mikroprozessoren gegeben. Schließlich wird über die Struktur der Mikroprozessoren der Zukunft spekuliert, die sich aus langfristigen Möglichkeiten der Technologieentwicklung ergeben.

Theo Ungerer ist 1954 geboren. Von 1973 bis 1981 Studium der Mathematik und Informatik an den Universitäten Heidelberg und Zürich und der Technischen Universität Berlin. Von 1982 bis 1989 zunächst wissenschaftlicher Mitarbeiter, danach akademischer Rat a. Z. am Lehrstuhl für Informatik I der Universität Augsburg. 1986 Promotion. Von 1989 bis 1990 Visiting Assistant Professor an der University of California, Irvine. Von 1990 bis 1992 wiederum akademischer Rat a. Z. an der Universität Augsburg. 1992 Habilitation. Von 1992 bis 1993 Vertretung des Lehrstuhls für Rechnerarchitektur an der Friedrich-Schiller-Universität Jena. Seit 1993 Professor für Entwurf von Systemen in Hardware/Organisation innovativer Rechnerarchitektur an der Universität Karsruhe.

Einleitung

„Das Wettrennen um die schnellsten Mikroprozessoren könnte man als Formel 1 der Computertechnik bezeichnen" schreibt DIE ZEIT am 18. März 1994. In der Tat zeigt kaum ein Gebiet der Informatik eine derart hohe Innovationsgeschwindigkeit wie die Entwicklung von Mikroprozessoren. In der zweiten Hälfte der 80er Jahre hat sich die Leistungszunahme bei den Mikroprozessoren besonders stark beschleunigt: Die Verarbeitungsgeschwindigkeit hat sich seit 1984 jedes Jahr etwa verdoppelt.

Diese Steigerung ist durch Fortschritte in dreifacher Hinsicht erreicht worden:

- durch Steigerung der Gatterzahl auf dem Chip,
- durch Steigerung der Taktrate und
- durch Fortschritte bei den Prozessortechniken, d.h. bei der Architektur von Mikroprozessoren und den Techniken ihrer Implementierung.

Die ersten beiden Punkte sind durch Weiterentwicklung der VLSI-Technologie bedingt. Die Fortschritte bezüglich der Steigerung der Gatterzahl erlauben es, mehr Funktionen auf einem Prozessorchip unterzubringen, was eine Voraussetzung für die heutigen, gegenüber den älteren Mikroprozessoren wesentlich komplexeren Architektur- und Implementierungstechniken ist. Diese Techniken, die in den nächsten Abschnitten vorgestellt werden, basieren auf einer begrifflichen Trennung zwischen einer Prozessorarchitektur und ihrer Implementierung in einem Mikroprozessor.

Zur Spezifikation einer *Prozessorarchitektur* gehören der Befehlssatz, das Befehlsformat, die Adressierungsarten, das System der Unterbrechungen, der logische Adreßraum, die Register und das Speichermodell, soweit sie von einem Systemprogrammierer direkt angesprochen werden können. Eine Prozessorarchitektur betrifft keine Details der Hardware und der technischen Ausführung eines Prozessors, sondern nur sein äußeres Erscheinungsbild. Die internen Vorgänge werden ausdrücklich ausgeklammert.

Eine *Implementierung* (auch *microarchitecture* genannt) betrifft die aktuelle Hardware-Struktur und den Entwurf der Hardware-Logik und der Datenpfade einer speziellen Verkörperung der Architektur – also einen konkreten Mikroprozessor. Die Art und Stufenzahl des Befehlspipelining, der Grad der Verwendung der Superskalar-Technik, Art und Anzahl der internen Ausführungseinheiten eines Mikroprozessors sowie Einsatz und Organisation von Primär-Cache-Speichern zählen zu den Implementierungstechniken.

Architektur- und Implementierungstechniken werden beide im folgenden als *Prozessortechniken* bezeichnet [Unge95]. Die Architektur macht die Benutzerprogramme von ihrer Implementierung in einem speziellen Mikroprozessor unabhängig. Die Architekten der DEC-Alpha-AXP-Mikroprozessorarchitektur [Site92] legen dar, daß die Alpha-Architektur mehrere Jahrzehnte verwendbar sein soll, während konkrete Alpha-Prozessoren durch solche neuerer Technologie und mit anderen Implementierungstechniken ersetzt werden. Programme, die für heutige Alpha-Prozessoren übersetzt wurden, sind dann auch auf den künftigen Alpha-Prozessoren ablauffähig und umgekehrt.

Im folgenden wird nach einer Einführung in die Grundlagen der Mikroprozessortechnik deren aktueller Stand vorgestellt. Dabei wird besonders auf die Prozessortechniken eingegangen, die durch Erhöhung der Maschinenparallelität die hohen Verarbeitungsgeschwindigkeiten heutiger Mikroprozessoren ermöglichen: das Befehlspipelining und die Superskalar-Technik. Im anschließenden Abschnitt werden Prozessortechniken vorgestellt, die derzeit in der Forschung diskutiert und die zukünftige Mikroprozessoren prägen werden: die Technik vielfach superskalarer Prozessoren, die VLIW-, SIMD- und die CISC-Techniken, Multiprozessor-Chips und die vielfädige Prozessortechnik.

Grundlagen

Ein *Mikroprozessor* ist ein Prozessor, der auf einem, manchmal auch auf mehreren VLSI-Chips implementiert ist. Der *Prozessor* ist die zentrale Funktionseinheit eines Rechners. Er führt die Befehle mittels seines Rechenwerks (oder seiner Ausführungseinheiten) aus und überwacht durch sein Steuerwerk die Einhaltung der Programmreihenfolge. Heutige Mikroprozessoren haben meist neben dem Prozessor auch Cache-Speicher, Speicherverwaltungseinheiten

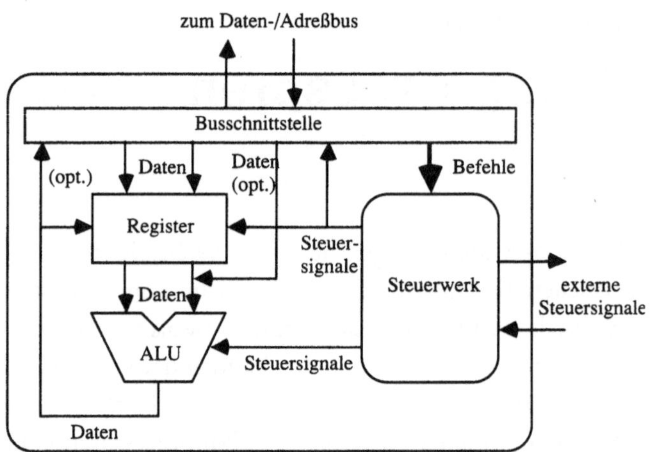

Bild 1: Struktur eines einfachen Mikroprozessors

und weitere Steuerfunktionen auf dem Prozessorchip untergebracht.

Bild 1 zeigt einen Mikroprozessor einfachster Bauart. Er enthält ein *Rechenwerk* (Arithmetic Logic Unit, ALU), das seine Daten aus internen Speicherplätzen, den *Registern*, oder über die Busschnittstelle direkt aus dem Hauptspeicher empfängt. Das Rechenwerk führt auf den Eingabedaten eine arithmetisch-logische Operation aus. Der Resultatwert wird wieder in einem Register abgelegt oder über die Busschnittstelle in den Hauptspeicher transportiert. Die Rechenwerksoperationen werden durch Steuersignale vom Steuerwerk bestimmt. Das Steuerwerk erhält seine Befehle, adressiert durch das interne Befehlszählerregister, ebenfalls über die Busschnittstelle aus dem Hauptspeicher. Es setzt die Befehle in Abhängigkeit vom Prozessorzustand, der in einem internen Prozessorstatusregister gespeichert ist, und eventuell auch abhängig von externen Steuersignalen in Steuersignale für das Rechenwerk, die Registerauswahl und die Busschnittstelle um [Unge95].

Bei einem *Mikrocomputer* ist ein Mikroprozessor durch einen Bus mit dem Hauptspeicher, verschiedenen Steuerbausteinen (Controllern) und dem Ein-/Ausgabesystem verbunden. In Bild 2 ist die abstrakte Rechnerstruktur eines einfachen Mikrocomputers dargestellt.

Der *Bus* besteht aus den drei Teilen Datenbus, Adreßbus und Steuerbus. Er verbindet den Mikroprozessor mit dem Hauptspeicher, den Steuerbausteinen und dem Ein-/Ausgabesystem.

Die Grundlage dafür, daß Mikroprozessoren überhaupt möglich wurden, ist die VLSI-Technologie. Der erste

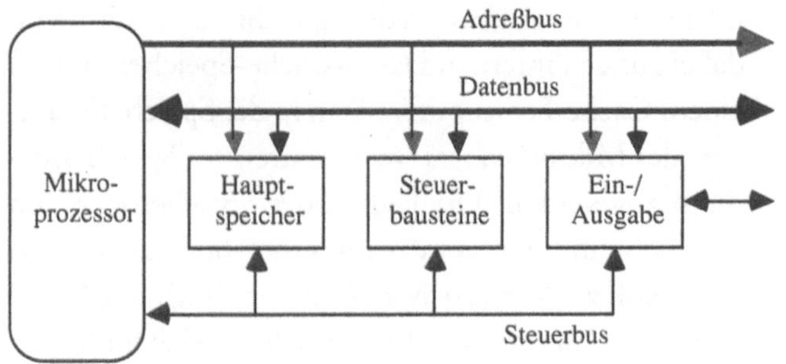

Bild 2: Rechnerstruktur eines Mikrocomputers

Mikroprozessor (Intel 4004) entstand 1971 und benötigte nur 2300 Transistoren. Der schon wesentlich komplexere Intel-8086-Mikroprozessor von 1978 bestand bereits aus 20 000 Transistoren. Die Anzahl der Transistoren pro Prozessorchip steigerte sich nun rapide.

Anfang der 80er Jahre waren dies 134 000 Transistoren bei 16 MHz (Intel 80286) und Mitte der 80er Jahre bereits 275 000 Transistoren bei 32 MHz (Intel 80386). Dadurch konnten seit Anfang der 80er Jahre Steuerfunktionen wie die Unterstützung des Speicherschutzes, der Segmentierung, der Seitenübersetzung und des Multitasking zusätzlich auf dem Prozessorchip untergebracht werden.

Ende der 80er Jahre war dann ein Integrationsgrad von 1.2 Mio. Transistoren pro Prozessorchip (Beispiel: Intel 80486) erreicht. Damit wurden erneut Änderungen der Architektur und der Implementierung möglich. Sie bestanden im wesentlichen in der Unterbringung einer Gleitpunkteinheit und eines Primär-Cache-Speichers auf dem Prozessorchip.

Analog zu der Entwicklung bei Großrechnern zeigte sich auch bei den Mikroprozessoren zunächst ein Trend zu mächtigen Maschinenbefehlen, umfangreichen Befehlssätzen, vielen Befehlsformaten, Adressierungsarten und spezialisierten Registern. Prozessorarchitekturen mit diesen Charakteristika werden mit dem Akronym *CISC* (Complex Instruction Set Computers) bezeichnet. Beispiele dafür sind die Intel-80x86- und die Motorola-680x0-Mikroprozessoren, die seit Ende der 70er Jahre entstanden.

Etwa 1980 entwickelte sich ein gegenläufiger Trend, der die Prozessorarchitekturen bis heute maßgeblich beeinflußt hat: das *RISC* (Reduced Instruction Set Computer) genannte Architekturkonzept. Bei der Untersuchung von Maschinenprogrammen war beobachtet worden, daß manche Maschinenbefehle fast nie verwendet wurden. Komplexe Befehle lassen sich prinzipiell durch eine Folge einfacher Befehle ersetzen. Das komplexe Steuerwerk, das notwendig war, um einen großen Befehlssatz in Hardware zu implementieren, benötigte viel Chipfläche und führte zu langen Entwicklungszeiten. Das RISC-Architekturkonzept wurde entwickelt, um die Implementierung einer Prozessorarchitektur zu vereinfachen und dabei eine höhere Verarbeitungsgeschwindigkeit zu erreichen. Folgende Eigenschaften charakterisieren RISC-Architekturen [Unge95]:

- Der Befehlssatz besteht aus wenigen, unbedingt notwendigen Befehlen (Anzahl ≤ 128) und Befehlsformaten (Anzahl ≤ 4) mit einer einheitlichen Befehlslänge von 32 Bit und mit nur wenigen Adressierungsarten (Anzahl ≤ 4).
- Der Registersatz besteht aus mindestens 32 allgemein verwendbaren Registern.
- Der Zugriff auf den Speicher erfolgt nur über Lade-/Speicherbefehle. Alle anderen Befehle, d.h. insbesondere auch die arithmetischen Befehle, beziehen ihre Operanden aus den Registern und speichern ihre Resultate in Registern. Dieses Prinzip der *Register-Register-Architektur* (auch *Load/Store Architecture* genannt) ist für RISC-Rechner kennzeichnend und hat sich heute allgemein durchgesetzt.

Als ein weiteres Charakteristikum der frühen RISC-Prozessoren sollten möglichst alle Befehle so implementierbar sein, daß pro Prozessortakt die Ausführung eines Maschinenbefehls beendet wurde. Als Konsequenz wurde das Befehlspipelining eingesetzt, wobei bei den frühen RISC-Rechnern die Überwachung der Befehlspipeline durch die Software geschah, d.h., Abhängigkeiten zwischen den Befehlen und bei der Benutzung der Ressourcen des Prozessors mußten bei der Codeerzeugung bedacht werden. Damit wurde die Implementierungstechnik des Befehlspipelining zur Architektur hin offengelegt. Das gilt für heutige Mikroprozessoren – abgesehen von wenigen Ausnahmen – nicht mehr. Hardware-Logik auf dem Prozessorchip behandelt alle Pipelinekonflikte, die sich aus Datenabhängigkeiten, Kontrollabhängigkeiten oder nicht zur Verfügung stehenden Ressourcen ergeben können.

RISC-Prozessoren, die das Entwurfsziel von durchschnittlich einer Befehlsausführung pro Takt erreichen, werden als *skalare RISC-Prozessoren* bezeichnet. Doch gibt es heute keinen Grund, bei der Forderung nach *einer* Befehlsausführung pro Takt stehenzubleiben. Die Superskalar-Technik ermöglicht es heute, pro Takt bis zu vier Befehle den Ausführungseinheiten zuzuordnen und auszuführen. Solche Prozessoren werden als *superskalare RISC-Prozessoren* bezeichnet, da die oben definierten RISC-Charakteristika auch heute noch weitgehend beibehalten werden.

Mikroprozessoren – heute

Stand der VLSI-Technologie und Gesamtaufbau eines superskalaren Mikroprozessors

Den *Stand der VLSI-Technologie* Mitte 1996 zeigen folgende Beispiele (M bedeutet Mega oder Million; μm = 10^{-6} m als Einheit der Kanallänge eines Transistors):

- 7 M Transistoren, 0.5 μm CMOS, 133 MHz beim PowerPC 620 [ThRy94]
- 9.3 M Transistoren, 0.5 μm CMOS, 266–400 MHz beim Alpha 21164 [Edmo95]
- 6.8 M Transistoren, 0.35 μm CMOS, 200 MHz interner Takt beim MIPS R10000 [Yeag96]
- 5.2 M Transistoren, 0.5 μm CMOS, 167 MHz beim Sun UltraSPARC I [Trem96]
- 5.5 M Transistoren, 0.6 μm BiCMOS, 150–200 MHz beim Intel (P6) Pentium Pro [CoSt95, Papw96]

Der Stand der VLSI-Technologie erlaubt es heute, einen komplexen Prozessor auf einem Chip zu implementieren. Die wesentlichen Komponenten eines solchen Mikroprozessors sind in Bild 3 dargestellt (hier dienen als Vorbilder die PowerPC-Prozessoren 604 [SoDC94] und 620 [ThRy94]). Dieser besteht aus folgenden unabhängig arbeitenden *Ausführungseinheiten*:

- Eine *Lade-/Speichereinheit* (Load/Store Unit) „lädt" einen Datenwert gemäß seiner Adresse aus dem Speicher in ein allgemeines Register oder in ein Gleitpunktregister, beziehungsweise sie „speichert" einen Register-

inhalt an einer Adresse in den Speicher. Zunächst wird dabei auf den internen Daten-Cache-Speicher und bei einem Cache-Fehlzugriff auf ein in der Speicherhierarchie des Mikrorechners weiter entferntes Speichermedium zugegriffen. Die Lade- oder Speicheroperation geschieht mit Unterstützung einer Speicherverwaltungseinheit (Memory Management Unit), welche die logischen Adressen in physikalische Speicheradressen übersetzt. Die schnelle Adreßübersetzung geschieht mit Hilfe eines TLB (Translation Lookaside Buffer) genannten Puffers, der als Teil der Speicherverwaltungseinheit die im Programmablauf vorgenommenen Adreßübersetzungen für einen späteren Gebrauch speichert.

- Eine oder mehrere *Gleitpunkteinheiten* (Floating-Point Unit(s)) führen Gleitpunktbefehle auf den Werten der Gleitpunktregister (Floating-Point Registers) aus. Gleitpunkteinheiten sind meist als dreistufige (Gleitpunkt-) Pipelines (siehe unten) realisiert.

- Eine oder mehrere *Festpunkteinheiten* (Integer Units) führen die arithmetischen und die logischen Befehle auf den allgemeinen Registern (General Purpose Registers) aus.

- Eine *Verzweigungseinheit* (Branch Unit) überwacht die Ausführung von Sprungbefehlen. Häufig steht zu Beginn der Ausführung eines bedingten Sprungbefehls das Verzweigungsziel noch nicht fest, d.h. es ist noch nicht bekannt, ob der Sprung durchgeführt wird oder nicht. In diesem Fall wählt die Verzweigungseinheit

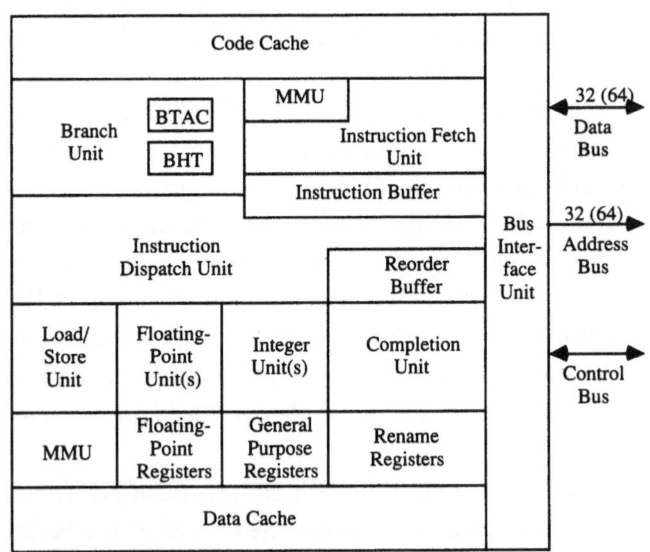

Bild 3: Komponenten eines superskalaren Mikroprozessors

den wahrscheinlicheren Programmablauf aus. Dieser wird dann spekulativ ausgeführt, bis das Verzweigungsziel feststeht. Wurde der falsche Programmablauf gewählt, so werden die spekulativ ausgeführten Befehle wieder rückgängig gemacht. Die spekulative Auswahl des Programmablaufs kann mit Hilfe einer Sprungtabelle (Branch History Table, BHT) auf der Grundlage der Vorgeschichte der Programmausführung geschehen. Ein Sprungziel-Adreß-Cache (Branch Target Address Cache, BTAC) speichert die Adressen von Sprungbefehlen und deren Zielbefehlen.

Art und Anzahl der Ausführungseinheiten auf dem Prozessorchip unterscheiden sich natürlich je nach Mikroprozessor.

Eine *Befehlsbereitstellungseinheit* (Instruction Fetch Unit) lädt mit Unterstützung einer eigenen Speicherverwaltungseinheit pro Takt eine Anzahl von Befehlen aus dem Code-Cache-Speicher in einen internen Befehlspuffer (Instruction Buffer). Die *Befehlszuordnungseinheit* (Instruction Dispatch Unit) kann aus diesem Befehlspuffer pro Takt eine Anzahl von Befehlen (heute meist zwei bis vier Befehle) den Ausführungseinheiten zuordnen. Eine *Vervollständigungseinheit* (Completion Unit) stellt die Programmreihenfolge nach Ausführung der Befehle wieder her. Dies geschieht mit Hilfe eines *Rückordnungspuffers* (Reorder Buffer), in den die Befehlszuordnungseinheit die zugeordneten Befehle in ihrer Programmreihenfolge einträgt.

Die beiden *Registersätze* bestehen aus 32 allgemeinen Registern von 32 oder 64 Bit Breite und 32 Gleitpunktregistern, die 64 oder 80 Bit breit sind. Die *Umbenennungspuffer-Register* (Rename Registers) nehmen die Resultatwerte der Ausführungseinheiten auf, bis diese durch die Vervollständigungseinheit in die jeweiligen allgemeinen Register oder Gleitpunktregister geschrieben werden.

Weiterhin sind meist getrennte Daten- und Code-Cache-Speicher vorhanden. *Cache-Speicher* sind kleine, schnelle Pufferspeicher, in denen Kopien derjenigen Teile des Hauptspeichers bereitgehalten werden, auf die aller Wahrscheinlichkeit nach vom Prozessor als nächstes zugegriffen wird. Falls, wie heute auf Mikroprozessoren üblich, Code und Daten in getrennten (Cache-)Speichern stehen, spricht man aus historischen Gründen von einer *Harvard-Architektur*. Code- und Daten-Cache-Speicher

sind heute jeweils 8 bis 32 KBytes groß. Da sie in den Prozessorchip integriert sind, spricht man von *Primär-Cache-Speichern*. Eine *Busschnittstelle* (Bus Interface Unit) stellt die Verbindung des Mikroprozessors nach außen her. Über die Busschnittstelle wird im Fall eines Cache-Fehlzugriffs ein Cache-Block von meist 16 oder 32 Byte Länge aus dem Hauptspeicher (oder dem Sekundär-Cache-Speicher, falls vorhanden) in den Daten- oder Code-Cache-Speicher geladen beziehungsweise in umgekehrter Richtung zurückgespeichert.

Eine genauere Beschreibung der Komponenten des Mikroprozessors und der vielfältigen Cache-Speichertechniken findet sich in der einschlägigen Literatur (beispielsweise [Taba95, Unge95, HePa96]).

Befehlspipelining

Ein grundlegendes Verfahren bei heutigen Mikroprozessoren ist die „Fließband-Bearbeitung" – das *Pipelining*. Unter dem Begriff *Pipelining* versteht man die Zerlegung einer Maschinenoperation in mehrere Teiloperationen, die dann von hintereinander geschalteten Verarbeitungseinheiten taktsynchron bearbeitet werden, wobei jede Verarbeitungseinheit genau eine spezielle Teiloperation ausführt. Die Gesamtheit dieser Verarbeitungseinheiten nennt man eine *Pipeline*.

Auch bei der Ausführung eines Maschinenbefehls treten solche Teilaufgaben auf, die aufeinanderfolgend bearbeitet werden. Bei einer Befehlspipeline (Instruction Pipeline) wird die Ausführung eines Maschinenbefehls in solche Phasen unterteilt. Aufeinanderfolgende Maschinenbefehle werden jeweils um einen Takt versetzt im Pipelining-Verfahren ausgeführt. Die *„traditionellen" Phasen der Befehlsausführung* auf einem skalaren RISC-Prozessor lauten beispielsweise: Befehlsbereitstellung, Decodierung, Operandenbereitstellung, Ausführung und Resultatspeicherung.

Im Fall der fünfstufigen Befehlspipeline (siehe Bild 4) eines skalaren RISC-Prozessors wird in der ersten Phase ein Befehl geladen. Im nächsten Takt wird der Befehl decodiert und gleichzeitig der Nachfolgebefehl geladen. In gleicher Weise wird mit den weiteren Phasen der Befehlspipeline verfahren, so daß im Idealfall eine fünfstufige Befehlspipeline fünf Befehle gleichzeitig bearbeitet, wobei

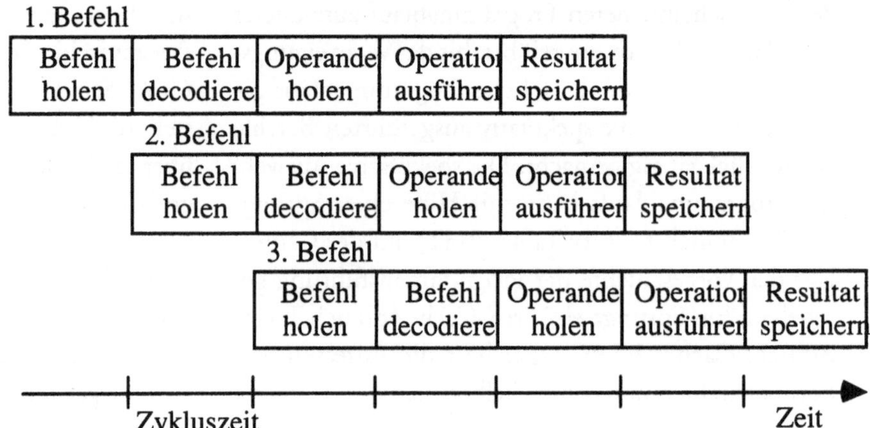

Bild 4: Einfache fünfstufige Befehlspipeline

sich die Befehle jeweils in einer anderen Phase der Befehlsausführung befinden und nach jedem Taktzyklus die Ausführung eines Befehls beendet wird.

Je nach Befehl und Befehlsklasse können auch einzelne dieser Phasen entfallen. Je nach Prozessor können die Phasen auch anders organisiert sein. Beim PowerPC-620-Prozessor beispielsweise unterscheidet man folgende *Phasen der Befehlsausführung*:

- *Befehlsbereitstellungsphase* : Der Befehl, der durch den Befehlszähler oder eine Sprungzieladresse adressiert ist, und einige der nachfolgenden Befehle werden von der Befehlsbereitstellungseinheit aus dem Code-Cache-Speicher in den Befehlspuffer geladen. Der Befehlszähler wird weitergeschaltet.
- *Decodier- und Zuordnungsphase* : Eine Anzahl von Befehlen im Befehlspuffer wird decodiert und die Befehle den Ausführungseinheiten zugeordnet, sofern dieser Zuordnung keine Hinderungsgründe entgegenstehen. Eventuell werden bereits die Operanden aus den Registern bereitgestellt.
- *Ausführungsphase*: Die Befehlsoperationen werden ausgeführt. Die Ergebnisse werden in die Umbenennungspuffer-Register geschrieben.
- *Vervollständigungsphase*: Die Vervollständigungseinheit überprüft die Programmreihenfolge der Befehlsbeendigungen.
- *Resultatspeicherphase* : Die Ergebnisse werden aus den Umbenennungspuffer-Registern in die Zielregister geschrieben.

Während noch zu Beginn der 80er Jahre Befehlspipelining praktisch ausschließlich Großrechnern und Supercomputern vorbehalten war, sind Befehlspipelines zunächst bei RISC-Prozessoren Anfang der 80er Jahre in die Mikroprozessortechnik eingeführt worden und heute in allen Mikroprozessoren Stand der Technik. Dabei gibt es zwei Trends: „kurze" Befehlspipelines von 4–6 Stufen (Bsp. PowerPC-Prozessoren) und „lange" Befehlspipelines von 7–14 Stufen (Bsp. MIPS-Prozessoren, Alpha-Prozessoren, SuperSPARC, UltraSPARC und Intel Pentium Pro). Der zweite Trend wird auch als *Superpipelining* bezeichnet. Beim *Superpipelining* werden die Phasen der Befehlsausführung in besonders feine Pipelinestufen unterteilt. Man erhält dann eine „lange" Befehlspipeline, die es erlaubt, den Prozessorchip mit einer sehr hohen Taktfrequenz zu betreiben.

Superskalar-Technik

Die *Superskalar-Technik* ist eine Implementierungstechnik, die aus einem „normalen" sequentiellen Befehlsstrom mehr als einen Befehl pro Takt den Ausführungseinheiten eines Prozessors zuordnen kann. Die wesentlichen Punkte dieser Definition sind [Unge95]:

- Es kann mehr als ein Befehl pro Takt den Ausführungseinheiten *zugeordnet* werden. Von manchen Autoren wird der Begriff *superskalar* mit der Tatsache gleichgesetzt, daß der superskalare Prozessor mit jedem Takt mehrere Operationen *ausführen* kann. Diese Charakterisierung von *superskalar* ist jedoch unzulänglich, da sie keine Abgrenzung gegen die VLIW-Technik (siehe auch Abschnitt über „VLIW-, SIMD- und CISC-Technik") bietet, bei der mehrere Befehle in einem langen Maschinenbefehlswort vereinigt und taktsynchron von mehreren Einheiten parallel ausgeführt werden. Daß mehrere parallel arbeitende Ausführungseinheiten vorhanden sein müssen, ist deshalb nur eine Voraussetzung der Superskalar-Technik.

- Die Befehlszuordnung geschieht durch eine *Befehlszuordnungseinheit*, welche die Befehle, für die eine gleichzeitige Zuordnung an die Ausführungseinheiten möglich ist, gruppiert und die Zuordnung vornimmt, falls die betroffene Ausführungseinheit zur Aufnahme eines Befehls bereit ist. Die Befehlszuordnung geschieht somit *dynamisch* – also zur Laufzeit per Hardware – und nicht durch den Compiler. Optimierende Compiler können jedoch die Ausführungsgeschwindigkeit steigern.

- Die Befehlszuordnung arbeitet auf einem „normalen" sequentiellen Befehlsstrom.

- Die Superskalar-Technik ist eine reine Implementierungstechnik, die unabhängig von der Architekturspezifikation eingesetzt werden kann. Maschinenprogramme, die für einen skalaren Prozessor (Beispiel: micro-SPARC-II) erzeugt wurden, können auch auf einem superskalaren Prozessor (Beispiel: SuperSPARC) derselben Architektur ausgeführt werden und umgekehrt.

Entsprechend der maximalen Anzahl der Befehle, die pro Takt zugeordnet werden können, spricht man von *zweifach, dreifach, vierfach* oder *vielfach* (mehr als vierfach) *superskalar.*

Im Gegensatz zu Superpipelining-Prozessoren, die nur einen Befehl pro Takt in die Befehlspipeline einspeisen, können *superskalare Prozessoren* mehrere Befehle pro Takt gleichzeitig den Ausführungseinheiten zuordnen und ausführen. Ein superskalarer Prozessor besitzt mehrere, meist

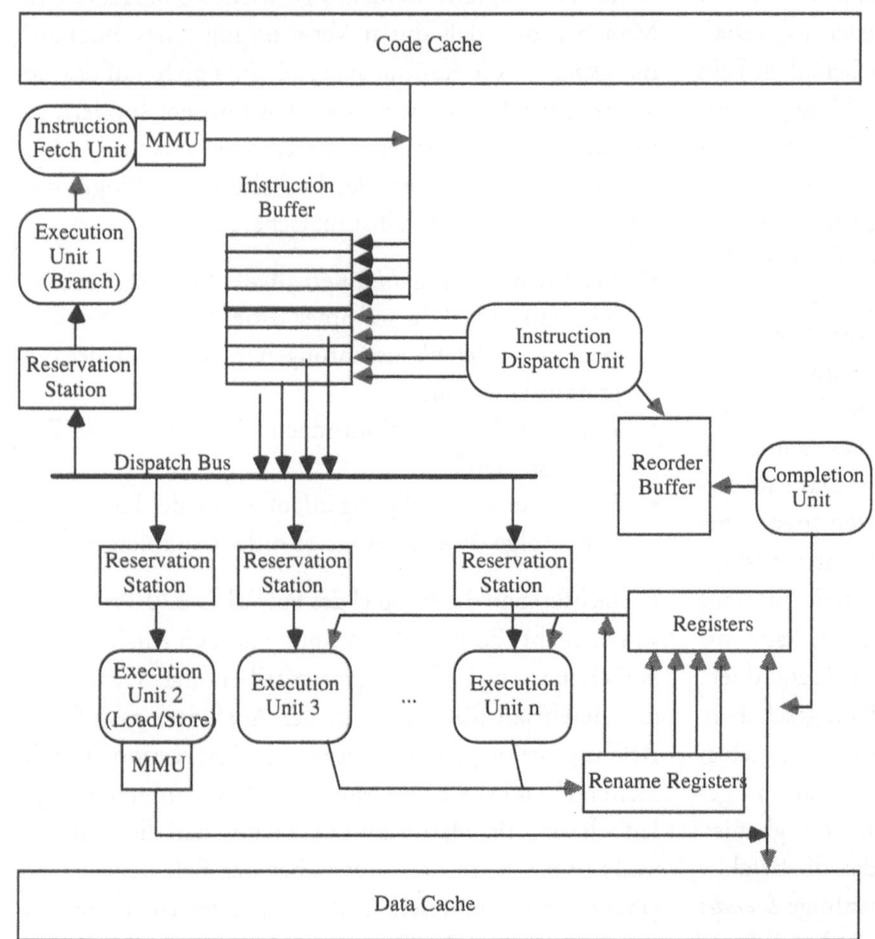

Bild 5: Superskalarer Prozessor

heterogene Ausführungseinheiten für die Ausführungsstufe der Befehlspipeline.

Die Befehlsausführung durch einen vierfach superskalaren Prozessor, hier eine vereinfachte Version des PowerPC-620-Prozessors (ohne die Busschnittstelle), wird in Bild 5 demonstriert. Verzweigungseinheit, Lade-/Speichereinheit, Code- und Daten-Cache-Speicher arbeiten wie bereits in Abschnitt über „Stand der VLSI-Technologie und Gesamtaufbau eines superskalaren Mikroprozessors" beschrieben.

Pro Takt werden je vier Befehle aus dem Code-Cache-Speicher in einen internen Befehlspuffer (Instruction Buffer) übernommen. Die in der Programmreihenfolge nächsten vier Befehle werden decodiert. Falls keine Ressourcen-Zugriffskonflikte zwischen den Befehlen (zwei Befehle sollen derselben Ausführungseinheit zugeordnet werden) oder mit zuvor zugeordneten Befehlen vorhanden sind, werden im selben Takt bis zu vier Befehle ihren jeweiligen Ausführungseinheiten (Execution Units) zugeordnet. Die anderen Ausführungseinheiten bleiben in der darauffolgenden Ausführungsphase entweder unbeschäftigt oder arbeiten an zuvor zugeordneten Befehlen. Falls wegen eines Pipelinekonflikts nur ein Befehl zugeordnet werden kann, darf dies nur der Befehl sein, der in der sequentiellen Programmreihenfolge der nächste ist. Die nachfolgenden Befehle rutschen dann auf die vorderen Plätze des Befehlspuffers, und es können entsprechend viele weitere Befehle in den Befehlspuffer nachgeladen werden.

Obwohl die Befehle demnach immer in der Programmreihenfolge *zugeordnet* werden, kann der Beginn einer Befehlsausführung sich so verzögern, daß die Programmreihenfolge nicht mehr eingehalten wird. Dies kann durch sogenannte *Reservation Stations* geschehen. Das sind Befehlspuffer, die vor den Ausführungseinheiten angeordnet sind und einen oder mehrere Befehle bis zu ihrer Ausführung zwischenspeichern können. Solange freie Einträge in einer Reservation Station vorhanden sind, kann die Befehlszuordnungseinheit dieser Einheit Befehle zuordnen. Eine Verzögerung der Ausführung kann dann geschehen, wenn eine Einheit mehr als einen Takt für eine Befehlsausführung benötigt und intern nicht als Pipeline aufgebaut ist, oder wenn ein Operand noch nicht verfügbar ist.

Darüber hinaus kann es vorkommen, daß die Befehlsausführungen nicht in der Programmreihenfolge *beendet* werden. Beispielsweise ist ein Festpunktbefehl, der direkt

nach einem Gleitpunktbefehl zugeordnet wird, in der Regel vor diesem Befehl beendet, da die Festpunkteinheit nur einen Takt braucht, während die Gleitpunkteinheiten drei Takte benötigen. Hardware-Logik muß dafür sorgen, daß in einem solchen Fall keine Dateninkonsistenzen entstehen. Eine Hardware-Technik, um nach den Befehlsbeendigungen die Programmreihenfolge wiederherzustellen, ohne daß die Ausführungseinheiten deshalb gebremst werden, ist die bereits erwähnte Technik des *Rückordnungspuffers* (Reorder Buffer). Dieser ist ein FIFO-Puffer, in den die Befehle bei der Befehlszuordnung in der Programmreihenfolge eingetragen werden. Wenn eine Befehlsausführung außerhalb der Programmreihenfolge beendet ist, wird der Resultatwert nicht sofort in das Zielregister zurückgeschrieben, sondern entweder direkt in den Rückordnungspuffer an der Stelle des Befehls oder in *Umbenennungspuffer-Register* (Rename Registers) eingetragen [Taba95]. Eine Änderung des Zielregisters geschieht auf Veranlassung einer *Vervollständigungseinheit* (Completion Unit) erst dann, wenn die Programmreihenfolge wieder eingehalten ist. Man beachte, daß durch Verwendung eines Rückordnungspuffers die Ausführungseinheiten nicht auf das Abliefern eines Resultatwertes warten müssen, sondern sofort mit neuen Aufträgen weiterarbeiten können.

Man kann bezüglich der Einhaltung der Programmreihenfolge folgende Fälle unterscheiden:

- Befehlszuordnung in/außerhalb der Programmreihenfolge (In-order/Out-of-order Issue)
- Beginn der Befehlsausführungen in/außerhalb der Programmreihenfolge
- Ende der Befehlsausführungen in/außerhalb der Programmreihenfolge
- Befehlsvervollständigung in/außerhalb der Programmreihenfolge (In-order/Out-of-order Completion)

Betrachtet man das Beispiel des PowerPC-620-Prozessors, so geschieht die Befehlszuordnung zu den Ausführungseinheiten streng in der Programmreihenfolge. Der Beginn der Befehlsausführungen in der Ausführungsstufe der Befehlspipeline geschieht wegen der Reservation Stations nicht mehr notwendigerweise in der Programmreihenfolge. Jedoch sorgt die Hardware-Logik dafür, daß die Kontroll- und Datenabhängigkeiten zwischen den Befehlen auch bei einer Ausführung außerhalb der Programmreihenfolge eingehalten werden. Die Befehlsbeendigungen, also beispiels-

weise das Rückschreiben der Resultatwerte in die Umbenennungspuffer-Register, finden ebenfalls nicht notwendigerweise in der Programmreihenfolge statt. Eine Vervollständigungsphase in der Befehlspipeline sorgt dann wieder dafür, daß bei der Übernahme der Werte aus den Umbenennungspuffer-Registern in die Register die Programmreihenfolge wiederhergestellt wird.

Eine wichtige Variante dieses Schemas stellt die Befehlszuordnung außerhalb der Programmreihenfolge dar. Diese ist beim PowerPC-601-Prozessor [BAMM93] für wenige Befehlskonstellationen erlaubt, fehlt jedoch bei den
neueren PowerPC-Prozessoren. Sie ist dagegen eine wesentliche Eigenschaft des Pentium Pro [CoSt95, Papw96],
der x86-Befehle vor dem Laden in den Befehlspuffer
(Instruction Pool genannt) in micro-ops genannte RISC-
Anteile zerlegt und dann die in dem Befehlspuffer stehenden micro-ops-Befehle nach einem lokal angewandten
Datenflußprinzip auch außerhalb der Programmreihenfolge zuordnet. Beim Datenflußprinzip ist ein micro-ops-
Befehl ausführbereit, wenn alle benötigten Operanden
(und Ressourcen) verfügbar sind. Die Programmreihenfolge wird auch beim Pentium Pro-Prozessor bei der Ver-
vollständigung wiederhergestellt, außerdem können Ver-
zweigungsbefehle spekulativ ausgeführt werden.

Die Kombination der Superpipelining- mit der Superskalar-Technik geschieht beispielsweise beim Super-
SPARC-Prozessor, der dreifach superskalar ist und pro Takt
zwei Phasen seiner achtstufigen Pipeline ausführt. Der Pentium-Pro-Prozessor kombiniert sogar eine fünffach superskalare Befehlszuordnung (auf Basis der micro-ops-Befehle)
mit einer 14stufigen Befehlspipeline.

Mikroprozessoren - morgen

Überblick

Im vorliegenden Abschnitt werden auf der Grundlage einer Abschätzung der Weiterentwicklung der Chip-Technologie bis etwa zum Jahr 2000 einige mögliche Ar-
chitektur- und Implementierungstechniken zukünftiger
Mikroprozessoren aufgezeigt.

Moore's Law von 1975 besagt – bislang weitgehend
korrekt –, daß die Anzahl der Transistoren pro Chip etwa
alle zwei Jahre verdoppelt werden kann [Shel91]. Eine weitere Einschätzung besagt, daß bei Mikroprozessoren etwa
alle 18 Monate eine Verdoppelung der Rechenleistung eintritt.

Mitte 1996 liegt der Stand der Chip-Technologie bei
etwa 5–10 M Transistoren pro Prozessorchip unter Verwendung einer 0.5- bis 0.35-µm-CMOS-Technologie mit 150-
–400 MHz Taktrate. Eine weitere technologische Option
ist die Verwendung der Multichip-Module-Technologie,
bei der mehrere Chips eng miteinander zu einer logischen
Einheit verbunden werden. Der IBM Power2-Prozessor
vereint in Multichip-Module-Technologie 23 M Transistoren auf acht 0.45-µm-CMOS-Chips [WhDh94], der
Intel Pentium Pro nutzt die Multichip-Module-Technologie, um den Pentium-Pro-Prozessor und den Sekundär-
Cache in einem Chip-Gehäuse zu vereinen.

Im Jahre 2000 wird die CMOS-Technologie oder eine
verwandte Silicium-Technologie weiterhin vorherrschend
sein, obwohl gegenwärtig mit exotisch anmutenden Technologien (siehe den Abschnitt über „Mikroprozessoren –
übermorgen") experimentiert wird. Als technologischer
Stand dürfte nach heutiger Einschätzung dann eine 0.2-
bis 0.1-µm-Technologie mit etwa 1 GHz Taktrate in Multichip-Module-Technologie erreichbar sein. Somit erhebt
sich die Frage, welche Prozessortechniken für Mikroprozessoren mit 50–100 M Transistoren adäquat sind.

Intel prognostizierte 1991 zwei mögliche Arten von
Prozessorchips im Jahre 2000 [Shel91]: den *Ein-Chip-Mi-
krocomputer* und den *Ein-Chip-Multiprozessor*. Der erste
vereint zusätzlich zu zwei CPUs, einer Vektoreinheit und
einem Cache-Speicher alle Funktionen eines hochent-
wickelten Mikrocomputers auf dem Chip. Der Ein-Chip-
Multiprozessor besteht aus vier CPUs (mit jeweils etwa 4
M Transistoren), zwei Vektoreinheiten, 2 MByte Cache-
Speichern und einer Grafikeinheit, die hochauflösende und
bewegte Grafikanwendungen unterstützen soll. Von Intel
wird keine Aussage über die konkreten Prozessortechniken
gemacht. Jedoch soll jede der CPUs wohl die Komplexität
eines heutigen Mikroprozessors besitzen.

Einer der ersten realisierten Ein-Chip-Multiprozessoren
ist der TMS320C80 Multimedia Video Prozessor der Firma Texas Instruments, der vier digitale Signalprozessoren
und einen (skalaren) RISC-Prozessor auf einem Prozes-
sor-Chip vereint.

In den nächsten Abschnitten werden Prozessortechniken

für zukünftige Mikroprozessoren diskutiert, zunächst Techniken zur Nutzung feinkörniger Parallelität (die Weiterentwicklung der Superskalar-Technik, die VLIW-, die SIMD- und die CISC-Techniken) und dann die Technik der vielfädigen (multithreaded) Prozessoren, die fein- und grobkörnige Parallelität nutzen kann. Unter *feinkörniger Parallelität* versteht man die Möglichkeit, mehrere Befehle einer Befehlsfolge gleichzeitig ausführen zu können. *Grobkörnige Parallelität* betrifft die gleichzeitige Ausführbarkeit mehrerer Befehlsfolgen.

Vielfach superskalare Prozessoren

Der Stand der Technik bei superskalaren Prozessoren ist eine vierfach superskalare Befehlszuordnung. Beispiele dafür sind die PowerPC-Prozessoren 604 und 620, der Alpha-21164-, der AMD-K5-, der HP PA-8000 und der MIPS R10000-Prozessor. Der Pentium-Pro-Prozessor ist auf Basis der micro-ops-Befehle fünffach und der IBM Power2-Prozessor bereits sechsfach superskalar.

Vielfach superskalare Prozessoren, also solche, die mehr als vierfach superskalar sind, stoßen an die Grenzen der in einem sequentiellen Befehlsstrom enthaltenen feinkörnigen Parallelität. Die Frage, wieviel Parallelität sich im Zielcode eines Programms befindet, das aus einer sequentiellen, imperativen Programmiersprache in einen RISC-Befehlssatz übersetzt wird, wurde in den letzten Jahren häufig untersucht. Eine der maßgebenden Untersuchungen [Wall91] kommt zu dem Schluß, daß Programme häufig etwa fünffache und selten mehr als siebenfache feinkörnige Parallelität besitzen. Höhere Parallelitätsgrade können jedoch für numerische Programme in Verbindung mit Compilertechniken, die Schleifen abrollen, erreicht werden.

Eine weitere Erhöhung der Maschinenparallelität birgt somit die Gefahr, daß ein erheblicher Teil der Ausführungseinheiten wegen mangelnder Programmparallelität brachliegt. Diese Beobachtung gilt schon für heutige superskalare Mikroprozessoren. Unter Verwendung der SPEC92 Benchmarks zeigte sich, daß der PowerPC 620 im Mittel nur 0.96 bis 1.77 Befehle pro Takt ausführt [Diep95] und sogar ein auf achtfach superskalar erweiterter Alpha-Prozessor nicht mehr als durchschnittlich 1.14 [SiUn96] bis 1.5 [Tull95] Befehle pro Takt ausführen würde.

Ein weiteres Problem der vielfach superskalaren Prozessortechnik ist die mit steigendem Parallelitätsgrad immer höhere Komplexität der Befehlszuordnungseinheit und der Hardware-Logik, welche die Abhängigkeiten der Befehle prüfen und bei der Ausführung überwachen muß. Eine Lösung des zweiten Problems könnte die Verbindung der Superskalar-Technik mit der VLIW- oder der SIMD-Technik sein.

VLIW-, SIMD- und CISC-Technik

Mit *VLIW* (*Very Long Instruction Word*) wird eine Architekturtechnik bezeichnet, bei der ein Compiler in einem langen Maschinenbefehlswort mehrere Befehle zusammenfaßt, die dann taktsynchron und parallel von mehreren Ausführungseinheiten ausgeführt werden. Ein *VLIW-Prozessor* (siehe Bild 6) besteht aus einer Anzahl von Ausführungseinheiten, die jeweils eine Maschinenoperation taktsynchron zu den anderen Maschinenoperationen eines VLIW-Befehls ausführen. Dabei umfaßt ein VLIW-Befehlswort so viele Operationsfelder wie Ausführungseinheiten in dem VLIW-Prozessor vorhanden sind. Das Maschinenbefehlsformat eines VLIW-Befehls kann mehrere hundert Bits lang sein.

Damit wird eine ähnliche Maschinenparallelität wie durch die Superskalar-Technik ermöglicht. Betrachtet man die Ebene der „einfachen" Maschinenbefehle, dann speist ein superskalarer Prozessor seine Ausführungseinheiten aus nur *einem* Befehlsstrom *einfacher* Befehle, während bei einem VLIW-Prozessor so *viele* Befehlsströme *einfacher* Befehle wie Ausführungseinheiten vorhanden sind.

Der VLIW-Prozessor führt keine dynamische Befehlszuordnung durch. Die Folge ist, daß seine Hardware-Komplexität verglichen mit der Superskalar-Technik geringer ist. Die Planung der einzelnen Operationen einschließlich der Speicherzugriffe erfolgt bereits durch den Compiler. Dabei wird vorausgesetzt, daß alle Operationen die gleiche Ausführungszeit haben. Der im superskalaren Prozessor benötigte Hardware-Mehraufwand für die Befehlszuordnung und Abhängigkeitsprüfung der Befehle fällt bei geringer Maschinenparallelität nicht ins Gewicht, stellt jedoch bei höherer Maschinenparallelität des Prozessors einen erheblichen Mehraufwand dar.

Nachteilig ist bei der VLIW-Technik die Tatsache, daß

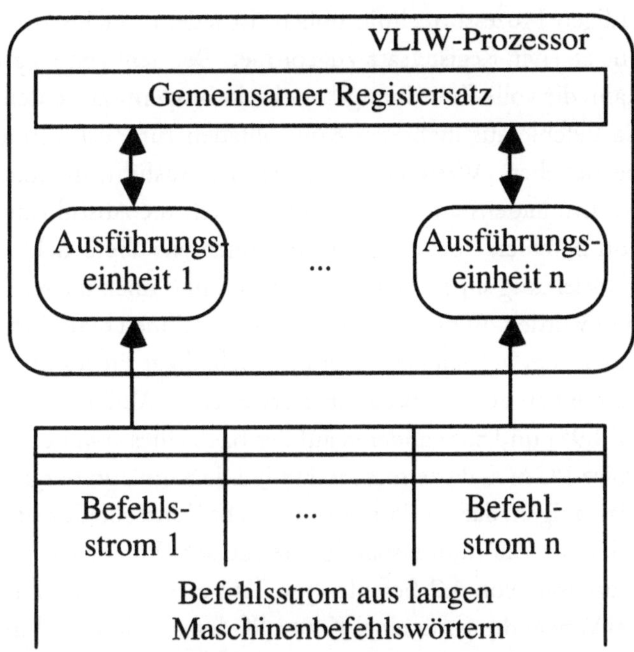

Bild 6: Grundschema eines VLIW-Prozessors

viele Laufzeitereignisse zur Compilezeit noch nicht bekannt sind. Dazu gehören insbesondere Cache-Fehlzugriffe und die Befehlsfortführung nach bedingten Sprüngen. Der VLIW-Prozessor ist wegen seiner synchronen Arbeitsweise wesentlich starrer als der superskalare Prozessor. Verzögerungen einzelner Maschinenoperationen durch ein unvorhersehbares Laufzeitereignis schlagen auf die Ausführungszeit des gesamten VLIW-Befehls durch. Außerdem sind Programmsprünge natürlich nur zwischen VLIW-Befehlen und nicht innerhalb eines der Befehlsströme aus einfachen Befehlen möglich.

Es ist das Ziel einer Allianz von Hewlett Packard und Intel, bis 1997/98 auf der Grundlage der VLIW-Technik eine als *post-RISC* bezeichnete Mikroprozessorarchitektur zu entwickeln. Die post-RISC-Prozessoren sollen den x86-, den PA-RISC- und einen eigenen VLIW-Befehlssatz ausführen können [Wayn94].

Eine weitere neue Technik ist die Verwendung eines *SIMD-Formats* (single instruction, multiple data; ein Operationscode gilt für mehrere Operandenpaare, auf denen diese Operation gleichzeitig ausgeführt wird) für Befehle, die mehrere gleichartige, einfache Operationen auf Operanden geringer Wortbreite definieren. Bei der Huffman-Decodierung – wie sie bei der MPEG-Dekompression von Videodatenströmen auftritt – werden einfache arithmeti-

sche Operationen auf 16-Bit-Operanden statt arithmetischer Operationen auf 64-Bit-Operanden benötigt. Multimedia-Prozessoren besitzen deshalb häufig einen Befehlssatz, der spezielle Multimedia-Befehle enthält, welche beispielsweise in einem Befehl vier gleichartige 16-Bit-Operationen definieren. Diese vier Operationen werden als ein Befehl von der Zuordnungseinheit einer spezialisierten Verarbeitungseinheit zugewiesen und von dieser parallel und taktsynchron ausgeführt. Beispiele dafür sind der HP PA-7100LC-Prozessor [Lee95] und der UltraSPARC I [Trem96].

Die auf 32-Bit genormten RISC-Befehle führen zu einer niedrigen Code-Dichte und damit zu einer ungünstigen Beeinflussung der Größe des Code-Caches und der internen Wege vom Code-Cache zum Befehlspuffer der Befehlsladeeinheit des Prozessors. Falls mehrere einfache Befehle innerhalb des 32-Bit-Befehlsformats vereint werden können, erhält man eine höhere Code-Dichte mit dem Nachteil eines erhöhten Decodieraufwands. Sind mehrere verschiedenartige Befehle unter einem Opcode vereint, so entspricht dies in gewissem Sinne dem von früher her bekannten *CISC-Format*. Natürlich unterscheidet sich diese Vorgehensweise der Code-Komprimierung in einigen Punkten von den früheren CISC-Befehlen. Beispielsweise wird man vermeiden, daß das Befehlswort über das Ende eines Cache-Blocks hinausragt, und deshalb kaum zu unterschiedlich langen Befehlsformaten zurückkehren (der Pentium Pro besitzt aus Kompatibilitätsgründen viele heute störende Eigenschaften früherer CISC-Prozessoren).

Die CISC-, VLIW- und die SIMD-Techniken werden bei heutigen Prozessoren immer mit der Superskalar-Technik kombiniert. Zum einen wird durch die Superskalar-Technik die Starrheit der VLIW- und der SIMD-Prinzipien vermieden und zum anderen die Komplexität des Steuerwerks durch die VLIW-oder SIMD-Anteile verringert.

Die VLIW-, die SIMD- und die CISC-Techniken sind im Gegensatz zur Superskalar-Technik keine Implementierungs-, sondern Architekturtechniken, da die Gruppierung gleichzeitig ausführbarer Befehle durch den Compiler geschehen muß. Insbesondere bei Verwendung der VLIW- und der SIMD-Techniken ergibt sich für die Weiterentwicklung solcher Prozessoren das Problem der Objektcode-Kompatibilität, da der Grad der Maschinenparallelität im Befehlssatz widergespiegelt wird.

Vielfädige Prozessortechnik

Bei der vielfädigen („multithreaded") Prozessortechnik geht es vorrangig um die Überbrückung von Wartezeiten des Prozessors, die bei einem Cache-Fehlzugriff oder bei der Synchronisation zweier paralleler Kontrollfäden entstehen können. Die Zeit, die der Prozessor im ersten Fall bis zum Bereitstellen der Daten oder im zweiten Fall bis zum Eintreten einer Synchronisationsbedingung warten muß, führt entweder zum Leerlauf des Prozessors, oder es muß auf einen anderen Kontrollfaden (Thread) umgeschaltet werden. Leerlauf vergeudet bei längeren Wartezeiten wertvolle Ressourcen. Ein Wechsel des Kontrollfadens führt durch den hohen Verwaltungsaufwand, den die meisten heute verfügbaren Mikroprozessoren benötigen, zu einem Effizienzverlust. Eine Lösung dafür bietet die *vielfädige Prozessortechnik*:

- Mehrere Registersätze sind auf dem Prozessorchip vorhanden, wobei jeder Registersatz einem anderen Kontrollfaden zugeordnet ist. Anstatt eines einzigen Kontrollfadens sind somit mehrere Kontrollfäden auf dem Prozessor geladen.
- Um Wartezeit zu überbrücken, wird per Hardware ein Wechsel des Kontrollfadens durchgeführt. Dies geschieht durch Umschalten auf den Registersatz eines anderen geladenen Kontrollfadens und ist sehr schnell durchführbar. Derartige Prozessoren werden als *Rapid-context-switching* -, als *Multithreaded* - oder als *vielfädige Prozessoren* bezeichnet.

Die vielfädige Prozessortechnik wurde für skalare Prozessoren entwickelt und ist heute in einigen experimentellen Prozessoren implementiert (siehe [Unge93]). Sie ist im Prinzip mit der Superskalar- oder der VLIW-Technik kombinierbar. Insbesondere ist die Kombination der vielfädigen Prozessortechnik mit der Superskalar-Technik (*simultaneous multithreading* [Tull95] oder auch *vielfädig superskalar* [SiUn96] genannt) erfolgversprechend. Dabei wird von einem vielfach superskalaren Mikroprozessor ausgegangen, dessen Ausführungseinheiten durch *eine* Zuordnungseinheit nicht nur aus einem, sondern aus mehreren Befehlspuffern gefüttert werden. Jeder Befehlspuffer repräsentiert einen anderen Befehlsstrom. Wie bei der vielfädigen Prozessortechnik üblich, ist jedem Befehlsstrom ein eigener Registersatz zugeordnet. Bei genügend Last kann die volle Zuordnungsbandbreite ausgenutzt werden, da Befehle aus mehreren Kontrollfäden zur Ausführung bereitstehen. Wartezeiten, die bei der Ausführung eines Kontrollfadens auftreten, werden durch die Ausführung von Befehlen eines anderen Kontrollfadens überbrückt.

Vielfädig superskalare Prozessoren sind noch nie realisiert worden. Es existieren jedoch Simulationen hypothetischer, achtfach superskalarer und vielfädiger Prozessoren, zum einen auf der Basis eines erweiterten Alpha 21164- [Tull95] und zum anderen auf der Basis eines erweiterten PowerPC 604-Prozessors [SiUn96]. Die Simulationsergebnisse zeigen, daß ein Prozessor mit acht Kontrollfäden und mit einer Zuordnungsbandbreite von acht Befehlen einen Durchsatz von 4.2 Befehlen pro Takt erreicht (statt 1.14 bei Verwendung nur eines Kontrollfadens). Falls die Chip-Kosten in Betracht gezogen werden, zeigt ein Prozessor mit vier Kontrollfäden und mit einer Zuordnungsbandbreite von vier Befehlen das beste Kosten-/Leistungs-Verhältnis [SiUn96].

Mikroprozessoren – übermorgen

Überblick

Das vorliegende Kapitel stellt einige exotische Technologien für Mikroprozessoren weit nach dem Jahr 2000 vor und behandelt Architekturalternativen, die sich daraus ergeben könnten. Dabei gilt es, das Augenmaß zu bewahren und neben den potentiell großen Möglichkeiten dieser neuen Technologien auch die Schwierigkeiten ihrer Realisierung zu bedenken. Das wird auf den folgenden wenigen Seiten nicht gelingen. Deshalb werden nur beispielhaft einige Entwicklungen herausgegriffen.

Zunächst erscheint die Potenz für die Weiterentwicklung der Silicium-Technologie noch lange nicht erschöpft. Im Jahre 2010 sind möglicherweise etwa 0.05 µm Transistor-Kanallänge und 10^{10} Transistoren pro Chip bei einer Transistorschaltzeit von 10 ps (Picosekunden) erreichbar [WiNe92, Wied92]. Verschiedene neue Herstellungstechnologien lassen es möglich erscheinen, eine Verkleinerung bis zu 0.03 µm zu erreichen [Stix96]. Damit dürften auch

Speicherzugriffszeiten von weniger als 1 ns möglich sein, gegenüber heute etwa 5–10 ns Zugriffszeit bei den für Sekundär-Cache-Speicher eingesetzten SRAM-Chips.

In den Labors von AT&T und von IBM wurden bereits 1994 CMOS-Schaltkreise mit 0.1-µm-Technologie mit 11.8 ps Transistorschaltzeit gefertigt und ebenfalls 1994 wurde bei Toshiba ein (einzelner) MOS-Transistor mit einer Kanallänge von 0.04 µm und 40 ps Schaltzeit im Labor erzielt [Klip94]. Bei NEC und Hitachi wurde 1995 das erste Muster eines 1 Gbit-DRAM-Chips gefertigt [Gepp-95]. Mit einer Produktion wird ab etwa 2002 gerechnet. Intel plant vom Jahr 2001 an die Fertigung von Mikroprozessoren, deren kleinste Strukturen 0.18 µm messen [Stix96].

Auch wenn diese Technologien zunächst nur für Speicherchips eingesetzt werden können, wird die gleiche Technologie im Schnitt etwa zwei Jahre später für Prozessorchips verwendbar sein. Allerdings wird wegen der immer komplexeren Ansteuerlogik hochintegrierter Speicherchips und dem immer größeren Datenhunger zukünftiger Prozessoren die Lücke zwischen Speicherzugriffszeit und Prozessorgeschwindigkeit noch weiter auseinanderklaffen. Deshalb werden Architektur- und Implementierungstechniken zur Latenzzeitüberbrückung wie die vielfädige Prozessortechnik und Techniken zum Vorabladen von Registern und Primär-Cache-Speichern weiterhin die Entwicklung von Mikroprozessoren bestimmen.

III/V-Halbleitertechnik

Bislang erlaubt die CMOS-Technologie durch ihre geringe elektrische Verlustleistung den größten Integrationsgrad, also die höchste Anzahl von Transistoren pro Chip. Die Bipolartechnologie besitzt wegen ihrer höheren Verlustleistung einen prinzipiell geringeren Integrationsgrad, weist jedoch gegenüber der MOS-Technologie deutliche Geschwindigkeitsvorteile auf. Bei der von Intel entwickelten BiCMOS-Technologie werden die CMOS- und die Bipolartechnologie gemeinsam auf einem Chip verwendet, wodurch eine hohe Geschwindigkeit einzelner Chip-Teilflächen mit einem hohen Integrationsgrad anderer Chip-Flächen kombiniert werden.

Eine Alternative zur Silizium-Technologie ist die Verwendung der III/V-Halbleitertechnik. Die III/V-Halblei-ter sind Verbindungen aus chemischen Elementen der 3. und 5. Gruppe des Periodensystems. Am bekanntesten ist das Galliumarsenid. Die III/V-Halbleiter zeichnen sich gegenüber Silizium durch eine höhere Beweglichkeit der Ladungsträger aus. Sie können als Basismaterial für rein elektronische Bauelemente dienen. Bringt man einen geringen Prozentsatz Germanium in die Basis eines Silizium-Bipolartransistors ein, so verdoppelt sich nicht nur die Schaltgeschwindigkeit, sondern er wird auch viel rauschärmer [Gruh93]. III/V-Halbleiter können aber auch durch ihre Fähigkeit, Licht zu erzeugen, für die Integration optischer und elektronischer Funktionen auf einem Chip eingesetzt werden [Weyr92].

Die von IBM und Analog Devices erarbeitete Silizium-Germanium-Technologie ist für Schaltkreise besonders interessant, in denen analoge und digitale Informationen auf einem Chip verarbeitet werden müssen. Zu erwarten sind Taktraten, die etwa bei 60 GHz liegen. Solche Bausteine sind ideale Höchstfrequenz-Elemente für die Mikrowellentechnik [Klip94].

Die Mischung unterschiedlicher III/V-Halbleiter führt zu Heterostruktur-Halbleitern und damit zu Heterostruktur-Feldeffekttransistoren (HFET) und Heterostruktur-Bipolartransistoren (HBT) als Weiterentwicklungen der klassischen Feldeffekt- und Bipolartransistoren. Am Daimler-Benz-Forschungszentrum in Ulm wurde 1993 ein Rekordwert von 101 GHz für einen HBT erreicht [Gruh93].

Trotz der hohen Schaltgeschwindigkeit von bis zu 300 GHz konnten die III/V-Halbleiter die Silicium-Technologie bis heute nicht verdrängen. Das liegt zum einen daran, daß entsprechende Substrate zehnmal so teuer sind. Zum anderen weisen sie viele störende Kristalldefekte auf [Gruh93].

Ein-Elektron-Geräte, Quanteneffekt-Schaltkreise und Quanten-Computer

Feldeffekttransistoren besitzen das prinzipielle Problem, daß bei zunehmender Miniaturisierung auch stärkere Leckströme auftreten und sich damit die Schalterstellungen zu verwischen drohen. Quantenmechanische Effekte kommen zum Tragen. Quanteneffekttransistoren beruhen auf einem anderen Funktionsprinzip als Feldeffekttransistoren.

Während bei den Feldeffekttransistoren eine große Zahl von Elektronen zum Schalten bewegt werden, wird bei Quanteneffekttransistoren der Wellenaspekt der Quantenmechanik genutzt. Der Quantentheorie zufolge zeigt ein Elektron Wellencharakter, wenn es in Energiebarrieren eingefangen wird, deren Ausmaße seiner Wellenlänge vergleichbar sind. In Galliumarsenid beträgt diese Wellenlänge bei Zimmertemperatur nur 20 nm (Nanometer). Falls die Grenzschicht ebenfalls 20 nm beträgt, treten quantenmechanische Effekte auf: Elektronen können durch die Grenzschicht (Bsp. AlGaAs) gezielt hindurchtunneln und zur benachbarten GaAs-Schicht gelangen [Bate88]. Damit ergibt sich eine Art von Schaltverhalten, das im Prinzip für Ein-Elektron-Geräte genutzt werden könnte – Schalter, die nur von einem Elektron betrieben werden [LiCl92].

Die heutige Forschung konzentriert sich auf Grundlagenforschung bei Quantengeräten. Dazu gehören die zweidimensionalen Quantenmulden, die eindimensionalen Quantendrähte und letztendlich die nulldimensionalen Quantenpunkte [Reed93].

Erste Quantenmuldengeräte gibt es in Forschungslabors seit Anfang der 90er Jahre. Dazu zählen die Resonanztunneldiode und der bipolare Quanten-Resonanztunneltransistor (BiQuaRTT). Mit ersten kommerziellen Quanteneffekttransistoren wird etwa zum Jahre 2000 gerechnet.

Innerhalb dieser Forschungsrichtung werden auch sogenannte Hot-electron-Transistoren (HET), Vertical-ballistic-Transistoren (VBT) und Real-space-transfer-Transistoren (RST) entwickelt, mit denen potentiell in 20–30 Jahren eine Femtosekunden-Elektronik möglich wäre [Shur93].

Bereits 1994 wurde bei Hitachi ein Ein-Elektron-Speicher entwickelt, und bei Texas Instruments wurde ein Ein-Bit-Addierer-Baustein als Quanteneffekt-Schaltkreis realisiert, der bei Raumtemperatur funktioniert. Der Chip nutzt den quantenmechanischen Resonanz-Tunneleffekt und ist dreimal so dicht gepackt und dreimal so schnell wie konventionelle Chip-Technologien. Der Ein-Bit-Addierer kombiniert zwei verschiedene Technologien: zwei Transistoren nach dem Resonanz-Tunneleffekt und 15 Heterojunction-Bipolartransistoren [Klip94]. Obwohl sich Quantengeräte theoretisch wesentlich weiter miniaturisieren lassen als herkömmliche Silizium-Strukturen, wird es in der Praxis darum gehen, ob derart kostspielige Bauelemente im nächsten Jahrzehnt gegen die weitere Entwicklung der Silizium-Technologie auf dem Markt bestehen können [Reed93]. Quanteneffekt-Schaltkreise und Ein-Elektron-Transistoren werden, falls für die Mikroprozessor-Chiptechnologie jemals tauglich, alle Arten von Prozessorarchitekturen ermöglichen. Problematisch wird wieder sein, ob die hohen Prozessorgeschwindigkeiten durch entsprechend hohe Geschwindigkeiten der Speicherbausteine ergänzt werden können. Sonst wird die schon bestehende Zugriffslücke noch erweitert, und es sind evolutionäre Weiterentwicklungen der Prozessorarchitekturen zu erwarten.

Eine völlig andere Technik soll durch Quanten-Computer [Lloy95] genutzt werden: Sogenannte Quantenbits stellen Information durch Zwischenzustände dar, in denen die Welle des Grundzustands und die eines angeregten Zustands überlagert sind. Es wurde nachgewiesen [Shor94], daß ein Quanten-Computer große Zahlen so schnell faktorisieren würde, daß die heutige Verwendung von Chiffriersystemen mit veröffentlichten Schlüsseln (Public-key Cryptography) keine Entschlüsselungssicherheit mehr bieten würde. Ob Quanten-Computer überhaupt realisierbar sind, ist jedoch sehr umstritten, da ein überlagerter Quantenzustand nur erhalten bleibt, solange er nicht gemessen wird, d.h. solange die Umgebung mit ihm nicht in Wechselwirkung tritt [Lloy95].

Optische Rechner

Wenn von optischen Rechnern [McAu91] gesprochen wird, sind nach heutigem Stand der Technik praktisch meist optoelektronische Hybridsysteme gemeint, bei denen elektronische Elemente durch optische Verbindungen gekoppelt sind. Derartige Systeme werden heute bereits für Spezialaufgaben eingesetzt, während volloptische Rechner, sogenannte Photonen-Rechner, noch weit in der Zukunft liegen.

Je nach Funktion der optischen Verbindung muß man deshalb folgende Ebenen unterscheiden [Good89]:

*   Die Ebene der Rechner-Rechner-Kopplung über optische Verbindungen (Glasfaserkabel) ist schon seit einiger Zeit Stand der industriellen Technik.

- Die Ebene der Verbindungen innerhalb eines Rechners ist Stand der Forschung. Zu dieser Ebene gehören die Verbindungen zwischen Prozessor- und Speichermodulen, zwischen Computergehäusen, d.h. von Backplane zu Backplane, und die Verbindung von Board zu Board, d.h., die Backplanes selbst sind optisch realisiert. Für diese Verbindungstypen gibt es bereits verschiedene Prototypen, die Entwicklung industrieller Anwendungen ist bereits im Gange.
- Auf der Ebene der Chip-zu-Chip-Verbindung werden Chips auf einem Board optisch verbunden. Die Probleme liegen hier in der Miniaturisierung, d.h. der Entwicklung von optoelektronischen Elementen und der zugehörigen Laser- oder LED-Technologie, die so winzig sind, daß optische Laser auf einem Chip die Anschlüsse ersetzen, an die bei heutiger Technologie die Pins angeschlossen sind. Der Platzbedarf für in Silizium integrierte Photodioden beträgt derzeit ca. 10 µm [FeyZ92]. Der zu erwartende Vorteil liegt weniger in der gegenüber elektronischer Technologie höheren Geschwindigkeit als in der erhöhten Anzahl der Außenverbindungen eines Chips. Die Pinzahl liegt bei Verwendung der heute modernsten Technik, der Ball-grid-array-Technik, bei 625 Pins (Bsp. PowerPC-620-Prozessor) und kann wohl nicht wesentlich gesteigert werden. Bei optoelektronischen Verbindungen könnten dagegen mehrere tausend Chip-Verbindungen erreichbar sein. Das hat wesentliche Rückwirkungen auf künftige Prozessorarchitekturen.
- Erst auf der Ebene der optischen Verbindung zwischen logischen Gattern kann man von einem optischen Computer oder Photonen-Rechner sprechen. Rechnen geschieht hier durch optische Elemente. Der Stand der Technik sind erste experimentelle, tischgroße Systeme, die aus Lasern und Linsen aufgebaut sind. Mit „so groß wie ein Grabstein, so intelligent wie eine Waschmaschine" wird der in den AT&T-Bell-Forschungslabors entwickelte, erste digitale Computer, der nur mit Lichtstrahlen arbeitet, charakterisiert [Schm90]. Da die Probleme der Miniaturisierung völlig ungelöst sind, könnten derartige Rechner irgendwann weit im nächsten Jahrtausend realisierbar sein.

Neben der Entwicklung von optoelektronischen Hybridsystemen, bei denen optische Verbindungen auf einer der obigen Ebenen die elektronischen Verbindungsmedien ersetzen, werden auch optische Rechnerkomponenten, beispielsweise optische Plattenspeicher (man denke an CDs) oder FFT-Berechnungselemente, entwickelt und zunehmend auch bereits verwendet.

Für die Weiterentwicklung der Mikroprozessoren sind insbesondere die Ebene der Chip-zu-Chip-Verbindung und diejenige der optischen Gatterverbindung interessant.

Optische Chip-zu-Chip-Verbindungen würden es in Kombination mit geeigneten optischen Speicher- und Peripherietechniken ermöglichen, einen Mikroprozessorchip mit vielen Verbindungen nach außen zu bauen. Damit ließe sich die Speicherbandbreite so auf den Prozessorbedarf anpassen, daß viele Daten und Befehle gleichzeitig auf den Prozessorchip übertragen werden könnten. Besonders geeignet erscheint hier die VLIW-Technik, bei der pro Takt ein langes Maschinenbefehlswort und die Daten für die einzelnen Ausführungseinheiten gleichzeitig bereitgestellt werden müssen. Das lange Maschinenbefehlsformat benötigt schon allein bis zu mehreren hundert Bits, und pro Ausführungseinheit kommen noch die bereitzustellenden Operanden hinzu. Soll nun ein langes Maschinenbefehlswort mitsamt der zugehörigen Daten in jedem Maschinenzyklus auf den Prozessorchip geladen werden, so müssen entsprechend viele Pins vorhanden sein.

Man kann sich einen optoelektronischen VLIW-Prozessorchip (Bild 7) vorstellen, der eine Anzahl von elektronisch arbeitenden RISC-Prozessoren enthält, die pro Maschinenzyklus jeweils einen VLIW-Befehl (in einem langen Maschinenbefehlswort) und die nötigen Daten über optische Verbindungen zu Speicherchips zugeführt bekommen.

Bei optischen Gatterverbindungen können sehr viele Laserstrahlen parallel durch ein optisches Element gesandt werden. Es gibt beispielsweise optische Elemente (Linsen, Spatial Light Modulators SLMs), die boolesche Operationen auf einem Feld von Lichtstrahlen ausführen können. Ein von Lasern erzeugtes 1000 ′ 1000-Feld von Lichtimpulsen könnte durch derartige optische Elemente geschickt werden, die boolesche Operationen und Schiebeoperationen realisieren.

Aus dieser technologischen Möglichkeit ergeben sich Rechnerarchitekturen, die auf dem Feldrechnerprinzip beruhen. *Feldrechner* sind Rechner mit einem Feld von regelmäßig verbundenen Verarbeitungselementen, die unter Aufsicht einer zentralen Steuereinheit immer gleichzeitig dieselbe Maschinenoperation auf verschiedenen Daten ausführen.

Elektronische Feldrechner sind Stand der Technik (Connection Machine, ICL DAP, Maspar) und werden mit heute bis zu 64 000 Ein-Bit-Prozessoren für numerische und für Signalverarbeitungs-Aufgaben eingesetzt. Bei geeigneten optischen Elementen sind optische Feldrechner mit Millionen von Ein-Bit-Prozessoren denkbar. Alle Prozessoren führen synchron die gleiche Ein-Bit-Operation auf verschiedenen Datenbits aus. Ein solcher Rechner würde einen optischen Speicher, wie beispielsweise einen holographischen Datenspeicher [PsMo96], enthalten, der in einige tausend Ebenen mit jeweils 1000 × 1000 Bits eingeteilt ist. In Abhängigkeit einer elektronischen Steuereinrichtung, die das Programm dekodiert, würden jeweils zwei solcher Bitebenen ausgewählt, durch optische Elemente gesandt, die die Operation ausführen, und nach einer zusätzlichen Schiebeoperation (alle Bits um eine Position nach Nord, Süd, Ost oder West) wieder in den optischen Speicher zurückgeschrieben.

Eine kommerzielle Anwendung optischer Computer steht jedoch noch in weiter Ferne. Außerdem ist heute noch nicht abzusehen, ob derartige optische Rechner jemals in konkurrenzfähiger Weise realisierbar sind. Auch wenn von manchen Autoren optische Rechner bereits als 6. Computergeneration ab Anfang des nächsten Jahrtausends gesehen werden, besitzen volloptische Rechner eine zwar große, aber ungewisse Potenz als Zukunftstechnologie.

Biochips

Mit dem Ziel eines „Biochips" beschäftigt sich der Forschungsbereich „Molekularelektronik". Es wird versucht, Moleküle mit einer Eigenschaft zu finden, die sie als Schalter verwendbar macht. „Biochip" ist eigentlich ein irreführender Ausdruck, da mit organischen Molekülen gearbeitet wird, die synthetisiert und nicht aus biologischem Material gewonnen werden [Rand93].

Eine Forschungsrichtung gründet auf der Idee eines molekularen Schalters aus drei Grundbausteinen: Donor, Brücke und Akzeptor. Der Donor ist der Eingang für ein elektrisches, optisches oder chemisches Signal. Er gibt die empfangene Energie über die Brücke an den Akzeptor weiter, und dieser strahlt seinerseits ein Signal an die Außenwelt ab. Zu einem Schalter, der ähnlich wie ein Transistor funktioniert, wird diese Anordnung, wenn in die Brücke ein Schaltmolekül eingebaut wird, das auf Kommando den Signalfluß unterbrechen oder durchlassen kann [Rand93]. Am Sonderforschungsbereich „Physikalische und chemische Grundlagen der Molekularelektronik" der Universität Stuttgart wird an solchen molekularen Schaltern gearbeitet. Die Problematik besteht darin, wie solche schaltenden Moleküle zu Rechnerstrukturen verbunden und an die Welt der Computerchips angekoppelt werden. Beispielsweise könnte man versuchen, eine Kette von sich abwechselnden Donor- und Akzeptor-Molekülen zu einem molekularen Schieberegister zusammenzusetzen [Haar92].

Warum jedoch sollen „molekulare Rechner" [Conr90] überhaupt noch binär arbeiten? Eine andere Idee [Hame-92] ist deshalb, Rechenbausteine aus sogenannten Mikrotubuli zu verwenden. Das sind röhrchenähnliche Elemente

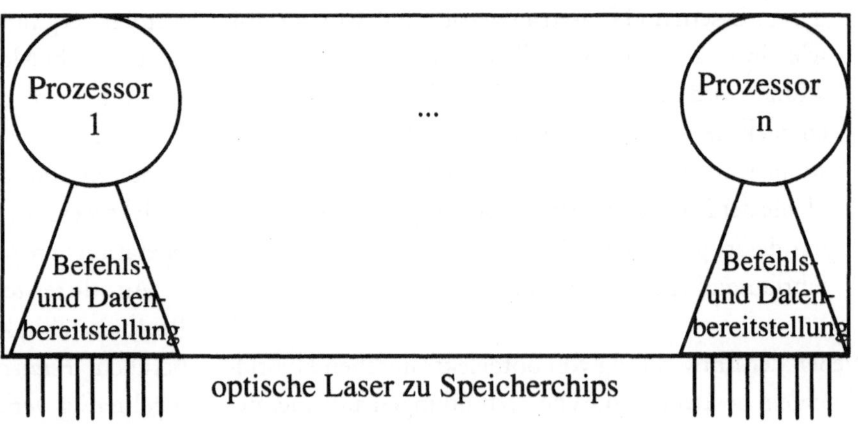

Bild 7: Ein optischer VLIW-Prozessor

des biologischen Zellskeletts, die aus einem geordneten Muster von Molekülen aufgebaut sind. Das Muster ist mobil, und die Musterverschiebungen lassen sich durch äußere Einflüsse anregen. Weitere Untersuchungen beschäftigen sich mit Enzymen, die bistabiles Verhalten zeigen. Enzyme verhalten sich selektiv, sie reagieren nur auf bestimmte Moleküle. Sie bieten durch dieses „assoziative" Verhalten hervorragende Eigenschaften zur Mustererkennung. Allerdings sind sie nicht programmierbar, somit wohl eher als aufgabenspezifische „Hardware" denn als Universalprozessoren einsetzbar [Rand93]. Auch Experimente mit Biomolekülen wie dem Bakteriorhodopsin zeigen deren potentiellen Einsatz als Datenspeicher und als optische Spezialrechner [Birg95].

Falls sich jemals die Probleme der Haltbarkeit, Zuverlässigkeit und Reinheit solcher Präparate lösen lassen, werden wohl Rechner auf der Basis der Selbstorganisation entstehen. Ebenso möglich sind „Neuronenrechner" auf der Grundlage neuronaler Netze. Von Mikroprozessoren in unserer heutiger Bedeutung des Begriffs wird man dann wohl nicht mehr sprechen.

Literaturverzeichnis

[BAMM93] M. C. Becker, M. S. Allen, C. R. Moore, J. S. Muhich, D. P. Tuttle: The PowerPC 601 Microprocessor; IEEE Micro, Oktober 1993, Seite 54-67.

[Bate88] R. T. Bate: Der Quanteneffekt-Transistor; Spektrum der Wissenschaft, Mai 1988, Seite 112–118.

[Birg95] R. R. Birge: Computer aus Proteinen; Spektrum der Wissenschaft, November 1995, Seite 112–118.

[Conr90] M. Conrad: Molecular Computing; Advances in Computers, Band 31, Academic Press 1990, Seite 30–36.

[CoSt95] R. P. Colwell, R. L. Steck: A 0.6 μm BiCMOS Processor with Dynamic Execution; Proceedings ISSCC, Februar 1995. Siehe: http://www.intel.com/procs/p6/proceed/proceed.html

[Diep95] T.A. Diep, C. Nelson, J.P. Shen: Performance Evaluation of the PowerPC 620 Microprocessor; The 22nd Annual International Symposium on Computer Architecture, Santa Margherita Ligure, 22.–24. Juni 1995, Seite 163–174.

[Edmo95] J. H. Edmondson, P. Rubenfeld, R. Preston: Superscalar Instruction Execution in the 21164 Alpha Microprocessor; IEEE Micro, April 1995, Seite 533–543.

[FeyZ92] D. Fey, K. Zürl, A. Hetzer: Architekturkonzepte für massiv-parallele opto-elektronische Rechnersysteme. Aus: Jammel, A. (Hrsg.): Architektur von Rechensystemen, 12. GI/ITG-Fachtagung. Kiel, 23.–25. März 1992. Springer-Verlag, Informatik aktuell, 1992, Seite 165–176.

[Gepp95] L. Geppert: Solid State; IEEE Spectrum, Januar 1995, Seite 35–39.

[Good89] J. W. Goodman: Levels of Light. Byte, Oktober 1989, Seite 240–242.

[Gruh93] A. Gruhle: Rekord-Arbeitsfrequenz über 100 Gigahertz für Siliciumtransistoren; Spektrum der Wissenschaft, Juli 1993, Seite 21–24.

[Haar92] D. Haarer: Molekularelektronik: Grundlegende Ideen – Stand der Technik; Informationstechnik it, Band 34, Heft 4, 1992, Seite 248–257.

[Hame92] S. R. Hameroff und andere: Conformational Automata in the Cytoskeleton; IEEE Computer, November 1992, Seite 30–39.

[HePa96] J. L. Hennessy, D. A. Patterson: Computer Architecture. A Quantitative Approach; Morgan Kaufmann Publishers, San Mateo zweite Aufl. 1996.

[Klip94] D. L. Klipstein: Blick in die Glaskugel – zukünftige technologische Trends bei Halbleiter-Bausteinen; Elektronik, Heft 7, 1994, Seite 70–73.

[Lee95] R. B. Lee: Accelerating Multimedia with Enhanced Microprocessors; IEEE Micro, April 1995, Seite 22–32.

[LiCl92] K. K. Licharew, T. Claeson: Elektronik mit einzelnen Elektronen; Spektrum der Wissenschaft, August 1992, Seite 62–67.

[Lloy95] S. Lloyd: Quanten-Computer; Spektrum der Wissenschaft, Dezember 1995, Seite 62–68.

[McAu91] A. D. McAulay: Optical Computer Architectures. The Application of Optical Concepts to Next Generation Computers. John Wiley & Sons, New York 1991

[Papw96] D. B. Papworth: Tuning the Pentium Pro Microarchitecture; IEEE Micro, April 1996, Seite 8–15.

[PsMo96] D. Psaltis, F. Mok: Holographische Datenspeicher; Spektrum der Wissenschaft, Januar 1996, Seite 50–56.

[Rand93] G. v. Randow: Wie Moleküle rechnen lernen; Die ZEIT vom 2.7.1993, Seite 28.

[Reed93] M. A. Reed: Quantenpunkte; Spektrum der Wissenschaft, März 1993, Seite 52–57.

[Schm90] H. Schmidt: Rechnen mit Licht; Bild der Wissenschaft, Heft 5, 1990, Seite 14–22.

[Shur93] M. Shur: Future Impact of Solit-state Technology on Computers; IEEE Computer, April 1993, Seite 103–104.

[Shel91] K. M. Sheldon: Micro 2000. A Talk with Intel; BYTE, April 1991, Seite 131–140.

[Shor94] P. W. Shor: Algorithms for Quantum Computation: Discrete Logarithms and Factoring; 35th Annual Symposium of Computer Science, IEEE Computer Society Press 1994.

[Site92] R. L. Sites: Alpha AXP Architecture; Digital Technical Journal, Vol. 4, No. 4, 1992.

[SiUn96] U. Sigmund, Th. Ungerer: Evaluating a Multithreaded Superscalar Microprocessor versus a Multiprocessor Chip; 4th PASA Workshop – Parallel Systems and Algorithms, Jülich, 10.–12. April 1996.

[SoDC94] S. P. Song, M. Denman, J. Chang: The PowerPC 604 RISC Microprocessor; IEEE Micro, Oktober 1994, Seite 8–17.

[Stix96]   G. Stix: Herausforderung „Komma eins"; Spektrum der Wissenschaft, Februar 1996, Seite 70–74.

[Taba95]   D. Tabak: Advanced Microprocessors; McGraw-Hill, Inc., New York 1995.

[ThRy94]   T. Thompson, B. Ryan: PowerPC 620 Soars; BYTE, November 1994, Seite 113–120.

[Trem96]   M. Tremblay, J. M. O'Connor: UltraSPARC I: A Four-Issue Processor Supporting Multimedia; IEEE Micro, April 1996, Seite 42–50.

[Tull95]   D. E. Tullsen, S. J. Eggers, H. M. Levy: Simultaneous Multithreading: Maximizing On-Chip Parallelism; The 22nd Annual International Symposium on Computer Architecture, Santa Margherita Ligure, 22.–24. Juni 1995, Seite 392–403.

[Unge93]   T. Ungerer: Datenflußrechner; Teubner-Verlag, Stuttgart 1993.

[Unge95]   T. Ungerer: Mikroprozessortechnik; Thomson-Verlag, Bonn 1995.

[Wall91]   D. Wall: Limits of Instruction-level Parallelism; Fourth International Conference on Architectural Support for Programming Languages and Operating Systems, Santa Clara 1991, Seite 176–188.

[Wayn94]   P. Wayner: VLIW Questions; BYTE, November 1994, Seite 287–288.

[Weyr92]   C. Weyrich: Mikroelektronik, Optoelektronik und Molekularelektronik - Stand und Perspektiven; Informationstechnik it, Band 34, Heft 4, 1992, Seite 199–201.

[WhDh94]   S. W. White, S. Dhawan: POWER2: Next Generation of the RISC System/6000 Family; IBM Journal of Research and Development; Band 38, Heft 5, September 1994.

[WiNe92]   A. W. Wieder, F. Neppl: CMOS Technology Trends and Economics; IEEE Micro, August 1992, Seite 10–19.

[Wied92]   A. W. Wieder: Systems on Chips: Die Herausforderung der nächsten 20 Jahre; Informationstechnik it, Band 34, Heft 4, 1992, Seite 202–2208.

[Yeag96]   K. C. Yeager: The MIPS R10000 Superscalar Microprocessor; IEEE Micro, April 1996, Seite 28–40.

Meike Stamer

Penrose-Parkette – ein faszinierendes Puzzlespiel

Ein *Parkett* besteht aus einer Menge von *Parkettsteinen*, die die Ebene vollständig und überschneidungsfrei überdecken. Wir werden ausschließlich Vielecke als Parkettsteine betrachten. Dann liegt jeder Punkt der Ebene im Innern von genau einem Parkettstein oder auf dem Rand von mehreren Parkettsteinen. Wir betrachten auch nur solche Parkette, bei denen ein Punkt, der auf dem Rand von mindestens drei Parkettsteinen liegt, eine *Ecke* jedes der angrenzenden Parkettsteine ist; das bedeutet, daß sich verschiedene Steine nur in der leeren Menge, einer Ecke oder einer ganzen Kante schneiden können.

Wir kennen Parkette (auch Pflasterungen genannt) aus unserer Umgebung: Gefliese Badezimmer, Fußbodenbeläge, Bienenwaben, ... Besonders häufig sind „reguläre" Parkette anzutreffen. Diese sind dadurch definiert, daß jeder Parkettstein ein reguläres *n*-Eck ist. Jedes reguläre Parkett besteht aus gleichseitigen Dreiecken, Quadraten oder regulären Sechsecken; diese Tatsache war spätestens Kepler bekannt.

In der Realität wird zwar jeweils nur ein begrenztes Stück überdeckt, aber „wir wissen, wie es weiter geht". Genauer gesagt entsteht ein solches Parkett aus einem kleinen Teil, der aus einem oder mehreren Parkettsteinen besteht, dadurch, daß dieser Teil immer wieder angelegt wird. Noch genauer fassen wir das in folgender Definition:

Ein Parkett heißt *periodisch*, falls es Translationen in zwei unabhängige Richtungen gibt, die das Parkett als Ganzes invariant lassen. Das Parkett kann dann erzeugt werden, indem man auf einen begrenzten Teil die von den beiden Translationen erzeugte Gruppe anwendet.

Es ist einfach, Parkette zu konstruieren, die nicht periodisch sind, ja die von keiner nichttrivialen Translation in sich überführt werden. Eine Möglichkeit besteht darin, unendlich viele nichtkongruente Parkettsteine zu verwenden. Die Frage, die wir in diesem Artikel diskutieren, lautet: Gibt es Parkettsteine, aus denen man zwar Parkette legen kann, aber ausschließlich Parkette, die von keiner nichttrivialen Translation in sich überführt werden?

Hierauf lautet die Antwort „ja". Die interessantesten

Meike Stamer studierte in Gießen Mathematik und Sport für das Lehramt an Gymnasien und absolviert derzeit ihr Referendariat.
Schon während ihres Studiums arbeitete sie an einer Ausstellung „Mathematik zum Anfassen" mit, bei der sie für das Thema „Penrose-Parkette" verantwortlich war.
Wenn sie sich nicht gerade mit Mathematik beschäftigt, spielt sie Darts oder bemalt T-Shirts.

und schönsten dieser Parkette wurden von Roger Penrose, Rouse-Ball-Professor für Mathematik an der Universität Oxford, 1974 entdeckt. Diese haben jeweils nur zwei Typen von Parkettsteinen: Drachen und Pfeile (Kites und Darts) bzw. dicke und dünne Rauten.

Eine dichte Fünfeckspackung

Schon 1973 fand Penrose einen Satz von Parkettsteinen, mit denen man die Ebene nur in aperiodischer Weise parkettieren kann. Man kann dieses Parkett so sehen, daß es bei dem Versuch entsteht, die Ebene mit regulären Fünfecken möglichst dicht zu überdecken.

Die Grundidee besteht in der Erkenntnis, daß sich ein reguläres Fünfeck in sechs gleich große kleinere reguläre Fünfecke und fünf kongruente Dreiecke zerlegen läßt.

Ein solches zerlegtes Fünfeck bezeichnen wir mit F_1; es besteht aus sechs regulären Fünfecken F_0. Aus sechs F_1 kann man wieder ein größeres Fünfeck F_2 bilden, wobei in jedes der fünf offenen Dreiecke jeweils wieder ein F_0 paßt; diese Figur bezeichnen wir mit $F_2{}'$ (ohne Bild).

Indem man an $F_2{}'$ fünf F_2 anlegt, erhält man ein F_3 (ohne Bild). In die dabei entstehenden offenen Dreiecke

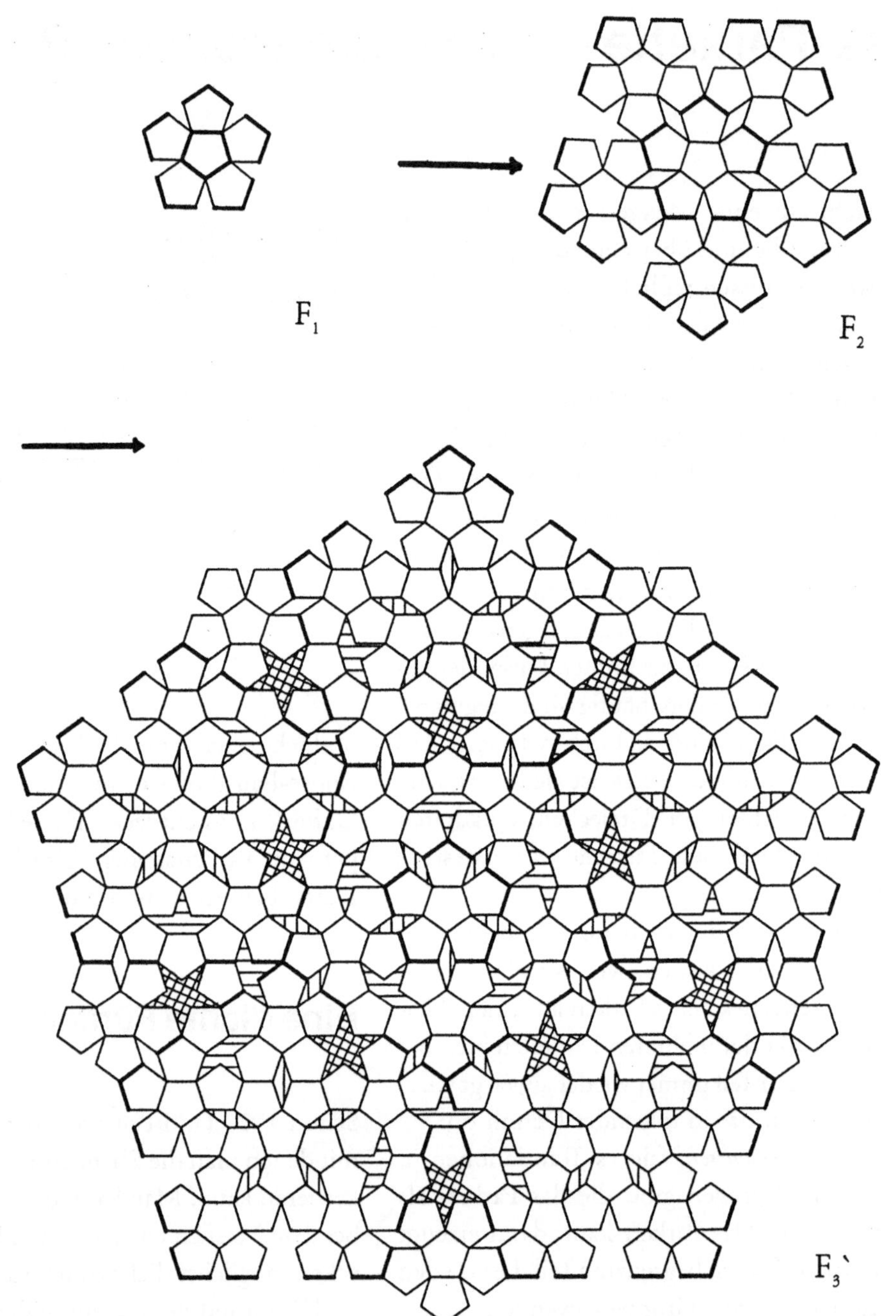

Bild 1

lassen sich fünf F_1 und fünfzehn F_0 einfügen; so erhält man F_3'. Usw.

Man erkennt, daß ein Parkett entsteht, das aus sechs Typen von Steinen besteht: Raute, Stern, halber Stern („Schiffchen") und – drei verschiedenen regulären Fünf-ecken. Anhand der benachbarten Steine lassen sich näm-lich drei verschiedene Sorten von regulären Fünfecken unterscheiden:

- Fünfecke, die nur durch Fünfecke berandet werden (das sind die zentralen Fünfecke einer Konfiguration F_1),

- Fünfecke, an die genau drei Fünfecke angrenzen (dabei handelt es sich um die Fünfecke am Rand eines F_1),
- Fünfecke, an die nur zwei Fünfecke angrenzen (das sind die Fünfecke, die bei der Konstruktion eines F_3' einzeln eingefügt wurden).

Alle Seiten dieser Teile sind gleich lang, da jede Seite von einem Parkettelement an ein Fünfeck grenzt und somit die Seitenlänge aller Teile gleich der Seitenlänge von F_0 sein muß.

Aperiodische Parkette aus zwei Steintypen

1974 konnte Penrose dieses Parkett auf zwei Elemente reduzieren: Er entdeckte die schon oben erwähnten Penrose-Rauten und die „Kites and Darts". Auf Bild 2 sind diese Parkettsteine mit Einbuchtungen und Zacken abgebildet, die anzeigen, wie die Steine aneinandergelegt werden dürfen. Jedes Parkett aus Penrose-Rauten oder Kites und Darts muß gemäß diesen Legevorschriften aufgebaut sein.

In welch engem Zusammenhang die Rauten bzw. Kites und Darts zu der sechsteiligen Parkettierungsmenge ste-

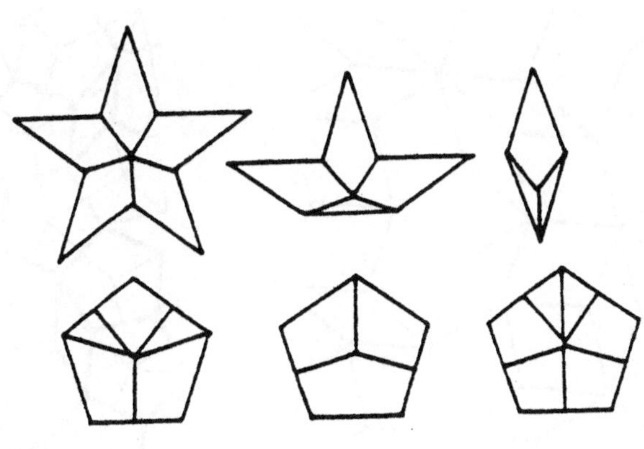

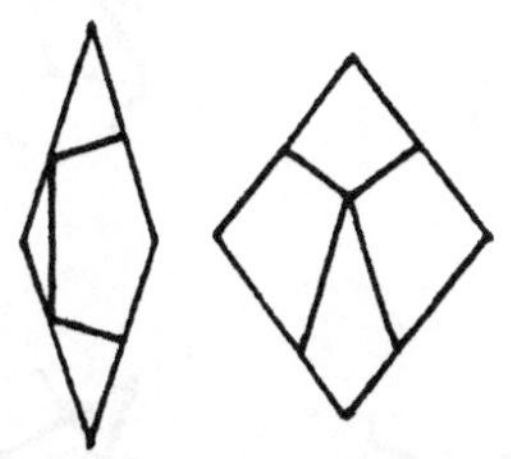

Bild 3

hen, veranschaulichen die nächsten Bilder. Man kann das sechsteilige Parkett so markieren, daß durch Weglassen der Außenlinien der Parketteile ein Parkett aus Penrose-Rauten entsteht und umgekehrt.

Bild 3 zeigt, wie die beiden Parkette markiert werden müssen, damit der beschriebene Effekt entsteht.

Die dicken Linien von Bild 4 auf der nächsten Seite demonstrieren, welche Auswirkung diese Markierung hat.

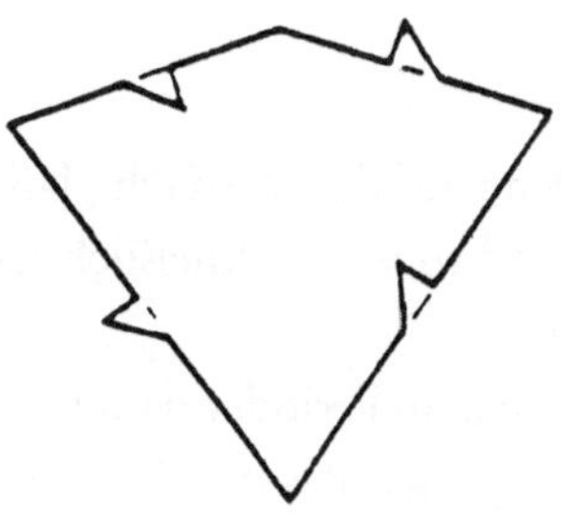

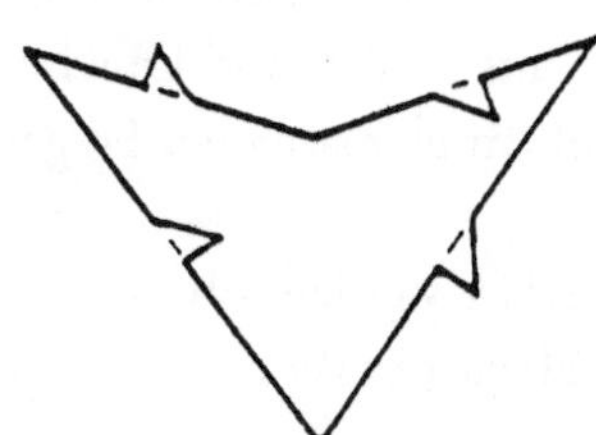

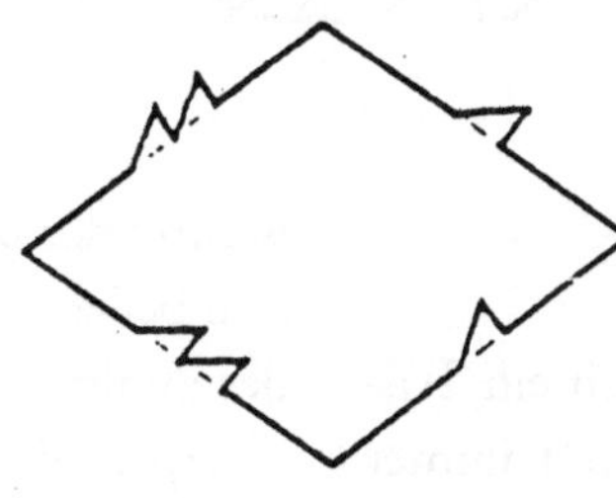

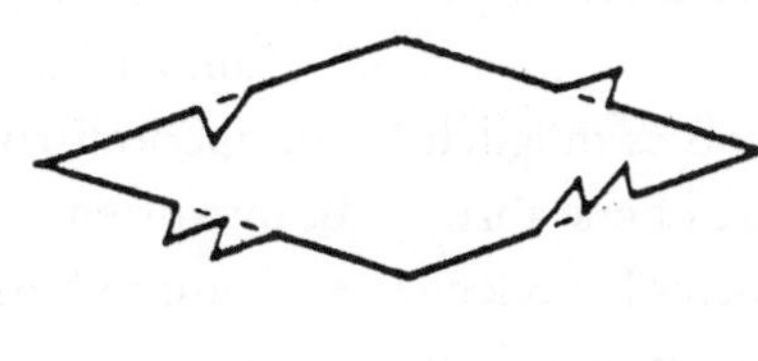

Bild 2

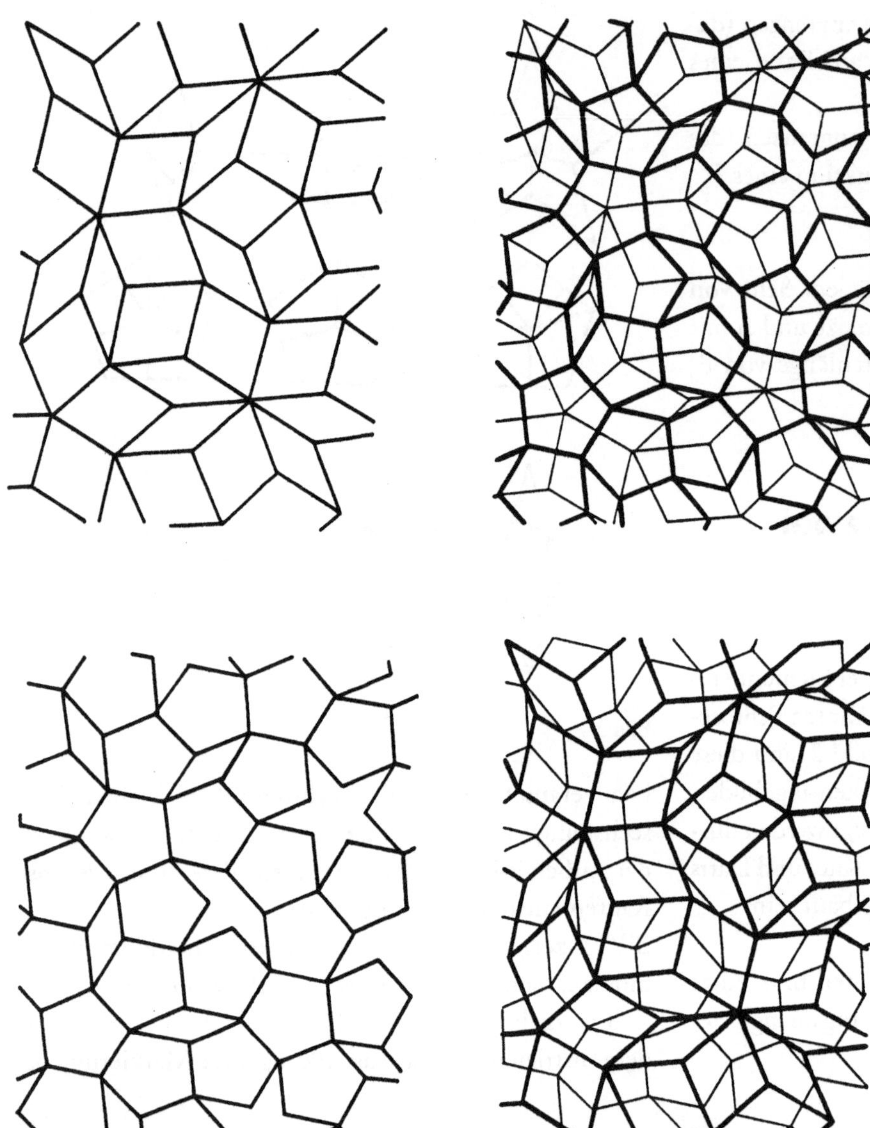

Bild 4

Aperiodische Parkette

Bei einem periodischen Parkett wiederholt sich ein Teilstück des Parketts („Periodenparallelogramm") immer wieder in zwei unabhängigen Richtungen. Das bedeutet, daß an jeder Seite des Periodenparallelogramms eine kongruente Kopie des Periodenparallelogramm nahtlos angesetzt werden kann.

Damit ist auch die Frage beantwortet, ob es möglich ist, mit einem periodischen Parkett die ganze Ebene abzudecken, denn es ist immer möglich, ein größeres Periodenparallelogramm zu erstellen, das mit vier ursprünglichen Parallelogrammen lückenlos überdeckt ist. Diese Vergrö-ßerung der ursprünglichen Fläche auf das Vierfache läßt sich beliebig oft wiederholen, und so wird schließlich jeder Punkt der Ebene überdeckt.

Aperiodische Parkette besitzen kein Periodenparallelogramm, d.h. es existiert kein Teilgebiet, das durch Translationen, die das Parkett als ganzes in sich überführen, in zwei unabhängige Richtungen verschoben werden kann.

Um nachzuweisen, daß sich aus Pfeilen und Drachen ein aperiodisches Parkett ergibt, muß man zwei Fragen beantworten:

- Zunächst muß die Frage geklärt werden, ob es überhaupt möglich ist, die ganze Ebene mit Penrose-Parkettsteinen zu überdecken.

- Anschließend muß bewiesen werden, daß jede solche Parkettierung wirklich aperiodisch ist.

Man kann den Prozeß, wie man aus gewissen Steintypen ein periodisches Parkett bilden kann, auch wie folgt beschreiben: Wir betrachten ein Teilgebiet der Ebene, das bereits mit Steinen lückenlos ausgelegt ist und suchen nach einer Vergrößerung dieses Teilgebiets, die mit dem ursprünglichen Teilgebiet lückenlos ausgelegt werden kann. Dann kann man auch das vergrößerte Gebiet durch die Parkettsteine überdecken. Durch Wiederholung dieses Prozesses erreicht man, daß schließlich jeder Punkt der Ebene von einem Parkettstein überdeckt wird.

Der Prozeß der Vergrößerung wird in der Literatur oft *Komposition* genannt, der Vorgang des anschließenden Zerkleinerung der großen Parkettstücke durch Parkettstücke der ursprünglichen Größe heißt *Dekomposition*.

Damit haben wir den Prozeß der Bildung eines Parketts so allgemein beschrieben, daß wir ihn auch auf die Parkettsteine von Penrose anwenden können. Anhand der Kites und Darts versuchen wir die beiden Fragen zu beantworten.

Wie die nächsten Bilder veranschaulichen, gibt es tatsächlich eine Vergrößerung der Parkettelemente, die den eben beschriebenen Anforderungen genügt. Demnach setzt sich ein neues großes Kite aus zwei Kites und zwei Hälften je eines Darts zusammen und ein neues großes Dart aus einem kleinen Kite und zwei halben kleinen Darts.

Die Legevorschrift für Kites und Darts sorgt dafür, daß an die Seiten der großen Parkettsteine die halbe Darts beinhalten, auch nur entsprechende Gegenseiten mit halben Darts angelegt werden können.

Aus der Konstruktion der Darts und Kites ergibt sich, daß die großen Kites und Darts genau φ^2-mal so groß sind wie die Originalparkettsteine. Dabei ist

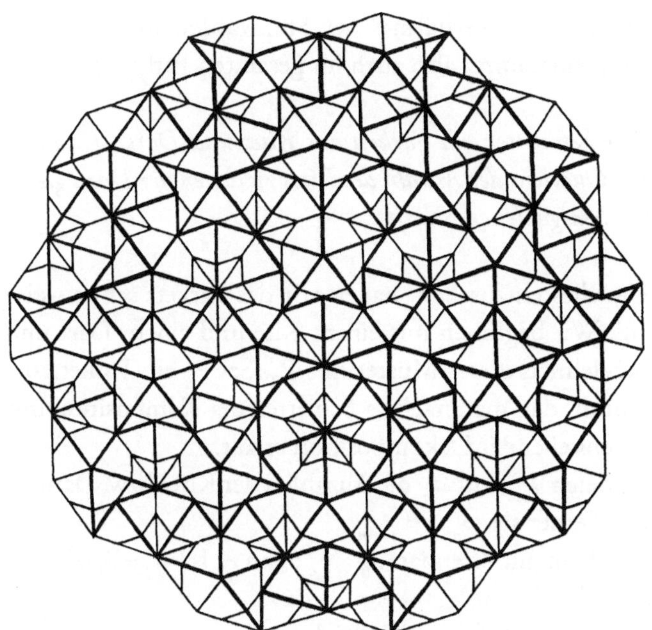

Bild 6

$\varphi = 1/2\,(\sqrt{5} + 1) \approx 1{,}618$ der goldene Schnitt [BP]; die großen Steine sind also etwa 2,618mal größer als die kleinen Parkettsteine. Hiermit ist die erste Frage beantwortet: Es ist tatsächlich möglich, mit Penrose-Parkettsteinen die ganze Ebene abzudecken (siehe Bild 5).

Nun zu der zweiten Frage. Diese wird durch die beiden folgenden Tatsachen beantwortet:

Wir betrachten ein Parkett, das genau zwei Steintypen hat. Wenn dieses Parkett ein Periodenparallelogramm besitzt, dann ist das Verhältnis der Anzahlen der Steine vom Typ 1 zu denen von Typ 2 eine rationale Zahl.

(Sei z_1 die Anzahl der Steine vom Typ 1 und z_2 die Anzahl der Steine vom Typ 2 im Periodenparallelogramm. Dann

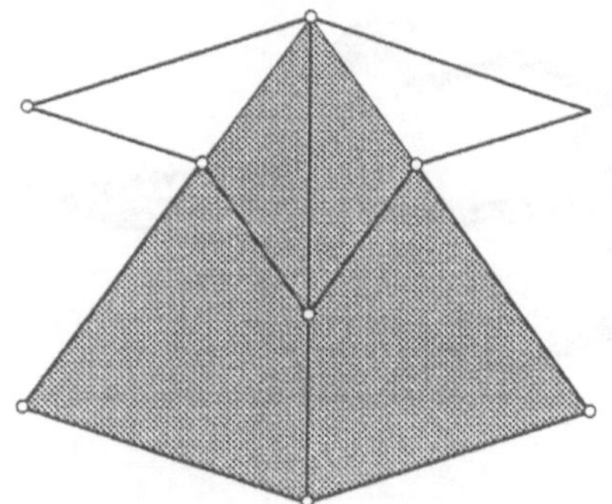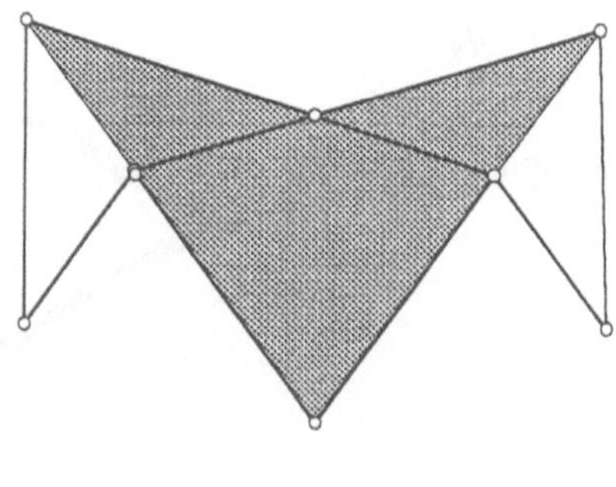

Bild 5

ist z_1/z_2 das Verhältnis der Steinzahlen im Periodenparallelogramm, also auch im gesamten Parkett.)

Wir betrachten ein Parkett aus Kites und Darts. Dann ist der Quotient der Anzahl der Kites zu denen der Darts gleich φ, *dem goldenen Schnitt.*

Um dies einzusehen, bauen wir das Parkett schrittweise auf. Wir beginnen mit einem Kite und einem Dart und bezeichnen dieses Muster mit P_0. Sei P_n ein Parkettausschnitt, den man nach n Schritten der Komposition mit anschließender Dekomposition erhält.

Seien k_n und d_n die Anzahlen der Kites bzw. Darts in P_n. Ferner sei $q_n := k_n/d_n$.

Dann gilt offenbar $q_0 = 1$, denn es ist $q_0 = k_0/d_0$ mit $k_0 = d_0 = 1$.

Ferner gilt folgende Gleichung:

$$q_{n+1} = (2k_n+d_n)/(k_n+d_n).$$

Denn ein Schritt der Komposition liefert, daß sich ein großer Kite aus zwei kleinen Kites und zwei Hälften je eines kleinen Darts (= ein kleiner Dart) zusammensetzt, also gilt $k_{n+1} = 2k_n + d_n$. Entsprechend folgt $d_{n+1} = k_n+d_n$. Durch Umformen der zweiten Gleichung erhalten wir eine Rekursionsgleichung::

$$q_{n+1} = (2k_n+d_n)/(k_n+d_n)$$

$$= 1 + \left(\frac{k_n+d_n}{k_n}\right)^{-1} = 1 + \left(1+\frac{d_n}{k_n}\right)^{-1}$$

$$= 1 + \left(1+q_n^{-1}\right)^{-1} = 1 + \frac{1}{1+\dfrac{1}{q_n}}.$$

Damit erfüllt die Folge (q_n) die Rekursionsgleichung:

$$q_{n+1}= 1 + \frac{1}{1+\dfrac{1}{q_n}}$$

mit der Anfangsbedingung $q_0 = 1$.

Es bleibt zu zeigen, daß die Folge (q_n) gegen den goldenen Schnitt konvergiert.

Dazu benützen wir die Tatsache (siehe z.B. [BP], Kapitel 7), daß die folgendermaßen definierte Folge (a_n) gegen den goldenen Schnitt konvergiert:

$$a_0 := 1, \; a_n = 1 + \frac{1}{a_{n-1}} \quad (n \geq 1).$$

Sei die Folge (b_n) wie folgt definiert: $b_0 = 1$, $b_n = a_{2n}$ für $n \geq 1$. Dann ist (b_n) eine Teilfolge von (a_n), also konvergiert auch (b_n) gegen φ. Ferner gilt:

$$b_{n+1} = a_{2n+2} = 1 + \frac{1}{a_{2n+1}} = 1 + \frac{1}{1+\dfrac{1}{a_{2n}}} = \frac{1}{1+\dfrac{1}{b_n}} .$$

Also genügen die Folgen (b_n) und (q_n) der gleichen Rekursionsgleichung und sind somit identisch. Insbesondere konvergiert auch die Folge (q_n) gegen den Grenzwert φ.

Das bedeutet, daß das Verhältnis der Anzahl der Kites zu der Anzahl der Darts in einem Parkett gleich dem golde-

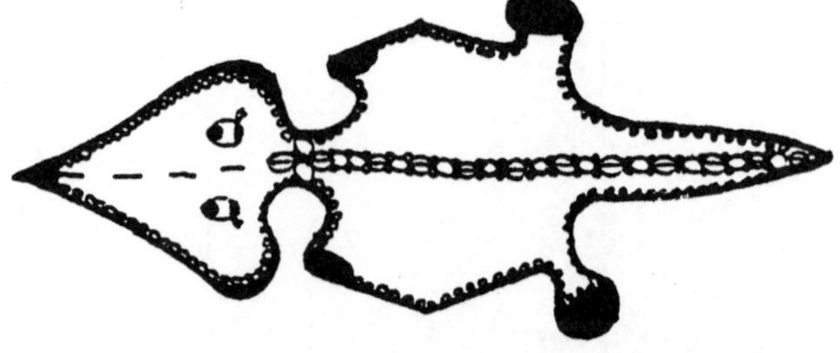

Bild 7

nen Schnitt ist. Da der goldene Schnitt aber eine irrationale Zahl ist [BP], kann kein Parkett aus Kites und Darts ein Periodenparallelogramm besitzen, es muß also aperiodisch sein.

Ausblick

Wir beschließen diese Ausführungen über Penrose-Parkette mit einem Parkett bestehend aus den Penrose-Rauten, wobei die dünne Raute als eine Art Salamander und die dicke Raute als ein Fisch dargestellt ist. (Gestaltung von der Autorin.)

Literatur

[BP] A. Beutelspacher, B. Petri: Der goldene Schnitt. Spektrum Akademischer Verlag, 2. Auflage 1995.

[G] M. Gardner: Penrose Tiles to Trapdoor Ciphers ... and the Return of Dr. Matrix. Freeman, New York 1988.

[GS] B. Grünbaum, G. C. Shephard: Tilings and Patterns. Freeman, New York 1987.

[P] R. Penrose: Pentaplexity: A Class of Non-Periodic Tilings of the Plane. The Mathematical Intelligencer 2 (1979).

[PP] R. Penrose: Set of Tiles for Covering a Surface. United States Patent 4,133,152 (9. Jan. 1979).

Bild 8

Rolfdieter Frank und Peter Slodowy

Sternpolyeder und semilineare Abbildungen

Einleitung

Johannes Kepler (1571–1630) hat im Buch II seiner *Harmonices mundi* zwei Sternpolyeder beschrieben und abgebildet, welche durch je zwölf einander durchdringende Pentagramme begrenzt werden. Ihre konvexe Hülle ist in einem Fall ein Ikosaeder, im anderen ein Dodekaeder. In beiden Fällen ist der Graph, dessen Ecken die Sternspitzen und dessen Kanten die (durchgehenden) Pentagrammkanten sind, isomorph zum Kantengraphen dieser konvexen Hülle.

Wir werden diese Isomorphismen durch semilineare Abbildungen des Vektorraums $\mathbf{Q}(\sqrt{5})^3$ beschreiben. Semilineare Abbildungen spielen eine entscheidende Rolle bei der algebraischen Beschreibung der Automorphismen affiner Räume (siehe [F], S. 33–35). Der Anschauungsraum $\mathbf{R}^3$ läßt jedoch nur lineare Abbildungen zu, da $\mathbf{R}$ keinen von der Identität verschiedenen Automorphismus besitzt (siehe [F], S. 33). Daher ist es sehr interessant, eine semilineare Abbildung in der anschaulichen Geometrie zu sehen.

Ikosaeder und Dodekaeder

Das **Dodekaeder** (Zwölfflächner) und das **Ikosaeder** (Zwanzigflächner) gehören zu den fünf platonischen Körpern. Wir stellen ihre wichtigste Eigenschaften zusammen (siehe etwa [B], Kap. 14, [C]).

Dodekaeder und Ikosaeder sind **dual** zueinander: Die Mittelpunkte der zwölf Dodekaederflächen sind die Ecken eines Ikosaeders, und die Mittelpunkte der zwanzig Ikosaederflächen sind die Ecken eines Dodekaeders.

Die Menge I der Ecken des Ikosaeders läßt sich in Koordinaten wie folgt darstellen:

$$I = \left\{ \begin{pmatrix} \pm\varphi \\ \pm 1 \\ 0 \end{pmatrix}, \begin{pmatrix} 0 \\ \pm\varphi \\ \pm 1 \end{pmatrix}, \begin{pmatrix} \pm 1 \\ 0 \\ \pm\varphi \end{pmatrix} \right\},$$

wobei $\varphi = \dfrac{1+\sqrt{5}}{2}$ der *goldene Schnitt* ist.

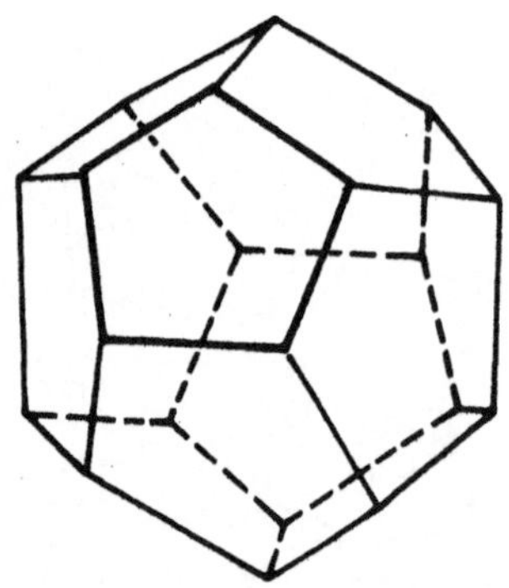

Bild 1: Das Dodekaeder wird von 12 kongruenten regelmäßigen Fünfecken begrenzt. Es besitzt 12 × 5 : 3 = 20 Ecken und 12 × 5 : 2 = 30 Kanten, denn in jeder seiner Ecken treffen sich drei Fünfecke, und jede Kante begrenzt zwei Fünfecke.

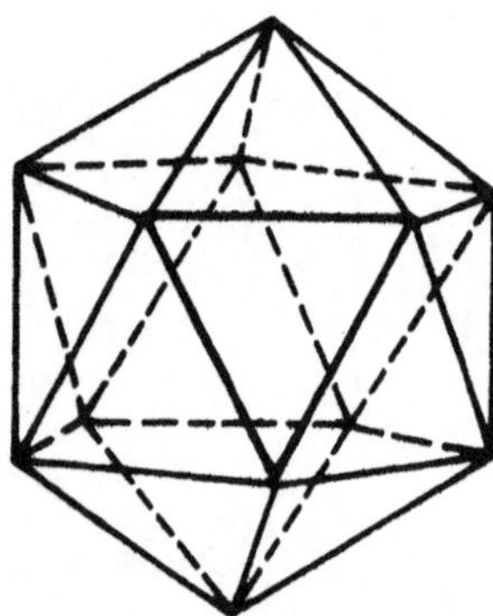

Bild 2: Das Ikosaeder wird von 20 kongruenten gleichseitigen Dreiecken begrenzt. Es besitzt 20 · 3 : 5 = 12 Ecken und 20 · 3 : 2 = 30 Kanten, da in jeder Ecke fünf Dreiecke zusammentreffen und jede Kante zwei Dreiecke begrenzt.

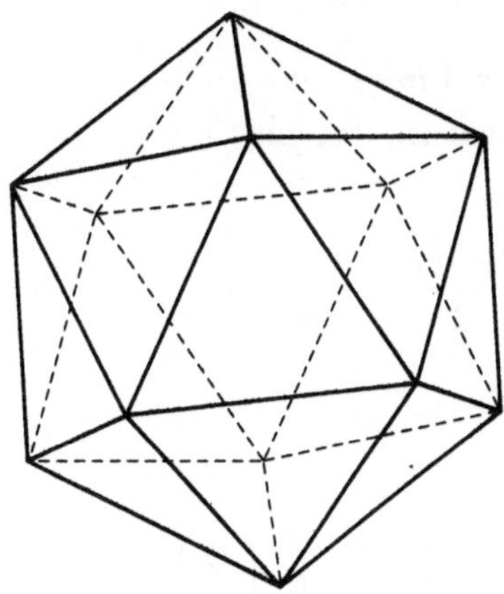

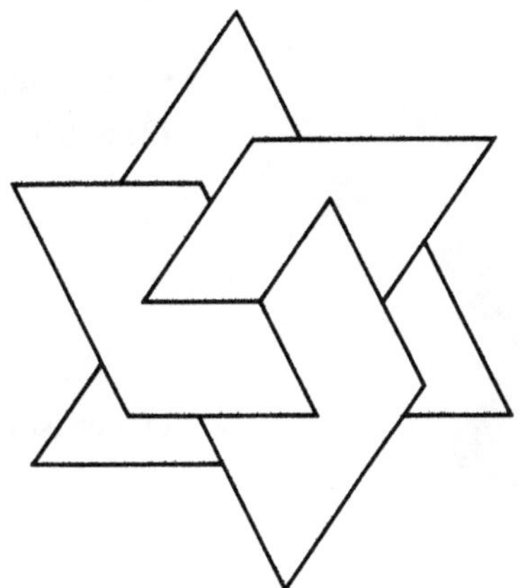

Die Menge **I** besteht also aus den zwölf Ecken dreier *goldener Rechtecke* in den Koordinatenebenen. Dabei sind die kurzen Rechteckseiten Ikosaederkanten und die langen Rechteckseiten Pentagrammkanten.

Die Menge **D** der Ecken des **Dodekaeders** ist

$$
\mathbf{D} = \left\{ \begin{pmatrix} \pm 1 \\ \pm 1 \\ \pm 1 \end{pmatrix}, \begin{pmatrix} \pm\varphi \\ \pm 1/\varphi \\ 0 \end{pmatrix}, \begin{pmatrix} 0 \\ \pm\varphi \\ \pm 1/\varphi \end{pmatrix}, \begin{pmatrix} \pm 1/\varphi \\ 0 \\ \pm\varphi \end{pmatrix} \right\}.
$$

Der Dodekaederstern

Ein Pentagramm (oder Sternfünfeck) entsteht, wenn man die Seiten eines regelmäßigen Fünfecks verlängert, bis sie sich schneiden (siehe Bild 4).

Der *Dodekaederstern* wird durch die zwölf Pentagramme begrenzt, welche durch Verlängern der Kanten aus den zwölf Flächen eines Dodekaeders entstehen. Wegen der Symmetrie des Dodekaeders treffen senkrecht über dem Mittelpunkt jeder Dodekaederfläche fünf Pentagrammkanten in einer Sternspitze zusammen, und diese zwölf Sternspitzen sind die Ecken eines Ikosaeders.

Mit Hilfe dieses Ikosaeders läßt sich der Dodekaederstern so beschreiben: Die Ecken des Ikosaeders sind die Sternspitzen, und jede Ecke A ist durch Pentagrammkanten

mit den fünf Nachbarecken der von A entferntesten Ecke −A verbunden. Es gibt 30 Pentagrammkanten, weil das Dodekaeder 30 Kanten hat.

Der Isomorphismus

Die oben angegebenen Koordinaten der Ikosaederecken liegen alle in dem Körper

$$
\mathbf{Q}(\sqrt{5}) = \{a + b\sqrt{5} \mid a, b \in \mathbf{Q}\}.
$$

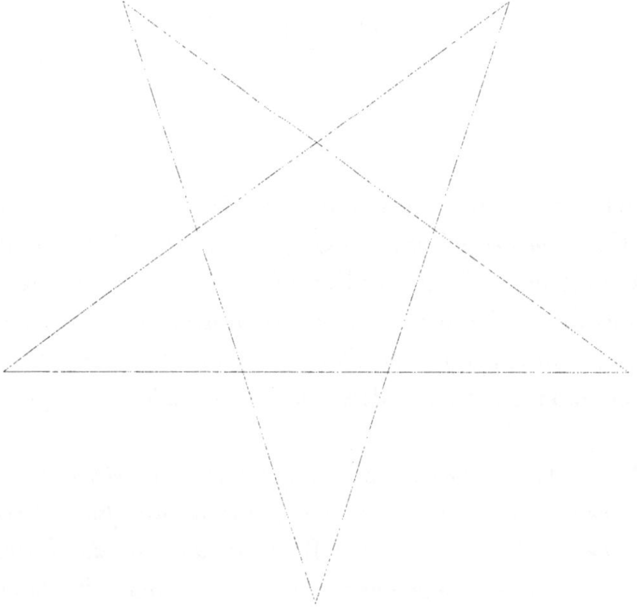

Bild 4: Das Pentagramm

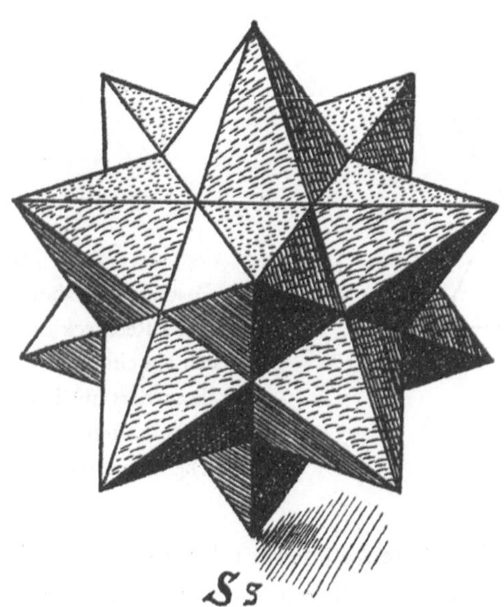

Bild 5: Diese Darstellung eines Dodekaedersterns stammt aus
Keplers *Harmonices Mundi*

Dieser Körper besitzt den Automorphismus

$$\overline{} : a + b\sqrt{5} \mapsto a - b\sqrt{5}.$$

Die durch

$$f: \begin{pmatrix} x \\ y \\ z \end{pmatrix} \mapsto \varphi \cdot \begin{pmatrix} \overline{y} \\ \overline{x} \\ \overline{z} \end{pmatrix}$$

definierte Abbildung f ist eine *bijektive und semilineare Abbildung des Vektorraums* $\mathbf{Q}(\sqrt{5})^3$ *in sich*. (Dies ist eine Übung im Rechnen mit Koordinaten, die wir hier nicht ausführen.) Sie bewirkt einen Isomorphismus zwischen dem Kantengraphen des Dodekaedersterns und dem Kantengraphen des Ikosaeders, wie der folgende Satz zeigt:

Satz. *Die semilineare Abbildung* f *bildet die Menge* **I** *der Ecken des Ikosaeders bijektiv auf sich ab, und für je zwei Ecken* A, B ∈ **I** *gilt:* A *und* B *sind genau dann durch eine Pentagrammkante verbunden, wenn* f(A) *und* f(B) *durch eine Ikosaederkante verbunden sind.*

Der *Beweis* erfolgt in mehreren Schritten.

• *Die Abbildung* f *bildet* **I** *in sich ab.*
Dazu beobachten wir zunächst, daß gilt

$$\overline{\varphi} = \frac{1 - \sqrt{5}}{2} = -\frac{1}{\varphi}.$$

Daher ist etwa

$$f\begin{pmatrix} \varphi \\ 1 \\ 0 \end{pmatrix} = \varphi \cdot \begin{pmatrix} 1 \\ \overline{\varphi} \\ \overline{0} \end{pmatrix} = \varphi \cdot \begin{pmatrix} 1 \\ -1/\varphi \\ 0 \end{pmatrix} = \begin{pmatrix} \varphi \\ -1 \\ 0 \end{pmatrix} \in \mathbf{I}.$$

• *Die Abbildung* f *bildet* **I** *bijektiv auf sich ab.*
Dies folgt aus der vorhergehenden Behauptung, da f injektiv und **I** endlich ist.

• *Für alle* $\begin{pmatrix} x \\ y \\ z \end{pmatrix} \in \mathbf{Q}(\sqrt{5})^3$ *mit* $\left| \begin{pmatrix} x \\ y \\ z \end{pmatrix} \right| = 2\varphi$ *gilt*

$$\left| f\begin{pmatrix} x \\ y \\ z \end{pmatrix} \right| = 2. \text{ Denn es gilt}$$

$$\left| f\begin{pmatrix} x \\ y \\ z \end{pmatrix} \right| = \left| \varphi \cdot \begin{pmatrix} \overline{y} \\ \overline{x} \\ \overline{z} \end{pmatrix} \right| =$$

$$\varphi \cdot \sqrt{\overline{y}^2 + \overline{x}^2 + \overline{z}^2} = \varphi \cdot \sqrt{\overline{y^2 + x^2 + z^2}} =$$

$$\varphi \cdot \sqrt{4 \cdot \varphi^2} = \varphi \cdot \sqrt{4 \cdot \overline{\varphi}^2} = \varphi \cdot 2 \cdot |\overline{\varphi}| = \varphi \cdot 2 \cdot \frac{1}{\varphi} = 2.$$

• *Sind zwei Ecken* A, B ∈ **I** *durch eine Pentagrammkante verbunden, so sind die Ecken* f(A) *und* f(B) *durch eine Ikosaederkante verbunden.*

Denn jede Ikosaederkante (kurze Seite eines goldenen Rechtecks) hat die Länge 2, während jede Pentagrammkante (lange Seite eines goldenen Rechtecks) die Länge 2φ hat. Zwei Ecken A, B $\in$ I, welche durch eine Pentagrammkante verbunden sind, haben also den Abstand $|A - B| = 2\varphi$. Folglich haben f(A) und f(B) wegen der vorhergehenden Behauptung den Abstand $|f(A) - f(B)| = |f(A - B)| = 2$ und sind daher durch eine Ikosaederkante verbunden.

- *Sind zwei Ecken* f(A), f(B) $\in$ I *durch eine Ikosaederkante verbunden, so sind die Ecken* A, B $\in$ I *durch eine Pentagrammkante verbunden.*

Wegen der beiden vorhergehenden Behauptungen bildet f verschiedene Pentagrammkanten auf verschiedene Ikosaederkanten ab. Da es genau so viele Pentagrammkanten gibt wie Ikosaederkanten, ist jede Ikosaederkante Bild einer Pentagrammkante.

Der Ikosaederstern

Der Ikosaederstern wird durch die zwölf einander durchdringenden Pentagramme begrenzt, welche durch Verlängern der Kanten aus den Fünfecken entstehen, welche jede Ecke eines Ikosaeders umgeben. Die Sternspitzen sind die Ecken eines Dodekaeders, und jede Ecke A ist durch Pentagrammkanten mit den drei Nachbarecken von $-A$ verbunden.

Wir verwenden die im zweiten Abschnitt angegebene Koordinatendarstellung. Daraus erkennt man, daß die Dodekaederkanten die Länge $2/\varphi$ und die Pentagrammkanten die Länge 2φ haben. Ebenso wie im Fall des Dodekaedersterns beweist man, daß durch die Abbildung

$$f: \begin{pmatrix} x \\ y \\ z \end{pmatrix} \mapsto \begin{pmatrix} y \\ x \\ z \end{pmatrix}$$

die Menge **D** so permutiert wird, daß die Pentagrammkanten in die Dodekaederkanten übergehen.

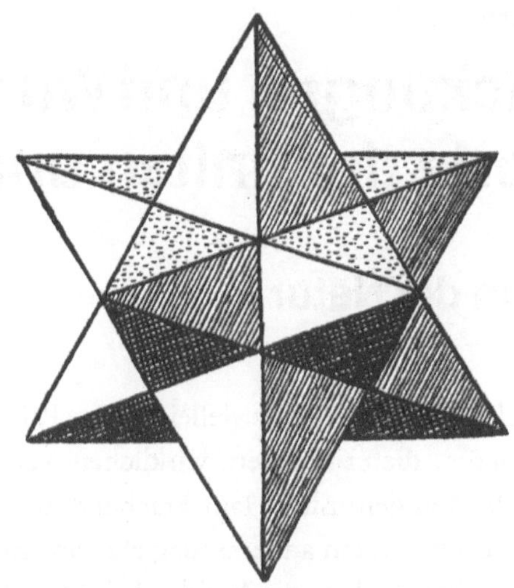

Bild 6: Diese Darstellung eines Ikosaedersterns stammt aus Keplers *Harmonices Mundi*

Literatur

[B] A. Beutelspacher: Luftschlösser und Hirngespinste. Vieweg, Braunschweig/Wiesbaden 1986.

[BP] A. Beutelspacher, B. Petri: Der goldene Schnitt. Spektrum Akademischer Verlag, 2. Auflage 1995.

[F] G. Fischer: Analytische Geometrie. 4. Auflage, Vieweg, Braunschweig/Wiesbaden 1985.

[C] H.M.S. Coxeter: Regular Polytopes. Methmen & Co. Ltd. London, 1948.

Max Leppmeier

Kugelpackungen und Wurstkatastrophen oder Zur Theorie der finiten und infiniten Packungen

Packungen in der Natur

Bei dem Wort „Packung" mag der eine vielleicht eine Pakkung Chips assoziieren, die er vor dem wirklichen Verzehr bereits in Gedanken genüßlich, laut krachend zwischen den Zähnen zermalmt; ein anderer mag eher an ein Päckchen Gummibärchen denken, die ihm den Feierabend versüßen; wieder ein anderer mag an diverse Packungsprobleme vor einer Urlaubsreise denken, wohingegen dem Manager eines Elektronikkonzerns schon eher möglichst dichte Chip-Packungen auf Silizium-Wafern in den Sinn kommen mögen.

Blickt man sich etwas näher im Reich der alltäglichen Packungen um, so lassen sich bereits hier einige für unsere nachfolgenden Betrachtungen typische Packungen ausmachen: Orangen kauft man meist netzförmig verpackt. Eine solche Packung kann als einfaches Modell einer *clusterförmigen* Packung dienen. Andere Beispiele dieser Art wären Netze mit Zitronen oder Zwiebeln; auch kunstvoll aufgerichtete Stapel von Äpfeln, Orangen oder Melonen beim Gemüsehändler am Marktplatz zählen eher zum clusterförmigen Verpackungstyp.

Sein Geburtstag liegt zwischen dem Karl Valentins und dem Alexander Puschkins, das Geburtsjahr ist das Jahr, in dem die Menschheit erstmals ihren Fuß auf den Mond setzte, der Geburtsort: Ein Kleinstädtchen in Oberbayern. Auf eine gemeinhin als unbeschwert bezeichnete Kindheit folgten Grundschule, Gymnasium, Abitur 1988. Als Stipendiat der Studienstiftung des deutschen Volkes studierte er Mathematik, Physik, Oberflächenchemie und Erziehungswissenschaften. Die Vorlieben in der Mathematik galten den klassischen Disziplinen Analysis, Algebra, Wahrscheinlichkeitstheorie sowie der mathematischen Physik. Nach dem ersten Staatsexamen 1993 folgte eine Ausbildung als Studienreferendar und das zweite Staatsexamen 1995. Seither steht er an seiner alten Abiturschule, dem Schyren-Gymnasium Pfaffenhofen, auf der anderen Seite des Katheders. Hobbys: Russisch, Italienisch, Theater, Schwimmen, Berge.

Tennisbälle dagegen erwirbt man in der Regel im 6er Pack, stangenförmig angeordnet; sie stellen ein Modell einer

Bild 1: Orangen werden in clusterförmigen Packungen verkauft

Bild 2. Tennisbälle werden wurstförmig verpackt

wurstförmigen Packung von dreidimensionalen Kugeln dar. Gleichen Verpackungstyp besitzen Tischtennisbälle, aber auch Stangen von zylinderförmig verpackter Dosenwurst.

Welcher Packungstyp ist der bessere? – Eine pauschale Antwort auf diese Frage läßt sich bestimmt nicht finden. Im Gegenteil: Eine fundierte Antwort verlangt die Berücksichtigung vielfältiger Aspekte.

In diesem Aufsatz werden wir das Problem auf die Frage nach der dichtesten Packung reduzieren. Kennzeichen einer dichtesten Packung ist die bestmögliche Ausnutzung des von der Verpackungshülle zur Verfügung gestellten Volumens durch die Einzelvolumina der verpackten Körper, so daß möglichst wenig „ungenütztes" Volumen mitverpackt wird. Dies wird uns zum Begriff der Packungsdichte führen.

Ferner erweist es sich als günstig, das Packungsproblem hinsichtlich der Stückzahl der gepackten Körper unter zwei Aspekten zu betrachten: Packungen von endlicher Stückzahl – dazu zählen cluster- und wurstförmige Packungen gleichermaßen – subsumieren wir unter dem Begriff der *finiten* Packungen. Demgegenüber beschreiben *infinite* Packungen eine unendliche Anzahl von gepackten Körpern; streng genommen gibt es dafür natürlich keine realen Modelle.

Dennoch begegnen wir in der Welt der Naturwissenschaften sehr guten Näherungen von infiniten Packungen. Zu nennen wären hier die Kugelpackungen eines fcc-Gitters als Modell für Kristalle von Gold oder von Edelgasen (bei hinreichend tiefen Temperaturen) oder mit modifizierter Basis als Modell für NaCl und Diamant (siehe [K86]).

Die Suche nach der dichtesten infiniten gitterförmigen Packung von Kugeln wird uns im ersten Teil beschäftigen. Im zweiten Teil werden wir finite cluster- und wurstförmige Packungen hinsichtlich der maximal erreichbaren Packungsdichte miteinander vergleichen. In jedem Fall beschränken wir uns dabei aufgrund ihrer zentralen Bedeutung auf Packungen von Kugeln.

Kugelgitterpackungen – aus der Theorie der infiniten Packungen

Wie packt man möglichst viele Kugeln möglichst dicht?

Diese Frage, die die Geburtsstunde der Kugelpackungen bedeutet, schreibt man in der Mathematikgeschichte keinem geringeren als Johannes Kepler zu. Im Jahre 1611 veröffentlichte der damals in Prag wirkende eine Schrift mit dem Titel „Strena seu de nive sexangula" (Neujahrsgabe oder vom sechseckigen Schnee), die er seinem Freund und Gönner, dem Hofrat Wacker von Wackenfels widmete [LM95]. In ihr stellte Kepler nicht nur die Frage nach der dichtesten Kugelpackung – er behauptete auch, daß eine solche gitterförmig sein müsse.

Zu dieser zwischenzeitlich in der Wissenschaft etablierten Frage und zum „Kepler-Problem" avancierten Sujet – auch Hilbert widmet sich ihm in seinem 18. Problem – konstatiert C.A. Rogers [R64] sinngemäß folgendes: „Alle Physiker wissen und die meisten Mathematiker glauben, daß es keine dichtere Kugelpackung als eine Kugelgitterpackung gibt". 1990 schließlich lieferte ein Mathematiker der University of California, Berkeley, namens Wu-Yi Hsiang den von der Fachwelt lange ersehnten Beweis. Dieser Kontrakt von epischem Ausmaß [H93] verlor aber bald die ihm anfänglich zuteil gewordene Sympathie. Mittlerweile hat sich die Mehrheit der Experten auf die Seite von Thomas Hales, einem Mathematiker von der University of Michigan geschlagen und lehnt Hsiangs Werk ab (siehe [H94]). Damit verbleibt das Kepler-Problem in seinem unbewiesenen Zustand.

Wie packt man nun möglichst viele Kugeln möglichst dicht?

Wir werden uns dabei – Kepler möge uns verzeihen – auf infinite, gitterförmige Packungen beschränken. Dies legen auch die engen Beziehungen der Kugelpackungen zur Kristallographie, quadratischen Formen, Gruppen und zur Codierungstheorie nahe. Dagegen steht der Begriff „Kugel" als Oberbegriff für Kreis, Kugel und *n*-Sphäre höherer Dimension.

Nun rekapitulieren wir einige Aussagen über Gitter, die wir im weiteren Verlauf benötigen werden.

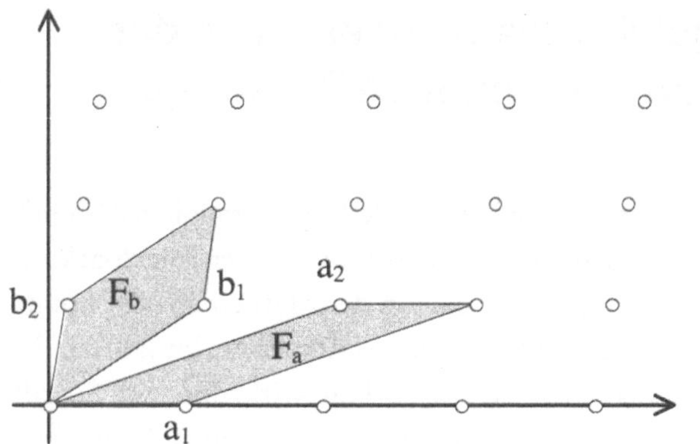

Bild 3. Alle Fundamentalparallelotope haben das gleiche Volumen

Gitter

Wir beginnen mit der Definition eines Gitters.

Definition. Sei $\{a_1, a_2, ..., a_n\}$ eine Basis des $\mathbf{R}^n$ ($n \in \mathbf{N}$). Dann heißt

$$G = \{\sum_{i=1}^{n} n_i a_i \mid n_i \in \mathbf{Z}\}$$

ein (*n*-dimensionales) *Gitter*, und $\{a_1, a_2, ..., a_n\}$ heißt eine *Basis* von G. Ein Gitter ist also die Menge der ganzzahligen Linearkombinationen einer Basis.

Auf der Suche nach Gittereigenschaften, die unabhängig von der Wahl der jeweiligen Basis des Gitters sind, stößt man auf das Volumen des Fundamentalparallelotops, das charakteristisch für ein Gitter ist.

Definition. Sei G ein Gitter, und sei $\{a_1, a_2, ..., a_n\}$ eine Basis von G. Dann heißt

$$F(G) = \{\sum_{i=1}^{n} \lambda_i a_i \mid \lambda_i \in [0, 1]\}$$

sein *Fundamentalparallelotop* (in der Ebene auch *Fundamentalparallelogramm*).

In der Physik nennt man das Fundamentalparallelotop in den Dimensionen zwei und drei auch „primitive Einheitszelle".

Satz (Wohldefiniertheit). *Alle Fundamentalparallelotope eines Gitters haben das gleiche Volumen.*

Bild 3 illustriert die Aussage des Satzes. Es zeigt zwei verschiedene Basen eines zweidimensionalen Gitters G mit den jeweils zugehörigen Fundamentalparallelotopen.

Beweis des Satzes. Sei G ein Gitter, seien $\{a_1, a_2, ..., a_n\}$ und $\{k_1, k_2, ..., k_n\}$ zwei Basen von G; die zugehörigen Fundamentalparallelotope seien F_a und F_b. Wir müssen zeigen, daß $\mathrm{Vol}(F_a) = \mathrm{Vol}(F_b)$ gilt. Dazu verwenden wir Methoden der linearen Algebra.

Zunächst halten wir fest

$$\mathrm{Vol}(F_a) = |\det(a_1, a_2, ..., a_n)| \text{ und } \mathrm{Vol}(F_b) =$$

$$|\det(b_1, b_2, ..., b_n)|.$$

Dabei fassen wir $(a_1, a_2, ..., a_n)$ und $(b_1, b_2, ..., b_n)$ als reelle $n \times n$-Matrizen mit den Spalten $a_1, a_2, ..., a_n$ bzw. $b_1, b_2, ..., b_n$ auf.

Sei $M \in \mathbf{R}^{n \times n}$ eine Matrix, die den Basiswechsel von $(a_1, a_2, ..., a_n)$ auf $(b_1, b_2, ..., b_n)$ beschreibt; das heißt

$$(b_1, b_2, ..., b_n) = M \cdot (a_1, a_2, ..., a_n).$$

Also ist

$$\det(b_1, b_2, ..., b_n) = \det(M) \cdot \det(a_1, a_2, ..., a_n).$$

Da jeder Vektor b_j ein Gittervektor, also eine ganzzahlige Linearkombination von $a_1, a_2, ..., a_n$ ist, hat M nur ganzzahlige Einträge.

Da M invertierbar ist, gilt

$$(a_1, a_2, ..., a_n) = M^{-1} \cdot (b_1, b_2, ..., b_n),$$

und wie oben folgt, daß M^{-1} nur ganzzahlige Einträge hat.

Ferner gilt

$$\det(a_1, a_2, ..., a_n) = \det(M^{-1} \cdot (b_1, b_2, ..., b_n))$$

$$= \det(M^{-1}) \cdot \det(b_1, b_2, ..., b_n).$$

Zusammen ergibt sich

$$\det(M) \cdot \det(M^{-1}) = 1.$$

Da Matrizen mit ganzzahligen Einträgen auch ganzzahlige Determinanten besitzen, ist somit $\det(M)$ eine Einheit in $\mathbf{Z}$, also $\det(M) = \pm 1$. Daraus folgt, daß $\det(a_1, a_2, ..., a_n)$ und $\det(b_1, b_2, ..., b_n)$ sich höchstens im Vorzeichen unterscheiden. Das ist die Behauptung. $\square$

Der Beweis dieses Satzes ist eine eindrucksvolle Demonstration der Macht des Matrizenkalküls. Um dies nachzuempfinden, möge der Leser einmal den Beweis ohne Rückgriff auf die Matrizenrechnung nur für den zweidimensionalen Fall nachvollziehen.

Nach dieser Vorarbeit rücken neben dem Gitter als Anordnungsschema auch die Kugeln als zu packende Körper wieder ins Blickfeld.

Die infinite Packungsdichte

Um die Packungsdichte einer infiniten Kugelgitterpackung definieren zu können, benötigt man zunächst den Begriff der infiniten Kugelgitterpackung.

Dazu stellen wir uns vor, wir besäßen eine sehr große, idealerweise unendlich große Anzahl von Kreisscheiben, zum Beispiel 10-Pf-Münzen, die wir in der Ebene regelmäßig (und möglichst dicht) legen wollen. Wir wählen die Kreismittelpunkte als Gitterpunkte des dazugehörigen Gitters und erhalten so das Modell einer zweidimensionalen infiniten Kugelgitterpackung.

Es ist dabei vollkommen belanglos, ob wir für unser Modell als armer Mathematikstudent 1-Pf-Münzen oder als frisch gebackener Studienrat auf 1-DM-Stücke zurückgreifen, da das mathematische Ideal einer infiniten Packung ohnehin monetäre Unterschiede nivelliert.

Also beschränken wir uns auf Einheitskreise. Diese müssen sich nicht berühren, können sich aber berühren; jedoch dürfen sie einander keinesfalls durchdringen, sich überlappen oder sich noch näher kommen. Prägnanter und knapper bringt dies mit höherdimensionaler Perspektive die folgende Definition zum Ausdruck.

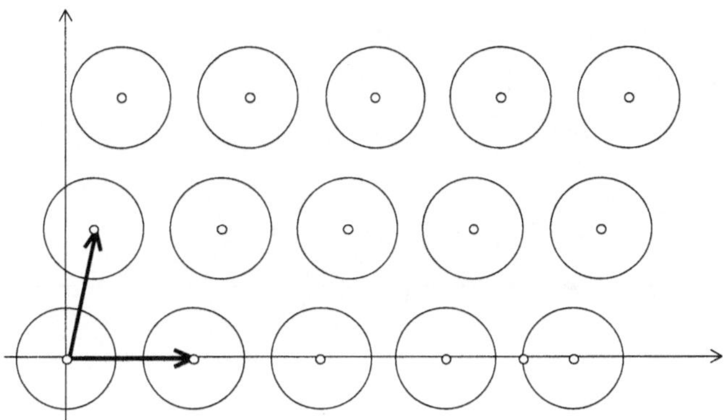

Bild 4. Eine Kreisgitterpackung

Definition. Sei $K^n = \{x \in \mathbf{R}^n \mid \sum x_i^2 < 1\}$ die offene Einheitskugel im $\mathbf{R}^n$ ($n \in \mathbf{N}$). Sei ferner G ein n-dimensionales Gitter, so daß für je zwei verschiedene $c, c' \in$ G gilt

$$(K^n + c) \cap (K^n + c') = \varnothing.$$

Dann heißt die Menge $GP(K^n, G) = \{K^n + c \mid c \in G\}$ eine *n-dimensionale infinite Kugelgitterpackung.*

Eine solche Kugelgitterpackung liegt also dann vor, wenn die Einheitskugeln um die Gitterpunkte paarweise disjunkt sind.

Auf dieser Basis läßt sich nun die Packungsdichte einer infiniten Kugelgitterpackung quantitativ erfassen. Der experimentell tätige Leser wird bereits nach der dichtesten Kreisgitterpackung suchen und dabei auf eine quadratische und eine hexagonale Konfiguration stoßen (die hexagonale Packung hat als Basis etwa die Menge

$$\left\{ \begin{pmatrix} 2 \\ 0 \end{pmatrix}, \begin{pmatrix} 1 \\ \sqrt{3} \end{pmatrix} \right\}).$$

Der gewitzte Leser wird sogar bereits ein Argument dafür gefunden haben, warum die hexagonale Kreispackung dichter als die quadratische Kreispackung ist.

Was bedeutet „dichter"? – Naiverweise wird man eine Packung dichter als eine andere bezeichnen, wenn bei der ersten der Kreisanteil pro zugrundeliegender Flächeneinheit größer als bei der zweiten ist. Nun ist bei infiniten Kreisgitterpackungen die zugrundeliegende Fläche die gesamte Ebene und daher unendlich. Jedoch kommt einem die Regelmäßigkeit des Gitters in Form des Fundamentalpa-

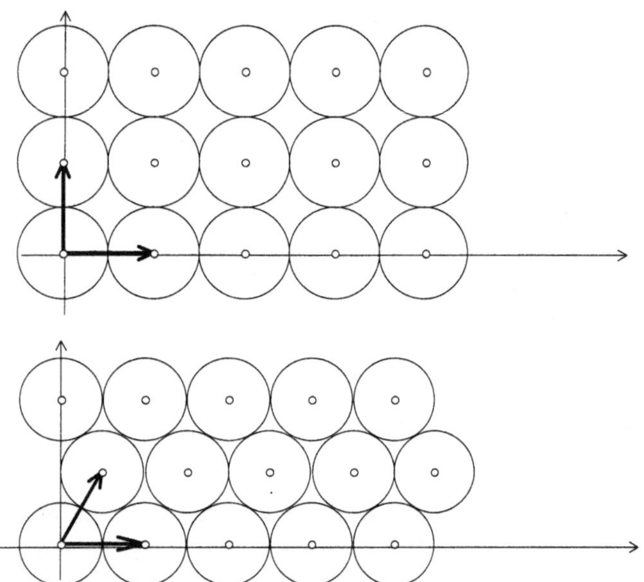

Bild 5. Quadratische und hexagonale Kreisgitterpackungen

rallelogramms entgegen. Der Kreisanteil pro Fundamental-parallelogramm ist in den beiden Fällen der quadratischen und hexagonalen Kreisgitterpackung gerade ein Vollkreis. Dies läßt sich auch allgemein für beliebige Fundamental-parallelogramme mit etwas linearer Algebra zeigen, was jedoch wenig erquicklich ist, so daß wir sofort die Definition formulieren.

Definition. Sei $GP(K^n, G)$ eine n -dimensionale infinite Kugelgitterpackung, und sei $F(G)$ das G zugeordnete Fundamentalparallelotop. Dann heißt

$$\delta(K^n, G) = \frac{\mathrm{Vol}(K^n)}{\mathrm{Vol}(F(G))}$$

die (infinite) *Packungsdichte* der infiniten Kugelgitter-packung $GP(K^n, G)$.

Eine kurze Rechnung bestätigt, daß die quadratische Kreis-packungsdichte $(\delta = \pi/4)$ kleiner ist als die hexagonale $(\delta = \pi/2\sqrt{3})$;

Gibt es jedoch Kreisgitterpackungen, die eine höhere Packungsdichte aufweisen als die hexagonale? Diese und andere Fragen beantwortet der nächste Abschnitt.

Einige Sätze über die Packungsdichte infiniter Gitterpackungen

Auf die oben aufgeworfene Frage gibt der folgende Satz eine Antwort:

Satz über die dichteste Kreisgitterpackung. *Unter allen Kreisgitterpackungen besitzt diejenige mit hexagonalem Gitter die maximale Packungsdichte* $\delta_{max} = \pi/2\sqrt{3}$.

Bemerkung. Der Satz enthält zwei Aussagen. Zum einen besagt er, daß die Packungsdichte (betrachtet als Funktion, die jeder Gitterpackung eine reelle Zahl zuordnet) ein Maximum besitzt. Die Existenz dieses Maximums ist zwar nicht trivial, aber intuitiverweise zu erwarten. Zum andern sagt der Satz, daß dieses Maximum von nur einer Klasse von zweidimensionalen Gittern angenommen wird, nämlich dem hexagonalen Gitter. Diese Charakterisierung des hexagonalen Gitters ist zweifelsohne die bedeutendere Aussage.

Zum Beweis des Satzes benötigen wir folgendes Lemma.

Lemma. *Sei* $\triangle ABC$ *ein Dreieck mit den Seitenlängen* a, b, c, *dem Flächeninhalt* F *und dem Umkreisradius* R. *Dann gilt:*
(a) $16F^2 = -a^4 - b^4 - c^4 + 2b^2c^2 + 2c^2a^2 + 2a^2b^2$.
(b) $16F^2R^2 = b^2\, c^2\, a^2$.

Beweis. (a) Man drücke die Dreiecksfläche F durch die Höhe h_b aus, h_b durch sin a, und wende den trigonometrischen Pythagoras und den Kosinussatz an.
(b) Man betrachte den Mittelpunktswinkel zum Umfangs-winkel und wende wieder etwas Trigonometrie an.   □

Beweis des Satzes. Sei G ein zweidimensionales Gitter. Wir konstruieren zu diesem Gitter eine besonders schöne Basis, deren Wert wir erst später zu schätzen wissen werden.
    Es sei

$$B = \{(a_1, a_2) \mid \{a_1, a_2\} \text{ Basis von } G \text{ und } |a_1| \le |a_2|\}$$

die Menge der längenmäßig geordneten Basen von G und

$$B_1 = \{a_1 \mid (a_1, a_2) \in B\}$$

die Menge aller ersten, kürzeren Basisvektoren.

Nun gibt es einen kürzesten ersten Basisvektor $c \in B_1$. Zu diesem Vektor c gibt es einen kürzesten zweiten Basisvektor b, so daß $\{c, b\}$ eine Basis von G ist.

Wir können o.B.d.A. annehmen, daß der Winkel α zwischen c und b spitz ist. Denn mit (c, b) erfüllen auch $(-c, b)$ und $(c, -b)$ als Basen obige Minimalitätseigenschaften.

Außerdem gilt für den Differenzvektor $a = c - b$ (vgl. Bild 6): $| a | \geq | b |$. (Denn sonst wäre (c, a) eine Basis von G mit $| a | < | b |$, was im Widerspruch zur Wahl von b steht.)

Diese Eigenschaften der Basis (c, b) spielen im folgenden eine bedeutende Rolle.

Der gemeinsame Fußpunkt und die Spitzen der Basisvektoren bilden ein Dreieck ΔABC, dessen doppelter Flächeninhalt gerade der Fläche des Fundamentalparallelogramms entspricht. Gemäß der Definition der Packungsdichte müssen wir – bei gegebener Kreisfläche – diesen Flächeninhalt minimieren. Dazu benötigen wir noch folgende Einschränkung, deren Wert wir erst später zu schätzen wissen werden.

Nach obigen Überlegungen können wir das Dreieck ΔABC so bezeichnen, daß für die Längen a, b, c der Seiten gilt

$$c \leq b \leq a.$$

Für den Radius r der zu packenden Kreise gilt $0 < 2r \leq c$; wenn wir Einheitskreise verwenden, ist also $2 \leq c$.

Ferner gilt nach dem Kosinussatz mit $a \leq \pi/2$:

$$a^2 \leq b^2 + c^2.$$

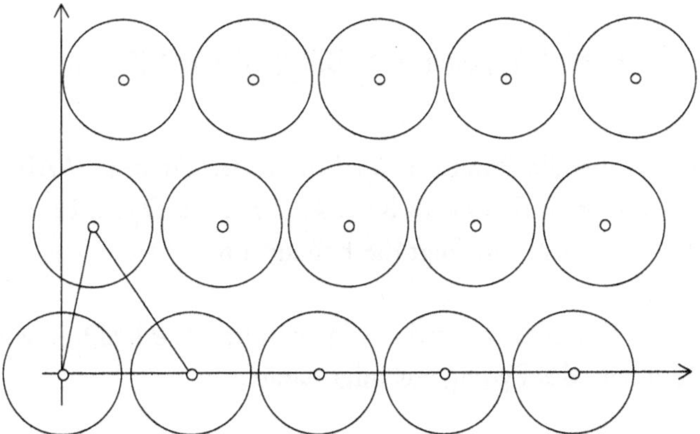

Bild 6. Ein zweidimensionales Gitter

Nach dem Lemma gilt für den Flächeninhalt F des Dreiecks ΔABC

$$16F^2 = -a^4 - b^4 - c^4 + 2b^2c^2 + 2c^2a^2 + 2a^2b^2.$$

Um F zu minimieren, können wir ebensogut $16F^2$ minimieren; dadurch wird die Rechnung einfacher:

$$16F^2 = -a^4 - b^4 - c^4 + 2b^2c^2 + 2c^2a^2 + 2a^2b^2$$

$$= -a^4 - b^4 + 2a^2b^2 + a^2c^2 - b^2c^2 - 4c^4$$

$$+ 3b^2c^2 + a^2c^2 + 3c^4$$

$$= (b^2 + c^2 - a^2)(a^2 - b^2) + c^2(a^2 + 3b^2 - 4c^2) + 3c^4.$$

Nach den Ungleichungen zu Beginn des Beweises ist

$$b^2 + c^2 - a^2 \geq 0, \quad a^2 - b^2 \geq 0 \quad \text{und}$$

$$a^2 + 3b^2 - 4c^2 \geq b^2 + 3b^2 - 4c^2 \geq 0.$$

Also folgt $16F^2 \geq 3c^4$, also $F \geq \dfrac{\sqrt{3} \cdot c^2}{4}$.

Also ist das Volumen des Fundamentalparallelogramms mindestens gleich $\dfrac{\sqrt{3} \cdot c^2}{4}$.

Wann gilt Gleichheit? Diese kann in zwei Fällen auftreten:
1. Fall: $b^2 + c^2 - a^2 = 0$ und $a^2 + 3b^2 - 4c^2 = 0$,
2. Fall: $a^2 - b^2 = 0$ und $a^2 + 3b^2 - 4c^2 = 0$.

Im ersten Fall folgt durch Einsetzen der ersten Gleichung in die zweite $4(b^2 - c^2) + c^2 = 0$, also ein Widerspruch, da $b \geq c > 0$ ist.

Im zweiten Fall ergibt sich $a = b = c$. Somit ist ΔABC gleichseitig, und damit ist die Packung hexagonal. $\qquad \square$

Die Frage nach der dichtesten Kugelgitterpackung, die man durch Experimente mit Murmeln, Tischtennisbällen, Orangen etc. ermitteln kann, beantwortet der folgende Satz, der auf C.F. Gauß (1831) zurückgeht.

Satz über die dichteste Kugelgitterpackung. *Unter allen Kugelgitterpackungen im* $\mathbf{R}^3$ *besitzt diejenige mit „flächenzentriert-kubischem" Gitter* G_{fcc}

$$\left(\textit{Basis}\ \left\{\begin{pmatrix}\sqrt{2}/2\\\sqrt{2}/2\\0\end{pmatrix},\ \begin{pmatrix}\sqrt{2}/2\\0\\\sqrt{2}/2\end{pmatrix},\ \begin{pmatrix}0\\\sqrt{2}/2\\\sqrt{2}/2\end{pmatrix}\right\}\right)$$

die maximale Packungsdichte $\delta_{max} = \pi/3\sqrt{3}$.

Das flächenzentriert-kubische Gitter ist durch die im Satz genannte Basis festgelegt. Diese Basis spannt das Fundamentalparallelotop bzw. die primitive Einheitszelle dieses Gitters auf.

Suggestiver als die „primitive Einheitszelle" ist ein etwas größerer Verband von Gitterpunkten, der ebenfalls die Regelmäßigkeit eines Gitters wiedergibt, die sogenannten „konventionelle Einheitszelle". Im Gegensatz zum Tetraeder der primitiven Einheitszelle ist die konventionelle Einheitszelle ein Würfel, bei dem neben den Ecken auch die Flächenmittelpunkte besetzt sind.

Daher erklärt sich auch die Bezeichnung „flächenzentriert-kubisches" Gitter bzw. „fcc-Gitter" (face-centered cubic).

Der *Beweis* lehnt sich eng an [C61] an und ist von großer struktureller Ähnlichkeit zum vorhergehenden.

Sei G ein dreidimensionales Gitter. Seien A, B, C Gitterpunkte, so daß für die Seitenlängen *a, b, c* des Dreiecks ΔABC gilt $c \leq b \leq a$. Ferner können wir $\alpha \leq \pi/2$ wählen. Dann gilt $a^2 \leq b^2 + c^2$.

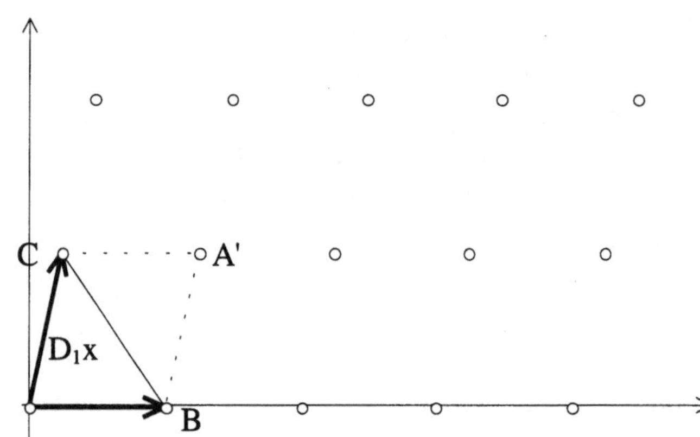

Bild 8. Ein dreidimensionales Gitter

Sei D ein weiterer Gitterpunkt, der nicht in der Ebene durch A, B, C liegt. Wegen der Periodizität des Gitters können wir diesen o.B.d.A. so wählen, daß seine Projektion D_1 auf die Ebene durch die Punkte A, B und C im Fundamentalparallelogramm ABA′C liegt (siehe Bild 8). O.B.d.A. liege D_1 im Dreieck ΔABC. Sei $d = |D_1 D|$ der Abstand der Gitterebenen.

Für das Volumen des Fundamentalparallelotops F(G) gilt dann

$$\mathrm{Vol}(F(G)) = 2Fd,$$

wobei F den Flächeninhalt des Dreiecks ΔABC bezeichnet.

Es ist zu zeigen, daß dieses Volumen gerade für das fcc-Gitter minimal ist.

Wegen der Wahl der Punkte A, B, C gilt $|AD| \geq b$, und Entsprechendes gilt für $|BD|$ und $|CD|$. Wenn R den Umkreisradius des Dreiecks ΔABC bezeichnet, dann tritt einer der folgenden Fälle ein:

$$R \geq |AD_1|\ \text{oder}\ R \geq |BD_1|\ \text{oder}\ R \geq |CD_1|.$$

Denn für alle Punkte P im Innern des Dreiecks ΔABC gilt $P \in k(A;R) \cup k(B;R) \cup k(C;R)$. Da D_1 im Innern des Dreiecks liegt, folgt die Behauptung.

Ohne Einschränkung der Allgemeinheit $R \geq |AD_1|$. Mit dem Satz des Pythagoras folgt daraus:

$$R^2 + d^2 \geq |AD_1|^2 + d^2 \geq |AD|^2 \geq b^2\ (*).$$

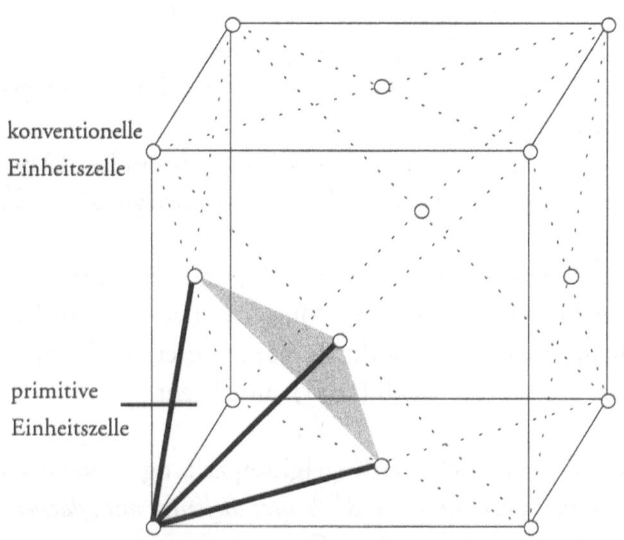

Bild 7. Die konventionelle Einheitszelle

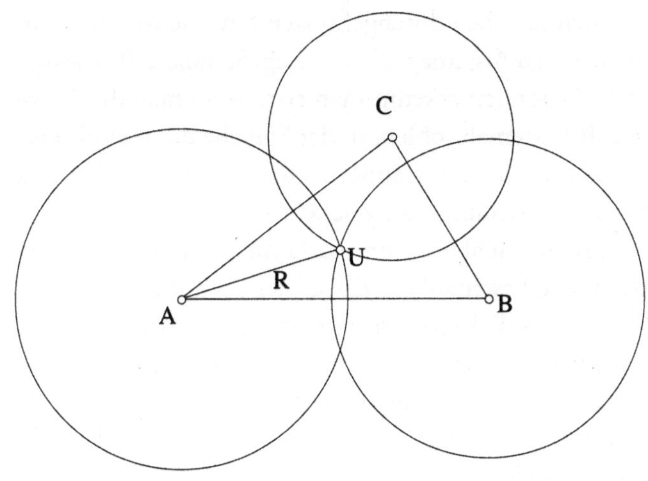

Bild 9

Entsprechendes gilt für $|\,BD\,|$ und $|\,CD\,|$.

Aus obigem Lemma ergibt sich

(a) $16F^2 = -a^4 - b^4 - c^4 + 2b^2c^2 + 2c^2a^2 + 2a^2b^2$,

(b) $16F^2R^2 = b^2c^2a^2$.

Für das Quadrat des Volumens des Fundamentalparallelotops gilt damit

$$\begin{aligned}
\mathrm{Vol}(F(G))^2 &= (2Fd)^2 \\
&\geq 4F^2(b^2 - R^2) \\
&= 1/4 \cdot b^2(-a^4 - b^4 - c^4 + 2b^2c^2 + c^2a^2 + 2a^2b^2) \\
&= 1/2 \cdot c^6 + 1/4 \cdot c^2 \cdot (b^2 - c^2)(3b^2 + 2c^2) \\
&\quad + 1/4 \cdot b^2(a^2 - b^2)(b^2 + c^2 - a^2) \\
&\geq 1/2 \cdot c^6.
\end{aligned}$$

Gleichheit gilt also nur, wenn folgende Bedingungen erfüllt sind:

(1) $d^2 = b^2 - R^2$ und

(2a) $b = c$ und $a = b$ oder

(2b) $b = c$ und $b^2 + c^2 = a^2$.

Es liegen also (zunächst formal) zwei verschiedene Minima für Vol(FP) vor. Wir unterscheiden die beiden Fälle.

Fall (a). Das Minimum unter (1) und (2a) wird von der in Bild 10 links skizzierten Gitterkonfiguration angenommen. Wegen (1) gilt in (*) Gleichheit; also ist $|\,AD\,| = |\,BD\,| = |\,CD\,| = a = b = c$. Somit bilden die Punkte A, B, C, D die Ecken eines regulären Tetraeders. Eine zugehörige Basis ist

$$\left\{ \begin{pmatrix} 1 \\ 0 \\ 0 \end{pmatrix}, \begin{pmatrix} 1/2 \\ \sqrt{3}/2 \\ 0 \end{pmatrix}, \begin{pmatrix} 1/2 \\ \sqrt{3}/6 \\ \sqrt{6}/3 \end{pmatrix} \right\}.$$

Im fcc-Gitter findet man eine Basis, die ein solches Tetraeder aufspannt (in Bild 10 rechts).

Die folgende orthogonale Matrix transformiert die Matrix aus den oben angegebenen Basisvektoren auf die im Satz angegebene Matrix:

$$\begin{pmatrix} \sqrt{2}/2 & \sqrt{6}/6 & -\sqrt{3}/3 \\ \sqrt{2}/2 & -\sqrt{6}/6 & \sqrt{3}/3 \\ 0 & \sqrt{6}/3 & \sqrt{3}/3 \end{pmatrix}.$$

Fall (b). Das Minimum in (1) und (2b) wird bei der in Bild 11 links skizzierten Gitterkonfiguration angenommen. Aus (2b) ergibt sich, daß das Dreieck $\triangle ABC$ gleich-

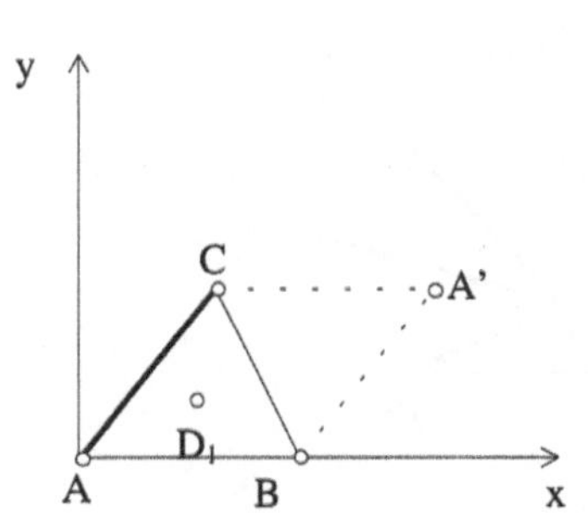

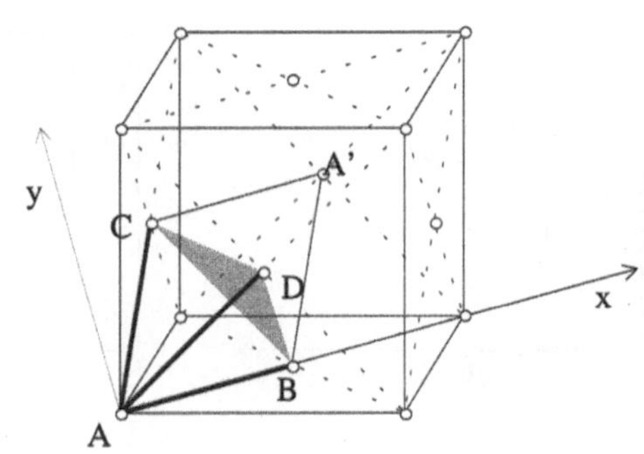

Bild 10

schenklig-rechtwinklig ist. Aus (1) folgt wiederum $|AD|$ $= |BD| = |CD| = b = c$. Die zu dem Tetraeder A, B, C, D gehörige Basis ist

$$\left\{ \begin{pmatrix} 1 \\ 0 \\ 0 \end{pmatrix}, \begin{pmatrix} 0 \\ 1 \\ 0 \end{pmatrix}, \begin{pmatrix} 1/2 \\ 1/2 \\ \sqrt{2}/2 \end{pmatrix} \right\}.$$

Auch zu diesem Tetraeder findet man im fcc-Gitter eine Basis, die es aufspannt (in Bild 11 rechts).

Mit der folgenden Matrix kann man dieses Tetraeder in die im Satz angegebene Form transformieren:

$$\begin{pmatrix} \sqrt{2}/2 & \sqrt{2}/2 & -1 \\ \sqrt{2}/2 & 0 & 1/2 \\ 0 & \sqrt{2}/2 & 1/2 \end{pmatrix}.$$

In beiden Fällen liegt also ein fcc-Gitter vor, woraus die Behauptung folgt. $\qquad\square$

Es lohnt sich, noch ein klein wenig bei den beiden Sätzen zu verweilen, zumal sie im Rahmen des Kepler-Problems eine illustre Ahnenreihe aufweisen: Der Satz über die dichteste Kreisgitterpackung geht auf Lagrange [L73] (1733) zurück, der Satz über die dichteste Kugelgitterpackung darf keinen geringeren als Gauß [G31] (1831) als seinen Urheber nennen. Die Beweismethode ist jedoch in beiden Fällen eine andere als die hier vorgestellte. Anstelle elementarer Dreiecksgeometrie verwendeten Lagrange und Gauß quadratische Formen als Beweisvehikel.

Auch die oben durchgeführten Beweise sind trotz der elementaren Argumente keineswegs Standard. Ihre intrinsische Schönheit erkennt man erst, wenn man die Aussagen als Extremalproblem in der Sprache der mehrdimensionalen Analysis formuliert. Dies soll für die dichteste Kreisgitterpackung nun geschehen.

Aus Ähnlichkeitsgründen können wir uns auf Einheitskreise beschränken; das Gitter sei durch $\{a \mid (x, w),$ $b = (y, z) \in \mathbf{R}^2\}$ repräsentiert. Wir können o.B.d.A. die Orientierung einer Gitterachse frei wählen, daher können wir $w = 0$ wählen. Außerdem ist o.B.d.A. dabei $x, y, z > 0$.

Dann ist der Flächeninhalt eines Fundamentalparallelogramms gleich

$$F = \| a \times b \| \quad \text{bzw.} \quad F(x, y, z) = x \cdot z.$$

Dieser ist unter folgenden Nebenbedingungen, die sich aus der Undurchdringbarkeit der Kreise ergeben, zu minimieren:

- $\quad \| a \| \geq 2 \quad$ bzw. $\qquad\qquad x \geq 2$
- $\quad \| b \| \geq 2 \quad$ bzw. $\qquad y^2 + z^2 \geq 2$
- $\| a - b \| \geq 2 \quad$ bzw. $\quad (x - y)^2 + z^2 \geq 2.$

Dies sollte Mathematikstudierende nach dem dritten Semester nicht mehr schrecken, und so sei an dieser Stelle auf die Rechnung verzichtet, zumal sie gar nicht Gegenstand unseres Interesses ist – und das Ergebnis ohnehin klar ist. Warum eilen wir an dieser Beweisalternative dennoch nicht achtlos oder gar respektlos vorüber?

Formal besitzen beide Beweisansätze eine große strukturelle Ähnlichkeit. Zu minimieren ist jeweils eine Funk-

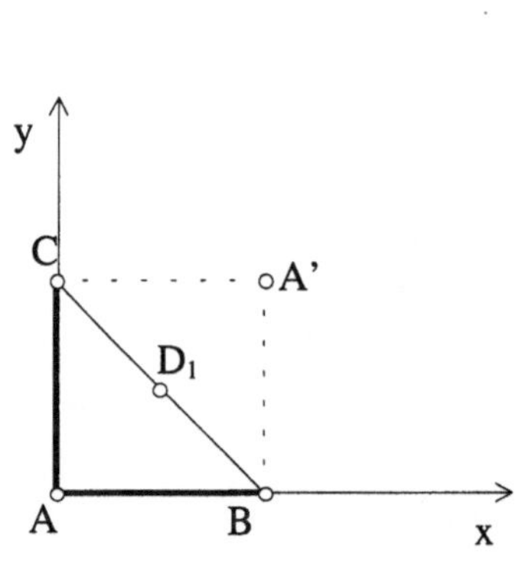

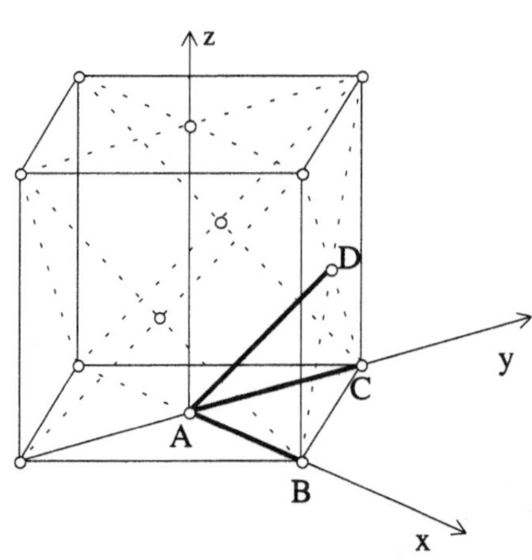

Bild 11

tion dreier Veränderlicher: Im Beweis $F(a, b, c)$, hier $F(x, y, z)$, unter Nebenbedingungen ($a \geq b$, $b \geq c$ bzw. $\| a \| \geq 2$, $\| b \| \geq 2$, $\| a - b \| \geq 2$).

Jedoch ist F(a, b, c) sehr komplex, während F(x, y, z) sehr einfach gebaut ist, ja nur von zwei Variablen abhängt. Der Preis, den man für die einfache Struktur von F(x, y, z) bezahlen muß, ist jedoch hoch: Es steigt nicht nur die Anzahl der Nebenbedingungen um eins, diese sind auch wesentlich komplexer und stellen nichttriviale Quadriken im $\mathbf{R}^3$ dar.

Fazit: F(a, b, c) enthält dank des Lemmas fast die ganze Information des Problems; man kann mit etwas Mühe diese Funktion bestmöglich nach unten abschätzen; dies geschieht elementar. F(x, y, z) enthält nicht einmal die Information des Lemmas; es läßt sich auch mit sehr viel Mühe nicht auf die gleiche Weise nach unten abschätzen; dazu ist das Jonglieren mit den Nebenbedingungen zu schwierig. Erfolg garantieren lediglich die nicht mehr elementaren Methoden der mehrdimensionalen Analysis.

Die Schönheit der dargestellten Beweise besteht somit in der Umformulierung des Problems. Sie brilliert auch dadurch, daß der Aspekt undurchdringbarer Kreise bzw. Kugeln, der a priori zu bedenken ist, gewissermaßen durch eine Hintertür entschwindet und die Lösungsfindung nicht mehr belastet.

Darüber hinaus enthält der Beweis der dichtesten Kugelgitterpackung noch zwei weitere Perlen, die es zu entdekken gilt, mit anderen Worten: zwei verschiedene Aspekte des fcc-Gitters.

(a) Zum einen läßt sich ein fcc-Gitter gemäß „Fall (a)" als Stapel hexagonaler Kugelschichten mit der Stapelfolge 123123123 ... auffassen. (Das bedeutet, daß die senkrechte Projektion der Kugelmittelpunkte der vierten Schicht auf die erste Schicht mit dieser zur Deckung kommt.) Dies ergibt sich sofort, wenn man das durch A, B, C, D definierte Gitter entsprechend fortsetzt.

In diesem Sinne entsteht eine fcc-Kugelpackung aus einer hexagonalen Kreispackung, indem man das zweidimensionale hexagonale Gitter beibehält, die Kreise durch Kugeln gleichen Radius' ersetzt und diese Schichtordnung so in die dritte Dimension erweitert, daß die nunmehr dreidimensionale Packungsdichte maximal wird.

Dieses Verfahren läßt sich in höhere Dimensionen fortsetzen; man gewinnt auf diese Weise sogenannte „lamina-

ted lattices" [C63], die bis zur Dimension 8 maximale Packungsdichte aufweisen (vgl. Tabelle 1).

(b) Zum andern läßt sich gemäß „Fall (b)" ein fcc-Gitter als „kubisch verdichtet" auffassen. In diesem zweiten Sinne besteht es aus Stapeln quadratischer Kugelschichten mit der Stapelfolge 121212 ...

Auf den ersten Blick ist es im Vergleich zur hexagonalen Konfiguration schon verwunderlich, daß aus einer quadratischen Anordnung von Kugeln – eine quadratische Kreispackung ist ja weniger dicht als eine hexagonale! – doch eine dichteste Kugelpackung erwachsen kann, die mit der aus Fall (a) übereinstimmt. Wie kann man sich das anschaulich klar machen?

Die Mulden der quadratischen Anordnung sind gerade so viel tiefer als die in der hexagonalen, daß die jeweils darüberliegende Schicht so viel tiefer einsinkt, daß der zweidimensionale Verlust an Packungsdichte in der dritten Dimension wieder wettgemacht wird. Der hier nur skizzierte Gedanke ist in [HW85, S. 143ff.] sehr schön veranschaulicht.

Ein Chemiker, aber auch ein Festkörperphysiker oder ein Kristallograph mag mittlerweile wohl einen Teil seines Unbehagens abgelegt haben. Dennoch wird er immer noch protestieren und behaupten, daß nicht nur die fcc-Anordnung, sondern auch die „hcp-Anordnung" von Kugeln die größte Packungsdichte besitzt. Ist also der Satz über die dichteste Kugelpackung falsch, enthält er eine Beweislücke, möglicherweise einen dritten Fall, der übersehen wurde?

Die Antwort lautet: Nein! Man erhält eine hcp-Anordnung (hexagonal closed packed) ebenfalls durch sukzessives Stapeln hexagonaler Kugelschichten, jedoch im Unterschied zur fcc-Packung in der Stapelfolge 121212 ...

Und was so schön regelmäßig aussieht, ist im mathematischen Sinne keine Gitteranordnung, sondern nur ein lediglich periodisches Muster. Der Vektor AD legt ja per definitionem das Gitter in der dritten Schicht und damit die Stapelfolge fest. Das ist fast alles.

Für die mathematische Analyse ist dieser Unterschied wesentlich, da in den dargestellten Sätzen und Beweisen der Begriff des Gitters in voller Strenge ausgenutzt wird. Ein Physiker, Chemiker oder Kristallograph wird die Grenzen dieser Definition zu sprengen versuchen, um auch hcp-Kristallstrukturen zu erfassen. Es geschieht mit Hilfe des Begriffs der mehratomigen Basis (vgl. [K86, S. 17ff]).

Last but not least sei erwähnt, daß die hcp-Anordnung viele mathematische Geschwister besitzt, die jedoch in der Natur nicht vorkommen, zum Beispiel die Stapelfolge 1212312123 ... oder 12121231212123 ...

Wir beenden dieses Kapitel (mit Blick auf das folgende) mit höherdimensionalen Perspektiven: Die dichtesten Kugelgitterpackungen sind nur in den Dimensionen ≤ 8 bekannt [CS93, S.12, S.15]. Tabelle 1 enthält eine Zusammenstellung.

Die dichtesten infiniten Kugelpackungen im weiteren Sinne, d.h. ohne Voraussetzung einer gitterförmigen Anordnung sind lediglich bekannt für $n = 1$ (trivial) und $n = 2$ [CS93, S.12]. Für $n = 2$ existieren in der Literatur viele Beweise; einer der ältesten findet sich in [T10], einer der (meiner Meinung nach) schönsten in [T72, S. 57ff.].

Damit ist das Kepler-Problem immerhin für Kreise gelöst. Der klassische Fall für Kugeln und die weiteren Fälle für n-Sphären in höheren Dimensionen sind hingegen nicht gelöst. Abschließend sei [S92] als kurzweilige, populärwissenschaftliche Darstellung des Kepler-Problems erwähnt.

Infinite Kugelpackungen im allgemeinen und infinite Kugelgitterpackungen im besonderen sind wegen ihrer Unendlichkeit Idealisierungen der Realität im Sinne Platos. Diese Idealisierung ist im nächsten Kapitel, in dem wir finite Packungen behandeln, unnötig.

Wurstvermutung und Wurstkatastrophe: Aus der Theorie der finiten Packungen

Einige Beispiele

Wir betrachten zunächst einige wenige Einheitskugeln, die wir möglichst dicht packen wollen. Für ein und zwei Kugeln ist dies trivial, bei drei Kugeln muß man die wurstförmige mit der clusterförmigen Konfiguration vergleichen; bei vier und mehr Kugeln hat man gar die Wahl zwischen der Wurst- und mehreren Clusteranordnungen.

Für die Frage nach der Packungsdichte benötigen wir zunächst eine Verpackung, die zugleich das Kugelensemble von der Außenwelt abgrenzt. In unseren Betrachtungen beschränken wir uns auf Verpackungen, die sich optimal der Packungskonfiguration anpassen (freie Packung). Den zugegebenermaßen oftmals realistischeren, aber schwer systematisierbaren Fall, daß die Packungskonfiguration einem vorgegebenen Behälter oder Container angepaßt werden muß (Bin Packing, Containerpackung), wollen wir hier nicht weiterverfolgen.
Wieder idealisieren wir:

- Die Verpackung ist konvex, und
- die Verpackung selbst ist volumenlos.

Nun ist eine Packungskonfiguration umso dichter, je besser sie das von der Verpackung umschlossene Volumen ausnutzt. Als quantifizierbare *Packungsdichte* bietet sich

Tabelle 1

Dimension n	maximale Packungsdichte
1	1
2	$0{,}90690 = \pi/2\sqrt{3}$
3	$0{,}74048 = \pi/3\sqrt{3}$
4	$0{,}61685$
5	$0{,}46526$
6	$0{,}37295$
7	$0{,}29530$
8	$0{,}25367$

Bild 12. Wurst- und Clusterpackung

somit der Quotient d aus dem von den Kugeln genutzten Volumen zu dem von der Verpackung benutzten Volumen an.

In der untenstehenden Tabelle 2 sind für einige interessante Konfigurationen die Packungsdichten elementar berechnet und zusammengestellt worden.

Die Intuition läßt vermuten, daß jedenfalls bei kleinen Stückzahlen die Wurstpackung dichter als jede Clusterpackung ist.

Der bereits ungeduldige Leser muß nun nicht mehr länger auf eine präzise Definition des Begriffs der finiten Packungsdichte warten.

Packungsdichten finiter Packungen

Eine Verallgemeinerung der betrachteten Beispiele führt zu folgender Definition.

Definition. Sei $K = K^n$ die offene Einheitskugel im $\mathbf{R}^n$. Wir betrachten N Kopien $K_1, K_2, ..., K_N$ von K, die durch Verschiebungen von K entstehen. Dies können wir wie folgt beschreiben: Sei $C_N = \{c_1, c_2, ..., c_N\}$ eine Menge von Punkten im $\mathbf{R}^n$.

Dann heißt $P(K^n, C_N) = \{K_i = K + c_i \mid i = 1, ..., N\}$ eine *finite Packung*, falls

$$K_i \cap K_j = \emptyset$$

für $i, j \in \{1, ..., N\}$, $i \neq j$.

Eine finite Packung $P(K^n, C_N)$ heißt eine *Wurstpackung*, falls alle c_i auf einer Geraden liegen. Man kann dafür auch schreiben. Falls $\dim(\mathrm{conv}(C_N)) = 1$ ist.

Eine finite Packung heißt eine *Clusterpackung*, falls sie keine Wurstpackung ist.

Sei $P(K^n, C_N)$ eine finite Packung, dann heißt

$$d(K^n, C_N) = \frac{N \cdot \mathrm{vol}(K^n)}{\mathrm{vol}(\mathrm{conv}(\bigcup K_i))}$$

ihre *finite Packungsdichte*. Dabei bezeichnet conv(X) die konvexe Hülle der Menge X.

Es ist klar, daß für die Dichte einer finiten Packung stets gilt

$$0 < d(K^n, C_N) \leq 1.$$

Die konkrete Berechnung der Packungsdichte führt bereits bei kleinen Anzahlen N von Einheitskugeln im $\mathbf{R}^3$ zu großen technischen Schwierigkeiten. Um so mehr verwundert daher die Allgemeinheit der im folgenden Abschnitt formulierten Aussagen.

Wurstvermutung und Wurstkatastrophe

Betrachtet man die Packungsdichten der in obiger Tabelle zusammengefaßten Kugelkonfigurationen etwas näher, so stellt man fest, daß die Wurstkonfiguration bei gleicher Stückzahl die jeweils größere Packungsdichte aufweist. Das verblüfft, widerspricht es doch der Intuition, die eine möglichst dichte Packung für eine Clusterkonfiguration erwarten läßt, die auch die Dimensionalität des Raums voll ausschöpft.

Den Streit von Wurst und Cluster um die größere Packungsdichte entscheidet der folgende Satz im wesentlichen zuungunsten der Wurst.

Satz. (a) *Im 3-dimensionalen Raum gibt es für alle* $N \geq 56$ *außer* $N = 57, 58, 63$ *und* 64 *Clusterpackungen, die dichter als die Wurstpackung sind.* [GW92]
(b) *Im 4-dimensionalen Raum gilt dasselbe für* $N \geq 375370$. [GZ92]

Tabelle 2

$$d = \frac{2 \cdot \frac{4\pi}{3}}{\frac{4\pi}{3} + 2\pi} = 0,8$$

$d_W = 0,75$ $d_{Cl} \approx 0,7358$

$d_W \approx 0,7273$ $d_{Cl}^{quadratisch} \approx 0,6768$

$d_{Cl}^{hexagonal} \approx 0,7075$

$d_{Cl}^{tetraedrisch} \approx 0,7123$

Es wurde vermutet [W85], daß in den übrigen Fällen die Wurst die optimale Packungsdichte besitzt, wobei die Schranken im 3-dimensionalen Raum scharf sind, im 4-dimensionalen nicht. Bei scharfen Schranken würde dies bedeuten, daß durch Hinzunahme oder Wegnahme einer einzigen Kugel die optimale Packung sich sprunghaft von der linearen Anordnung (Wurst) zum Cluster ändern würde. Daher heißt diese Vermutung die Wurstkatastrophe.

Ein Beweis der Wurstkatastrophe ist noch völlig offen; es liegen nur einige computergestützte Teilergebnisse vor.

Würde man die Aussage des Satzes in der Praxis ernst nehmen, müßte der Tenniswart eines Sportvereins Sonderangebote von weniger als ca. 55 Tennisbällen in Wurstform verpackt geschultert aus dem Sportgeschäft tragen. Ein mathematisch vorgebildeter Tenniswart würde natürlich nur Angebote von mindestens 56 Stück annehmen, die er dann getrost clusterförmig verpackt abtransportieren könnte.

Bevor wir uns jedoch im Bereich der Mathematics Fiction verlieren, wollen wir wieder zu den mathematischen Tatsachen zurückkehren.

Während der 4-dimensionale Fall dem 3-dimensionalen hinsichtlich der Wurstkatastrophe verwandt ist, hält die Mathematik für noch höhere Dimensionen abermals eine Überraschung bereit.

Satz (Wurstvermutung). *Wir betrachten finite Packungen von* N *Einheitskugeln im* $\mathbf{R}^n$. *Wenn* n $\geq$ w *ist, so ist für beliebiges* N *die Packungsdichte der Wurstpackung größer als die einer jeden Clusterpackung. Man weiß, daß* w $\leq$ 42 *ist, und man vermutet, daß* w = 5 *gilt.*

Der aufmerksame Leser wird nun nach der 2-dimensionalen Situation fragen. Die Antwort ist in folgendem „Clustersatz" enthalten:

Proposition. *Wir betrachten finite Packungen aus* N *Einheitskreisen. Dann gibt es für* N > 2 *immer eine Clusterpackung, die eine größere Packungsdichte aufweist als die Wurstpackung.*

Der *Beweis* ist sehr einfach und bleibt daher dem Leser überlassen.([LP95])   □

Diese Proposition macht natürlich keine Aussage über größte Packungsdichten. Dies ist wesentlich schwieriger (vgl. [T75]).

Der Beweis der beiden Sätze ist schwierig und kann hier nicht im Detail präsentiert werden. Während wir bei den infiniten Kugelpackungen im letzten Kapitel auf eine lange, bis auf Lagrange und Gauß zurückgehende Wissenstradition zurückgreifen konnten, so ist dies für finite Packungen nicht möglich. Beide obigen Sätze geben den derzeitigen Wissensstand wieder. Für die Zukunft sind zwar weitere Beweise zu erwarten, die die genannten Grenzen präzisieren, jedoch keine grundlegenden neuen Erkenntnisse, die eine Umformulierung der Sätze nötig machen würden.

Das Geburtsjahr der Wurstvermutung ist 1975 [T75]; der Beweis der Wurstvermutung mit $w \leq 13\,386$ erfolgte 1994 [BHW94], die Verschärfung $w \leq 42$ erfolgte 1995 [BH96]. Eine Aussage in Gestalt der Wurstkatastrophe für $n = 3$ und $n = 4$ galt noch 1975 als „hopeless" [T75, S. 197]; sie entstand 1983 und wurde 1985 [W85] näher erläutert.

Anstelle der Beweise der beiden Sätze folgen einige Plausibilitätsbetrachtungen, die auf [T75] basieren. Sie beleuchten die Genese der Aussagen etwas tiefer und bestärken die Hoffnung, daß die noch ausstehenden Beweise nicht *ad Kalendas Graecas* verschoben werden müssen.

Plausibilitätsbetrachtungen zu den beiden Sätzen. Wir sammeln zunächst das gesicherte Wissen; das kommt einer Klärung des Terrains gleich, wo wir festen Boden unter den Füßen haben.

Für alle Wurstkonfigurationen im $\mathbf{R}^n$ lassen sich die Packungsdichten gut berechnen. Die Rechnung sei exemplarisch für $n = 4$ durchgeführt (vgl. Bild 13).

Die Wurst wird an ihren Enden durch je eine 4-dimensionale Halbkugel begrenzt, deren Volumen zusammen $\pi^2/2$ beträgt. Das Volumen des 4-dimensionalen Zylinders im Innern ist das Produkt aus der Grundhyperfläche (in unserem Fall einer 3-dimensionalen Kugel) und seiner

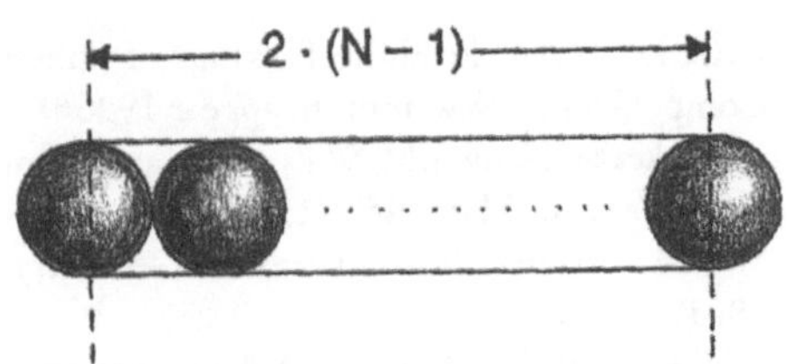

Bild 13. Eine 4-dimensionale Wurstpackung

Länge. Also beträgt das benutzte Volumen

$$V_b = \text{Vol}(K^4) + \text{Vol}(\text{Zylinder}) = \pi^2/2 + 2(N-1)\cdot\frac{4\pi}{3},$$

und das genutzte Volumen beträgt

$$V_g = N \cdot \text{Vol}(K^4) = N \cdot \frac{\pi^2}{2}.$$

Als Packungsdichte erhält man damit

$$d(K^4, C_N) = \frac{N\cdot\pi^2/2}{\pi^2/2 + 8(N-1)\pi/3},$$

wobei C_N eine Wurstkonfiguration mit N aneinanderstoßenden Kugeln bezeichnet.

Der Grenzübergang $N \to \infty$ läßt sich unproblematisch durchführen. In obigem Beispiel erhält man

$$d(K^4, C_N) \xrightarrow[N\to\infty]{} d(K^4, C_\infty) = \frac{3\pi}{16}.$$

Die jeweiligen Ergebnisse sind in Tabelle 3 zusammengefaßt.

Ebenfalls bekannt sind die maximalen Packungsdichten infiniter Gitterpackungen für $n \leq 8$ (vgl. Tabelle 1); für $n > 8$ existieren gute Abschätzungen [CS93].

Nun beginnt der Boden unter den Füßen zu schwanken.

Tabelle 3

n	Grenzwert der finiten Wurstpackungsdichten	maximale Packungsdichte eines infiniten Gitters
2	$\pi/4 \approx 78\%$	$\pi/(2\sqrt{3}) \approx 91\%$
3	$2/3 \approx 67\%$	$\sqrt{2}\,\pi/6 \approx 74\%$
4	$3\pi/16 \approx 59\%$	$\pi^2/16 \approx 62\%$
5	$8/15 \approx 53\%$	$\approx 47\%$
6	$5\pi/32 \approx 49\%$	$\approx 37\%$

Intuitiverweise kann man annehmen, daß die maximale Packungsdichte von Clusterkonfigurationen für $N \to \infty$ gegen die jeweilige maximale infinite Packungsdichte strebt.

Für kleine N ist im n-dimensionalen Raum ($n > 2$) die Wurstkonfiguration gegenüber der Clusterkonfiguration bevorzugt. Hier stützt sich unsere Intuition auf die einführenden Beispiele am Anfang dieses Abschnitts. Für $n > 3$ müssen wir der Literatur glauben [T75].

Wenn man die Ergebnisse für kleines N und großes N zusammen sieht, kommt man wieder intuitiverweise zu folgenden Erkenntnissen:

Für $n = 3$ ist für kleines N die Wurstpackung bevorzugt, für großes N die Clusterpackung. Dazwischen findet die Wurstkatastrophe statt (N $\approx$ 56).

Für $n = 4$ ist die Situation ähnlich. Jedoch behauptet sich die Wurst wesentlich länger, das heißt für viel größere N als sie dies im 3-dimensionalen Raum tut. Der Übergang zwischen Wurstpackung und Clusterpackung setzt erst bei sehr hoher Stückzahl ein (N $\approx$ 375370).

Für $n = 5$ ist die Wurst für kleine und für sehr große Stückzahlen optimal, also auch für mittlere.

Für $n > 5$ stabilisiert sich diese Situation. Wer sich mit diesem lapidaren Satz nicht zufrieden gibt, möge [T75, S. 198, 1. Absatz] studieren.

Demgegenüber ist für $n = 2$ – auch dieser Fall verdient im Reigen der Dimensionen durchaus etwas Aufmerksamkeit – der Clusterpackungstyp für beliebige N bevorzugt.

Die beiden Sätze über die Wurstkatastrophe und die Wurstvermutung geben eine Antwort auf die Frage nach einem möglichen Unterschied im Packungsverhalten zwischen wenigen und vielen Kugeln. Sie lautet: Im 3-dimensionalen Raum sind bis ca. 56 Kugeln wenig; eine Packung mit größtmöglicher Dichte ist wurstförmig. Mehr als ca. 56 Kugeln sind dagegen viel, ihre optimale Packung ist clusterartig. Die dabei auftretenden Clusterpackungen stellen eine gute endliche Näherung für infinite Packungen größter Packungsdichte dar. Auch im 4-dimensionalen Raum existiert ein Grenzbereich (ca. 75 000), die in diesem Sinn „wenige" und „viele" Kugeln unterschiedet. Das ist die Aussage der „Wurstkatastrophe".

In höherdimensionalen Räumen ($n > 4$) existiert dagegen eine derartige endliche Grenze nicht mehr; hinsichtlich größtmöglicher Packungsdichte ist lediglich eine

Unterscheidung zwischen endlicher und unendlicher Stückzahl sinnvoll. Dies besagt die „Wurstvermutung".

In der Ebene ist jede Konfiguration mit maximaler Packungsdichte clusterförmig. Aus diesem Grund sind finite Kreispackungen im Vergleich zu den finiten Pakkungen höherdimensionaler Kugeln relativ uninteressant – wenngleich sie, isoliert betrachtet, natürlich schon von Interesse sind (vgl. auch [T75]).

Mit diesen Antworten schließen wir die Betrachtung finiter Packungen ab. Es liegt in der Natur eines sich noch entwickelnden Teilgebiets der Mathematik, daß auf viele Fragen noch keine bestmöglichen Antworten gefunden worden sind, ja daß noch nicht einmal alle sinnvollen Fragen formuliert worden sind. Dies gilt sowohl in mathematikimmanenter Hinsicht ebenso wie unter anwendungsspezifischen Aspekten der Theorie.

Beispielsweise wachsen Kristalle wie finite Kugelpackungen gewöhnlich in alle drei Raumrichtungen, jedoch anisotrop. Sie gehorchen damit nicht *eo ipso* allein dem Prinzip maximaler Packungsdichte. Zwingt man das Kristallwachstum in eine Ebene, wie es beispielsweise bei Eisblumen der Fall ist, kann auch dendritisches Wachstum – im Gegensatz zu 2-dimensionalen Clustern – auftreten. Eisblumen wachsen somit weder wurstförmig noch clusterförmig, füllen die Ebene weder längs einer Dimension noch in allen beiden Dimensionen, sondern in einer fraktalen Dimension.

In mathematischer Hinsicht ermöglichte in jüngster Zeit die Einführung eines Dichteparameters [W93] und [BHW94] eine Verallgemeinerung der Theorie finiter Packungen und damit einhergehend tiefere Erkenntnisse über die Genese der Wurstkatastrophe. Zugleich gelang in diesem Konzept eine Beschreibung von Kristallen ([S96], [W96]) und der katalytischen Aktivität von Edelmetalloberflächen ([LP95], [L97]).

Literatur

[BH96] U. Betke, M. Henk: Finite Packings of Spheres. Discrete Comp. Geom., New York, to appear 1996/97.

[BHW94] U. Betke, M. Henk, J.M. Wills: Finite and Infinite Packings. J. reine angew. Math. **453** (1994), 165–191.

[C61] H.S.M. Coxeter: Introduction to Geometry. New York 1961.

[CS93] J. H. Conway, N.J.A. Sloane: Sphere Packings, Lattices and Groups. New York ²1993.

[G31] C.F. Gauß: Untersuchungen über die Eigenschaften der positiven ternären quadratischen Formen von L.A. Seeber, Dr. der Philosophie, ordentlicher Professor der Physik an der Universität in Freiburg. Göttingersche gelehrte Anzeigen (9. Juli 1831), in: Werke II, 1876, 188–196.

[GW72] P.M. Gandini, J.M. Wills: On Finite Sphere Packings. Math. Pannonica **3** (1992), 19–29.

[GZ92] P.M. Gandini, A. Zucco: On the Sausage Catastrophe in 4-Space. Mathematika **39** (1992), 274–278.

[HW85] A.F. Hollemann, E. Wiberg: Lehrbuch der anorganischen Chemie. Berlin ⁹¹⁻¹⁰⁰1985.

[H93] W.-Y. Hsiang: On the Sphere Packing Problem and the Proof of Kepler's Conjecture. Int. J. Math. 4 (5) (1993), 739–831.

[H94] T.C. Hales: The Status of the Kepler Conjecture. The Mathematical Intelligencer **16** (3) (1994), 47–58.

[K86] Ch. Kittel: Introduction to Solid State Physics. New York ⁶1986.

[L73] J.L. Lagrange: Recherches d'arithmetique. Nouv. Mem. Acad. Roy. Sc. belle lettres, Berlin 1773, 265–312 (= Oeuvres III, 693-758).

[L97] M. Leppmeier: Kugelpackungen von Kepler bis heute. Erscheint 1997 im Verlag Vieweg.

[LM95] M. Lemcke: Johannes Kepler. Hamburg 1995.

[LP95] M. Leppmeier: Kugelpackungen und Wurstkatastrophen – Ein Elementarisierungsversuch als Pluskurs Mathematik in der Oberstufe (Staatsexamensarbeit); Landshut 1995

[R64] C.A. Rogers: Packing and Covering. Cambridge 1964.

[S96] U. Schnell: Parametric Density, Wulff-Shape and Crystal Growth. Manuskript.

[S92] I. Stewart: Has the Sphere Packing Problem been Solved? Science 2 (5) (1992), 16.

[T10] A Thue: Über die dichteste Zusammenstellung von kongruenten Kreisen in der Ebene. Norske Vid. Sellsk. Skr. 1 (1910), 1–9.

[T72] L. Fejes Toth: Lagerungen in der Ebene, auf der Kugel und im Raum. Berlin ²1972.

[T75] L. Fejes Toth: Research Problem Nr. 13. Periodica Math. Hung. **6** (1975), 197–199.

[W85] J.M. Wills: On the Density of Finite Packings. Acta Math. Hung. **46** (1985), 205–210.

[W93] J.M. Wills: Finite Sphere Packings and Sphere Coverings. Rend. del Sem. Mat. di Messina II, 2 (1993), 91–97.

[W96] J.M. Wills: On Large Lattice Packings of Spheres. Erscheint 1996 in Geometriae Dedicata.

Johannes Ueberberg

Möbiusebenen oder Die Geometrie der Kugel

Am Anfang war das Ei

Ich stelle mir vor: Es ist Sonntag, ein Mathematiker sitzt am Frühstückstisch, trinkt Kaffee. In der linken Hand hält er sein Frühstücksei, in der rechten ein Messer. Einen Augenblick betrachtet er versonnen das Ei, dann schlägt er es auf. Gedankenverloren setzt er die beiden Hälften wieder aufeinander.

Wo zuvor eine glatte unstrukturierte Oberfläche war, hinterläßt nun die Schnittebene die Spur einer Kreislinie. Der Mathematiker starrt auf diese Kreislinie, greift in Gedanken erneut zum Messer und versieht das Ei mit unzähligen weiteren Schnitten. Auf diese Weise entstehen zahlreiche Kreise auf der Eifläche, die teilweise disjunkt sind, sich teilweise aber auch in einem oder in zwei Punkten schneiden. Aus der glatten, fast langweiligen Oberfläche des Eis ist auf einmal eine komplexe geometrische Struktur geworden.

An dieser Stelle wollen wir den Mathematiker seinem Frühstück überlassen und die Geometrie der Eifläche auf

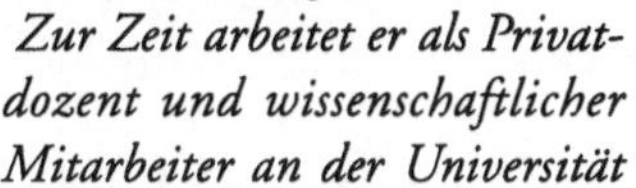
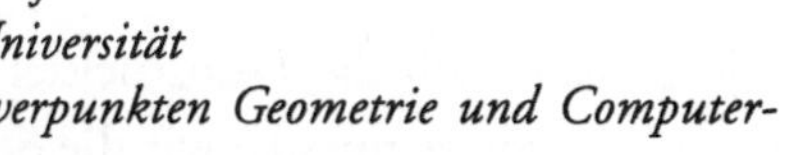

solidere mathematische Füße stellen. Eine Eifläche (gemeint ist die Oberfläche des Eis oder – um im Bild zu bleiben – ein ausgeblasenes Ei) hat zwei besonders markante Eigenschaften: Die erste Eigenschaft betrifft die Eifläche in bezug auf die Geraden des umgebenden 3-dimensionalen Raums. Jede dieser Geraden trifft die Eifläche in keinem, in genau einem oder in genau zwei Punkten. Wir sprechen von *Passanten*, *Tangenten* bzw. *Sekanten*. Eine besonders wichtige Rolle nehmen die Tangenten ein, womit wir zu der zweiten Eigenschaft kommen. Die Menge der Tangenten an einem Punkt X der Eifläche überdeckt genau die Punktmenge einer Ebene, der sogenannten *Tangentialebene* an der Eifläche im Punkt X.

Wir verwenden diese Eigenschaften als definierende Eigenschaften der sogenannten Ovoide:
Eine Punktmenge O eines 3-dimensionalen projektiven Raums P wird *Ovoid* genannt,

- falls jede Gerade von P keinen, genau einen oder genau zwei Punkte mit O gemeinsam hat und
- falls für jeden Punkt X aus O die Menge der Tangenten an O durch X genau die Punkte einer Ebene von P überdeckt.

Diese Tangentialebene an O im Punkt X wird mit T_X bezeichnet.

Bild 1: Das Ei

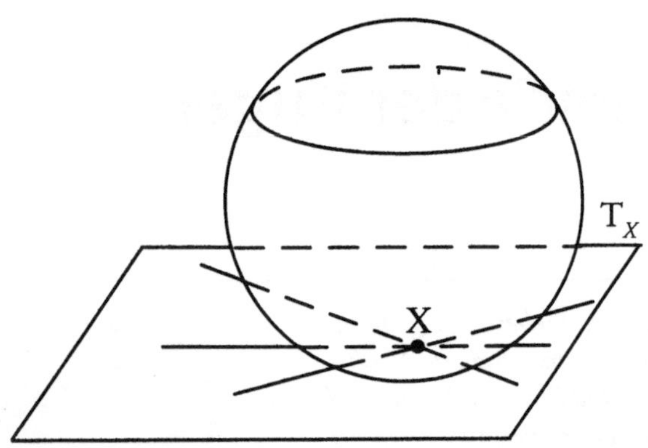

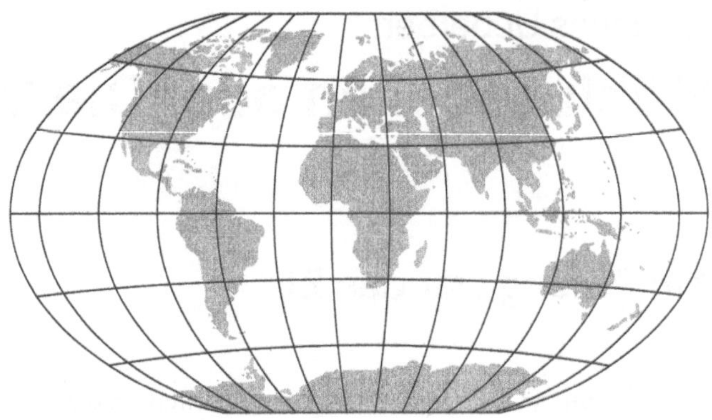

Bild 2: Die Tangentialebene

Bild 3: Die Erdkugel

Ovoidale Möbiusebenen

Bis jetzt haben wir das Frühstücksei durch ein Ovoid ersetzt. Als nächstes müssen wir die Schnittebenen unseres Hühnereis modellieren. Dazu sei O ein Ovoid in einem 3-dimensionalen projektiven Raum und E eine Ebene. Wir interessieren uns weder für den Fall, daß E zu O disjunkt ist, noch für den Fall, daß E eine Tangentialebene von O ist. Mit anderen Worten, die Ebene E enthalte mindestens zwei Punkte aus O. Dann hat $E \cap$ O die beiden folgenden Eigenschaften:

i) Jede Gerade von E hat höchstens zwei Punkte mit O gemeinsam.
ii) Durch jeden Punkt X aus $E \cap$ O geht genau eine Tangente an $E \cap$ O.

Die erste Eigenschaft folgt unmittelbar aus der Definition eines Ovoids. Zum Nachweis der zweiten Eigenschaft betrachten wir einen Punkt X aus $E \cap$ O sowie die Tangentialebene T_X an O in X. Dann schneiden sich T_X und E in einer Geraden durch X. Dies ist die Tangente in E durch X an O.

Eine Punktmenge einer projektiven Ebene, die die oben aufgeführten Eigenschaften i) und ii) besitzt, nennt man ein *Oval*. Ovale sind eine natürliche Verallgemeinerung von Kreisen.

Kehren wir von den Ovalen zurück zu den Ovoiden. Ist O ein Ovoid und E eine Ebene, so ist E entweder disjunkt zu O oder eine Tangentialebene an O, oder aber $E \cap$ O ist ein Oval von E. Aus einem Ovoid konstruieren wir nun eine Geometrie aus Punkten und Kreisen, wobei

wir von Ovalen etwas nachlässig als Kreisen sprechen.

Sei O ein Ovoid. Die *ovoidale Möbiusebene* $M($O$)$ ist die wie folgt definierte Geometrie aus Punkten und Kreisen: Die Punkte von $M($O$)$ sind die Punkte von O; die Kreise von $M($O$)$ sind die ebenen Schnitte $E \cap$ O, wobei $E \cap$ O ein Oval in E ist. Allgemeiner heißt eine Geometrie G aus Punkten und Kreisen eine *ovoidale Möbiusebene*, falls es ein Ovoid O gibt, so daß G zu $M($O$)$ isomorph ist.

Das bekannteste Modell einer ovoidalen Möbiusebene ist die Erdkugel. Dabei sind der Nord- und der Südpol zwei Punkte N und S dieser Geometrie, die Längengrade der Erde sind genau die Kreise durch N und S. Die Breitengrade bilden eine Familie paarweise disjunkter Kreise, die die gesamte Punktmenge mit Ausnahme von N und S lückenlos überdecken. Daneben gibt es natürlich noch zahllose andere Kreise, die gewissermaßen „schief" auf der Erdoberfläche liegen.

Elliptische Möbiusebenen

Von den Kugeln ist es nur ein kleiner Schritt zu den Ellipsoiden. Die Einheitskugel **K**, d.h. die Kugel durch den Koordinatenursprung mit Radius 1, ist durch die Gleichung

$$x^2 + y^2 + z^2 = 1$$

gegeben. Anders ausgedrückt gilt

$$\mathbf{K} = \{(x, y, z): x^2 + y^2 + z^2 = 1\}$$

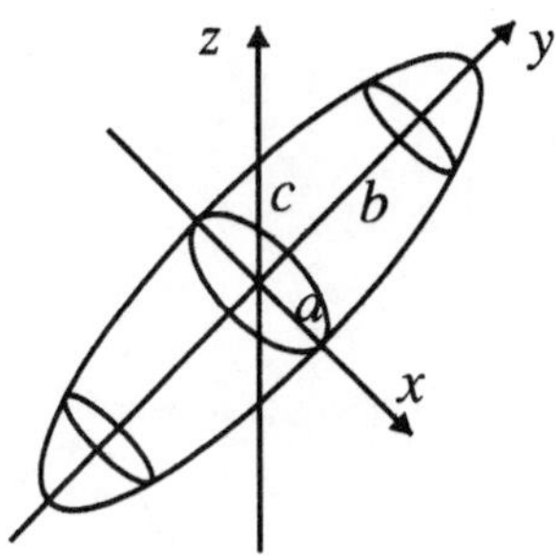

Bild 4: Ein Ellipsoid

Ein **Ellipsoid** ist ebenfalls durch eine quadratische Gleichung definiert, und zwar durch die Gleichung

$$\frac{x^2}{a^2} + \frac{y^2}{b^2} + \frac{z^2}{c^2} = 1$$

wobei a, b, $c \neq 0$ gilt. Dabei haben die Zahlen a, b und c die aus der Abbildung ersichtliche geometrische Bedeutung.

Die Ellipsoide sind ihrerseits Ovoide und zeichnen sich u.a. dadurch aus, daß sie über ein besonders hohes Maß an Symmetrie verfügen. Da sich diese Eigenschaft auf die zugehörigen Möbiusebenen überträgt, nennt man eine Geometrie G aus Punkten und Kreisen eine *elliptische Möbiusebene*, falls es ein Ellipsoid E gibt, so daß G zu $M(E)$ isomorph ist.

Die Definition der ovoidalen bzw. elliptischen Möbiusebenen hat allerdings einen entscheidenden Nachteil: Ovoidale und elliptische Möbiusebenen sind abgeleitete Strukturen. Zu ihrer Definition benötigt man Ovoide bzw. Ellipsoide. Viel schöner wäre eine eigenständige Axiomatik in der Form: „Eine Möbiusebene ist eine Geometrie aus Punkten und Kreisen, die den folgenden Axiomen genügt ...“

Abstrakte Möbiusebenen

Was aber sind geeignete Axiome? Hierzu sehen wir uns die ovoidalen Möbiusebenen noch einmal genauer an. Ist O ein Ovoid, so liegen keine drei Punkte von O auf einer Geraden, mit anderen Worten, *je drei Punkte von O spannen eine Ebene auf, die ihrerseits das Ovoid in einem Oval*

schneidet. In der Sprache der ovoidalen Möbiusebene $M(\mathbf{O})$ bedeutet dies, daß durch je drei Punkte von **O** genau ein Kreis geht.

Für zwei Kreise k und l bleiben also nur die Möglichkeiten $k \cap l = \emptyset$ (*k* und *l meiden sich*), $|k \cap l| = 1$ (*k* und *l berühren sich*) sowie $|k \cap l| = 2$ (*k* und *l schneiden sich*). Sich berührende Kreise haben eine weitere interessante Eigenschaft: *Ist k ein Kreis, K ein Punkt auf k und ist X ein Punkt außerhalb von k, so gibt es genau einen Kreis durch X, der k in K berührt.*

Um dies einzusehen, betrachten wir die von k aufgespannte Ebene E. Da k ein Oval in E ist, gibt es genau eine Tangente l an k durch K. Ist F eine Ebene durch X, so berühren sich die Kreise $F \cap O$ und k genau dann in K, wenn $F \cap E = l$. Die Kreise k und $F \cap O$ berühren sich also genau dann in K, wenn F die von l und X aufgespannte Ebene ist. Insbesondere gibt es genau einen Kreis durch X, der k in K berührt.

Die beiden soeben skizzierten Eigenschaften ovoidaler Möbiusebenen hat der niederländische Mathematiker L. J. Smid in seiner Dissertation [1928] als Ausgangspunkt zur Definition (abstrakter) Möbiusebenen genommen:

Eine Geometrie M aus Punkten und Kreisen heißt *Möbiusebene*, falls sie den folgenden Bedingungen genügt:

(M1) Durch je drei Punkte geht genau ein Kreis.
(M2) (*Berühraxiom*) Ist K ein Punkt auf einem Kreis k und ist X ein Punkt außerhalb von k, so gibt es genau einen Kreis durch X, der k in K berührt.
(M3) Auf jedem Kreis liegen mindestens drei Punkte; es gibt vier Punkte, die nicht auf einem Kreis liegen.

Insgesamt haben wir nun drei ineinanderliegende Familien von Möbiusebenen kennengelernt: die (abstrakten) Möbiusebenen, die ovoidalen Möbiusebenen sowie die elliptischen Möbiusebenen. Daraus ergeben sich die beiden zentralen Fragen, denen wir in dieser Arbeit nachgehen wollen.

Existenz. Gibt es überhaupt nichtelliptische ovoidale Möbiusebenen? Gibt es nichtovoidale Möbiusebenen?

Geometrische Kennzeichnung. Gibt es geometrische Eigenschaften, die die Menge der elliptischen bzw. ovoidalen

Möbiusebenen in der Menge aller Möbiusebenen charakterisieren?

Auf die letzte Frage werden wir nicht weniger als drei verschiedene Antworten geben. In den nächsten drei Abschnitten stellen wir geometrische Kennzeichnungen von ovoidalen und elliptischen Möbiusebenen vor und diskutieren die Existenzfrage. In den letzten beiden Abschnitten wenden wir uns einer ganz speziellen Klasse von Möbiusebenen zu, nämlich den endlichen Möbiusebenen, d.h. den Möbiusebenen mit endlich vielen Punkten und endlich vielen Kreisen. Die Bedingung der Endlichkeit bedeutet für die Möbiusebenen eine starke Einschränkung – mit der Konsequenz, daß sich für endliche Möbiusebenen entsprechend starke Aussagen beweisen lassen. Ein besonders eindrucksvolles Beispiel ist der kürzlich bewiesene Satz von THAS, mit dem wir Resultat aus der aktuellen Forschung über Möbiusebenen vorstellen.

Euklid – Descartes – Desargues – Hilbert

Zur Beantwortung der obigen Fragen benötigen wir einen Exkurs über affine Ebenen. Im Zeitraffer werden wir die Entwicklung von EUKLID bis HILBERT an uns vorbeiziehen lassen.

Das zweifellos berühmteste Axiom der Mathematik ist das Euklidische Parallelenpostulat. EUKLID formuliert es in den *Elementen* [1980] so:

Und daß, wenn eine gerade Linie beim Schnitt mit zwei geraden Linien bewirkt, daß innen auf derselben Seite entstehende Winkel zusammen kleiner als zwei Rechte werden, dann die zwei geraden Linien bei Verlängerung ins unendliche sich treffen auf der Seite, auf der die Winkel liegen, die zusammen kleiner als zwei Rechte sind.

Die moderne Definition einer affinen Ebene benutzt ausschließlich inzidenzgeometrische Begriffe. Eine *affine Ebene* ist eine Geometrie aus Punkten und Geraden sowie einer Inzidenzrelation zwischen den Punkten und den Geraden, die den folgenden Bedingungen genügt.

Bild 5: Euklid (?)

(A1) (*Linearität*) Durch je zwei Punkte geht genau eine Gerade.

(A2) (*Parallelen-Axiom*) Ist g eine Gerade und ist X ein Punkt, der nicht auf g liegt, so gibt es genau eine zu g disjunkte Gerade durch X.

(A3) Auf jeder Geraden liegen mindestens zwei Punkte; es gibt mindestens zwei Geraden.

Fast 2000 Jahre stand die Geometrie völlig im Zeichen der *synthetischen* Untersuchung: Aus Inzidenz- und Kongruenzeigenschaften wurden geometrische Sätze abgeleitet. Erst mit DESCARTES [1637] wurde der syntheti-

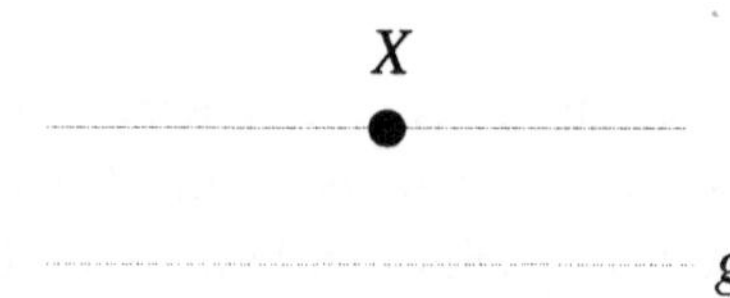

Bild 6: Parallelen-Axiom

Bild 7: Descartes

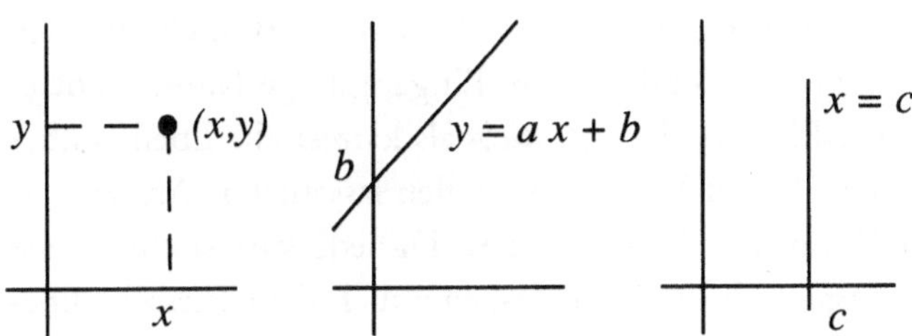

Bild 8: Koordinaten in kartesischen Ebenen

schen Geometrie die analytische Geometrie zur Seite gestellt. Punkten werden Koordinaten zugeordnet, Geraden als Nullstellenmengen linearer Gleichungen aufgefaßt. In der heutigen Terminologie ist zu jedem (Schief-)Körper K wie folgt eine *kartesische Ebene* **C** definiert: Die Punkte von C sind alle Paare (x, y), wobei x und y Elemente aus K sind. Zu allen $a, b, c \in K$, $(a, b) \neq (0, 0)$ sind die Mengen

$$\{(x, y): y = ax + b\} \text{ und } \{(x, y): x = c\}$$

die Geraden von **C**. Dabei sind die Geraden der Form $x = c$ genau die Parallelen zur y-Achse. Der nicht zu überschätzende Vorteil dieser *Koordinatisierung* affiner Ebenen liegt in der Tatsache, daß die Geometrie damit algebraischen Methoden zugänglich gemacht wurde.

Man überzeugt sich leicht, daß jede kartesische Ebene auch eine affine Ebene ist. Wie aber steht es mit der Umkehrung? Läßt sich auch jede affine Ebene koordinatisieren? Einen wichtigen Beitrag zur Beantwortung dieser Frage leistete DESARGUES , indem er den folgenden *Schließungssatz* bewies.

Satz von Desargues. *Sei A eine (affine) Ebene eines 3-dimensionalen affinen Raums, sei Z ein Punkt von A, und seien g_1, g_2, g_3 drei Geraden durch Z. Ferner seien P_1, P_2, P_3, Q_1, Q_2, Q_3, sechs Punkte mit den folgenden Eigenschaften:*
* *Die Punkte P_1, P_2, P_3 sowie Q_1, Q_2, Q_3, bilden jeweils ein Dreieck.*
* *Für $i = 1, 2, 3$ liegen die Punkte P_i und Q_i auf der Geraden g_i.*
* *Die Geraden P_1P_2 und Q_1Q_2 sowie P_1P_3 und Q_1Q_3 sind parallel. Dann sind auch die Geraden P_2P_3 und Q_2Q_3 parallel.*

Im Lauf der Zeit wurde der Satz von DESARGUES weniger als Satz, sondern eher als Axiom betrachtet, was zu der folgenden Definition führte:

Eine affine Ebene heißt *desarguessch*, falls in ihr der Satz von DESARGUES gültig ist.

Der ursprüngliche Satz von DESARGUES erhielt damit die folgende Gestalt.

Satz von Desargues. *Ist A eine Ebene eines mindestens 3-dimensionalen affinen Raums, so ist A desarguessch.*

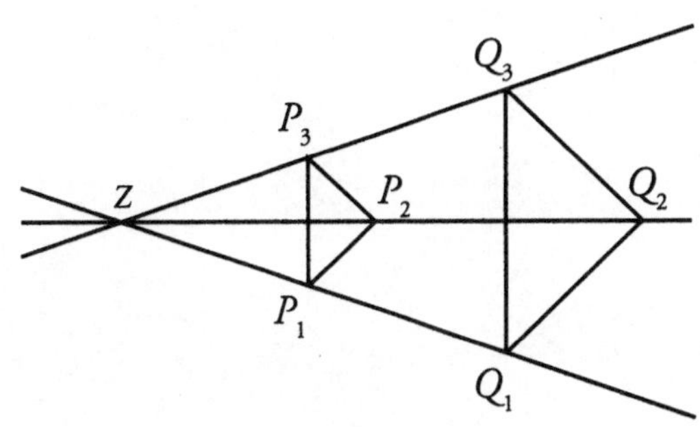

Bild 9: Der Satz von Desargues

Später hat man festgestellt, daß auch kartesische Ebenen desarguessch sind. Unsere Eingangsfrage lautet: Gibt es affine Ebenen, die sich *nicht* als kartesische Ebenen über einem (Schief-)Körper darstellen lassen? Die Antwort ist „Ja!". Solche Ebenen gibt es. Da jede kartesische Ebene desarguessch ist, genügt es, eine nichtdesarguessche Ebene zu konstruieren. HILBERT [1899] konstruierte als erster eine Klasse nichtdesarguesscher Ebenen, eine Konstruktion, die von MOULTON [1902] stark vereinfacht wurde, weswegen diese Ebenen heute als *Moulton-Ebenen* bezeichnet werden. (Eine einfache Beschreibung dieser Ebenen findet man z.B. in BEUTELSPACHER, ROSENBAUM [1992], Kapitel 2.6.)

So weit, so gut. Fassen wir noch einmal zusammen: In EUKLIDS *Elementen* ist eine synthetische Definition affiner Ebenen enthalten. Fast 2000 Jahre sind alle geometrischen Untersuchungen synthetischer Natur, bis DESCARTES 1637 die analytische Geometrie durch Einführung von Koordinaten begründet. Wie groß ist aber der Unterschied zwischen EUKLIDS affinen Ebenen und den „neuen" kartesischen Ebenen? Jede kartesische Ebene ist eine affine Ebe-

ne, aber es gibt affine Ebenen, die nicht kartesisch sind, z.B. die oben erwähnten Moulton-Ebenen. Heute wissen wir, daß aus jeder kartesischen Ebene durch geeignete Veränderungen sehr viele nichtisomorphe nichtkartesische Ebenen gewonnen werden können. In diesem Sinne ist die kartesische Ebene eher eine Ausnahmeerscheinung!

Eine zentrale Frage blieb offen: Wie kann man einer affinen Ebene geometrisch ansehen, ob sie kartesisch ist oder nicht? Anders ausgedrückt: Gibt es eine geometrische Kennzeichnung der kartesischen Ebenen innerhalb der Klasse aller affinen Ebenen? Auch auf diese Frage gibt HILBERT [1899] die abschließende Antwort:

Satz. *Eine affine Ebene ist genau dann kartesisch, wenn sie desarguessch ist.*

Die Ableitung einer Möbiusebene

Eine wichtige Methode in der Kartographie ist die stereographische Projektion. Zum Erstellen einer Weltkarte legt man die Erdkugel auf eine (affine) Ebene A, beispielsweise so, daß sich die Ebene und die Erdkugel im Südpol S berühren. Vom Nordpol N wird nun die Erdkugel auf die Ebene projiziert, und zwar so:

Jeder vom Nordpol verschiedene Punkt P der Erdoberfläche legt mit dem Nordpol die Verbindungsgerade NP fest, die die Ebene A in einem Punkt $\pi(P)$ schneidet. Der Punkt P wird unter π auf den Punkt $\pi(P)$ projiziert. Bezeichnen wir mit O die Erdoberfläche, so ist π eine bijektive Abbildung zwischen der Punktmenge $O \setminus \{N\}$ und der Punktmenge von A.

Bild 10: D. Hilbert

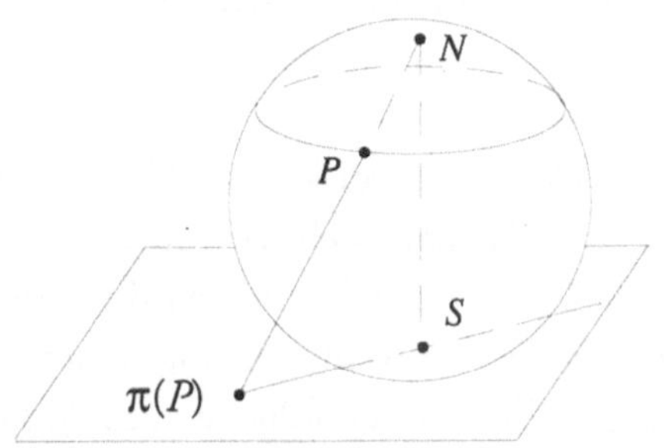

Bild 11: Die stereographische Projektion

Für die Kartographen hat dies den Nachteil, daß sie zur vollständigen stereographischen Projektion der Erdoberfläche die gesamte reelle Ebene benötigen. Bekanntermaßen umgeht man dieses Hindernis, indem man nur Ausschnitte der Erdoberfläche projiziert.

Wir können uns aber unbehelligt von praktischen Schwierigkeiten an der theoretischen Eleganz der bijektiven Abbildung $\pi : O \setminus \{N\} \to A$ erfreuen und uns überlegen, was π mit den Kreisen von O macht. Besonders interessant sind die Kreise durch N. Ein solcher Kreis k wird durch den Schnitt von O mit einer Ebene F durch N beschrieben. Ist $K \neq N$ ein Punkt auf k, so liegen N und k in F, folglich liegt auch die Gerade NK in F, und es folgt $\pi(K) = NK \cap A \in F \cap A$. Nun ist es nur noch ein kleiner Schritt nachzuweisen, daß π den Kreis k auf die Gerade $F \cap A$ von A abbildet. Es gilt sogar der folgende Satz:

Satz. *Die Abbildung $\pi : O \setminus \to A$ induziert eine bijektive Abbildung zwischen den Kreisen von O durch N und den Geraden von A.*

Für die stereographische Projektion vom Nordpol hat dieser Satz die praktische Auswirkung, daß die Längengrade der Erde (die ja Kreise durch den Nordpol sind) auf der Landkarte als Geraden erscheinen. Die Kreise, die nicht durch N gehen, werden unter π auf Ellipsen von A abgebildet.

Die Punkte von $O \setminus \{N\}$ und die Kreise von O durch N werden unter π bijektiv auf die Punkte und Geraden der affinen Ebene A abgebildet. Wir werden diesen Sachverhalt von der Erdkugel auf beliebige Möbiusebenen abstrahieren und zwar in einer Art und Weise, daß die affinen Ebenen ganz von selbst – sozusagen aus dem Nichts – auftauchen. Sei dazu M eine Möbiusebene, und sei N ein

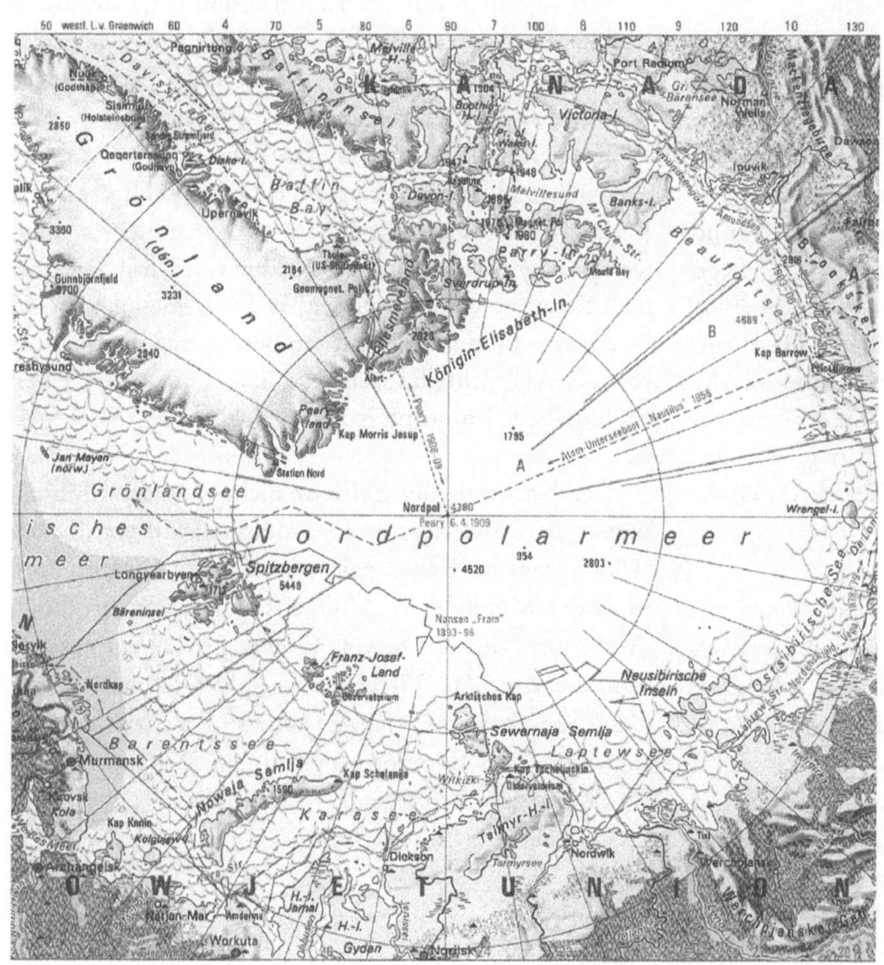

Bild 12: Der Nordpol

Punkt von M. Wir definieren eine Geometrie von Punkten und Geraden, deren Punkte die Punkte von $M \setminus \{N\}$ und deren Geraden die Kreise von M durch N seien. In M_N sei der Punkt X mit der Geraden k inzident, wenn der Punkt X in M auf dem Kreis k liegt. Die Geometrie M_N heißt die *Ableitung von M am Punkt N*.

Satz. *Jede Ableitung einer Möbiusebene ist eine affine Ebene.*

Die Punkte von M_N und von M bezeichnen wir mit denselben Buchstaben ($X, Y, Z, \dots$). Der Übersichtlichkeit halber unterscheiden wir zwischen den Geraden von M_N und den Kreisen von M durch N, indem wir die Gerade aus M_N, die dem Kreis k aus M durch N entspricht, mit g_k bezeichnen. Um mit den Ableitungen ein wenig vertrauter zu werden, beweisen wir den obigen Satz. Wiederum sei M eine Möbiusebene, N ein Punkt von M und M_N die Ableitung von M am Punkt N. Wir müssen die Axiome (A1), (A2) und (A3) überprüfen.

(*A1*) *Linearität*. Sind X und Y zwei Punkte von M_N, so geht nach Axiom (M1) genau ein Kreis k durch N, X und Y. Dieser Kreis definiert die eindeutig bestimmte Gerade g_k von M_N durch X und Y.

(*A2*) *Parallelen-Axiom*. Sei g_k eine Gerade von M_N und sei X ein Punkt von M_N, der nicht auf g_k liegt. Nach dem Berühraxiom (M2) gibt es genau einen Kreis k' durch X, der k in N berührt. Da k' mit dem Punkt N inzidiert, ist $g_{k'}$ eine Gerade von M_N. Da sich k und k' in N berühren, sind die Geraden g_k und $g_{k'}$ in M_N disjunkt. Folglich ist $g_{k'}$ die eindeutig bestimmte zu g_k disjunkte Gerade durch X.

(A3) folgt aus (M3).

Wir kehren noch einmal kurz zu den Projektionen zurück. Sei O ein Ovoid eines 3-dimensionalen projektiven Raums P, und sei $M = M(O)$ die zugehörige (ovoidale) Möbiusebene. Ferner seien N und S Punkte von O, und seien T_S und T_N die Tangentialebenen von O durch S bzw. N. Sei g die Schnittgerade von T_S und T_N, und sei A die affine Ebene, die entsteht, wenn man g aus T_S entfernt. Ist π die oben definierte Projektion von $O \setminus \{N\}$ auf A, so haben wir gesehen, daß π die Punkte von $O \setminus \{N\}$ bijektiv auf die Punkte von A und die Kreise durch N bijektiv auf die Geraden von A abbildet. Mit anderen Worten, die Abbildung π ist ein Isomorphismus zwischen der Ableitung M_N und der affinen Ebene A. Da jede affine Ebene in einem 3-dimensionalen affinen Raum desarguessch ist, ist insbesondere A desarguessch. Ovoidale Möbiusebenen haben damit die folgende bemerkenswerte Eigenschaft:

Satz. *Jede Ableitung einer ovoidalen Möbiusebene ist desarguessch.*

Das verbogene Ovoid

Gibt es ovoidale Möbiusebenen, die nicht elliptisch sind? Gibt es nichtovoidale Möbiusebenen?

Beide Fragen werden wir in diesem Abschnitt mit „Ja" beantworten.

Wir beginnen mit der Konstruktion einer ovoidalen Möbiusebene, die nicht elliptisch ist. Zunächst konstruieren wir ein Ovoid, das kein Ellipsoid ist. Dazu ändern wir eine Kugel $\mathbf{K}$ wie folgt ab: Sei k ein Kreis von $\mathbf{K}$, und sei $\mathbf{E}$ ein Rotationsellipsoid, das $\mathbf{K}$ in k berührt, sonst aber vollständig im Inneren von $\mathbf{K}$ liegt. Durch k werden $\mathbf{E}$ und $\mathbf{K}$ jeweils in zwei Hälften (sogenannte *Kalotten*) zerlegt. Fügt man die „untere" Kalotte von $\mathbf{K}$ mit der „oberen" Kalotte von $\mathbf{E}$ zusammen, so erhält man ein Ovoid $\mathbf{O}$, das kein Ellipsoid ist. Auf den Beweis, daß die Möbiusebene $M(\mathbf{O})$ nichtelliptisch ist, d.h. zu keiner elliptischen Möbiusebene isomorph ist, verzichten wir an dieser Stelle.

Der Nachweis der Existenz nichtovoidaler Möbiusebenen ist schwieriger und wurde erst 1960 von EWALD [1960] erbracht. EWALD geht von der oben konstruierten ovoidalen Möbiusebene $M(\mathbf{O})$ aus und konstruiert durch „Verbiegen" der Kreise von $\mathbf{O}$ eine neue nichtovoidale Möbiusebene M. Wir geben im folgenden eine Skizze dieser Konstruktion. Vier Zutaten werden dazu benötigt: eine Kugel, ein Rotationsellipsoid, ein Kegel sowie eine Schale eines zweischaligen Hyperboloids.

Bild 13: G. Ewald

Zunächst versehen wir die Kugel **K** in Analogie zur Erdkugel mit einem Nord- (N) und einem Südpol (S) sowie mit Längen- und Breitengraden. Sei l die Verbindungsgerade von N und S und sei a eine Gerade durch den Kugelmittelpunkt senkrecht zu l. Nun betrachten wir einen Kreiskegel **D** mit Achse a, in dessen Inneren die Kugel **K** liegt.

In das Innere der gegenüberliegenden Hälfte von **D** legen wir eine Schale **H** eines zweischaligen Hyperboloids mit Achse a. Nach Konstruktion trennt der Kegel **D** die Kugel **K** von dem Hyperboloid **H**.

Die Kugel schneiden wir nun an einem Breitengrad der nördlichen Halbkugel, sagen wir an dem 50. Breitengrad, in zwei Hälften und ersetzen wie oben die kleinere „Nord-Kalotte" durch die Kalotte eines geeigneten Rotationsellipsoiden **E**. Das so entstandene Ovoid bezeichnen wir mit **O**. Nun werden die Kreise von **O** verbogen. Genauer gesagt, wir definieren eine Geometrie M aus

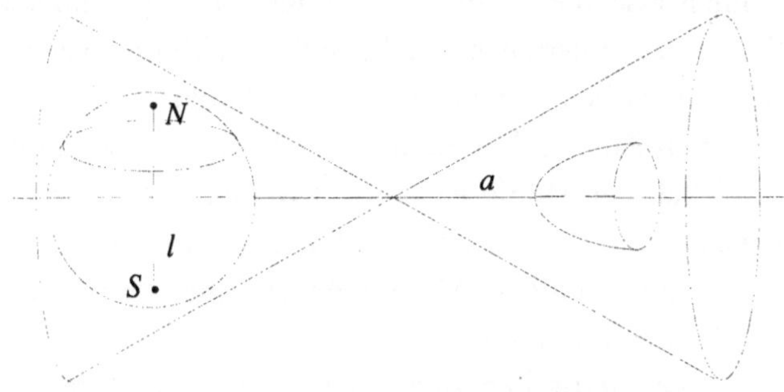

Bild 14: Konstruktion einer nichtovoidalen Möbiusebene

Punkten und Kreisen, wobei die Punktmenge von M die Menge der Punkte von **O** sei. Zu je drei Punkten X, Y, Z $\in$ **O** definieren wir wie folgt einen Kreis k_{XYZ}.

1. Fall. Es gibt einen Punkt $H \in$ **H**, sowie eine Kugel **K**(H) mit Zentrum H, auf deren Oberfläche die Punkte X, Y, Z liegen. Aus der Konstruktion von **H** kann man folgern, daß die Kugel **K**(H) eindeutig bestimmt ist (falls sie existiert). In diesem Fall setzen wir $k_{XYZ} :=$ **O** $\cap$ **K**(H).

2. Fall. Gibt es keinen solchen Punkt $H \in$ **H**, so sei E die von X, Y, Z aufgespannte Ebene. Wir setzen
$$k_{XYZ} := \mathbf{O} \cap E.$$

Die Kreise von M seien alle Kreise der Form k_{XYZ}. EWALD weist im weiteren nach, daß M eine Möbiusebene ist und daß es Punkte X von M gibt, so daß die Ableitung M_x nichtdesarguessch ist. Wir haben aber am Ende des dritten Abschnitts gesehen, daß alle Ableitungen einer ovoidalen Möbiusebene desarguessch sind. Folglich ist M eine nichtovoidale Möbiusebene.

Geometrische Kennzeichnungen

Wir haben drei ineinander enthaltene Klassen von Möbiusebenen untersucht: die elliptischen, die ovoidalen sowie die abstrakten Möbiusebenen. Kann man an rein inzidenzgeometrischen Eigenschaften erkennen, ob eine gegebene Möbiusebene elliptisch oder ovoidal ist? Diese Frage entspricht dem Problem, woran die kartesischen Ebenen unter den affinen Ebenen erkannt werden können. Im vorletzten Abschnitt hatten wir gesehen, daß eine affine Ebene genau dann kartesisch ist, wenn in ihr der Satz von DESARGUES gilt.

Ganz ähnlich lautet die Antwort für Möbiusebenen. Auch hier formulieren wir zwei Axiome über Möbiusebenen, die aus historischen Gründen nicht Axiom, sondern Satz genannt werden. Diese Axiome sind die Sätze von MIQUEL und der Büschelsatz.

Satz von Miquel. *Sei M eine elliptische Möbiusebene, und seien A, B, C, D, A', B', C', D' acht Punkte, so daß die Punktmengen {A, B, C, D}, {A, B, A', B'}, {B, C, B', C'},*

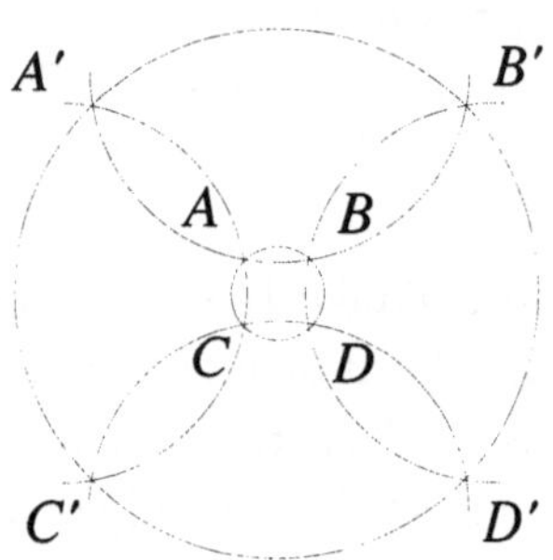

Bild 15: Der Satz von Miquel

{*C, D, C′, D′* } *sowie* {*A, D, A′, D′* } *jeweils auf einem Kreis liegen. Dann liegen auch die Punkte A′, B′, C′, D′ auf einem Kreis.*

Der Büschelsatz ist in seiner Formulierung etwas schwerfälliger. Ist *M* eine Möbiusebene, so *liegen die Kreise a, b, c im Büschel,* falls *a, b, c* entweder genau zwei Punkte gemeinsam haben, oder falls sie sich in einem Punkt *P* berühren (d.h. $a \cap b = b \cap c = a \cap c = \{P\}$).

Büschelsatz. *Seien a, k_1, k_2, k_3, k_4 fünf Kreise einer Möbiusebene M, so daß a, k_1, k_2 sowie a, k_3, k_4 im Büschel liegen und außerdem $k_1 \cap k_4 \neq \emptyset$ und $k_2 \cap k_3 \neq \emptyset$ gilt.*

Dann gibt es einen Kreis b, so daß b, k_1, k_4 sowie b, k_2, k_3 jeweils im Büschel liegen.

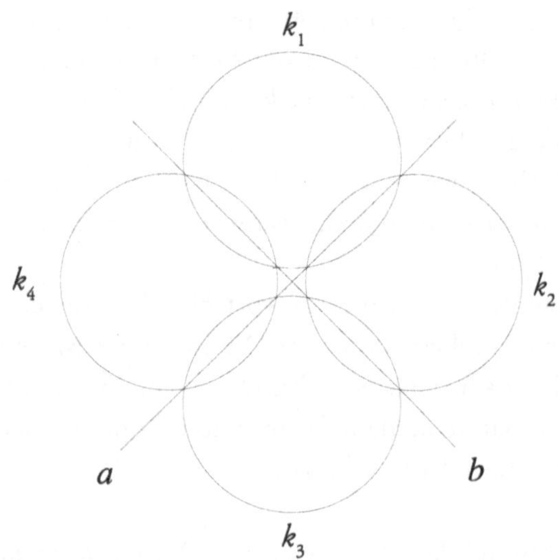

Bild 16: Der Büschelsatz

Der Satz von MIQUEL wurde – wie der Name schon sagt – von MIQUEL [1838] bewiesen. Strenggenommen hat MIQUEL diesen Satz nur für reelle elliptische Möbiusebenen gezeigt. Eigentlich auch nicht für die Möbiusebenen, sondern deren (reelle) Ableitungsebenen. Die geometrischen Kennzeichnungen der elliptischen und der ovoidalen Möbiusebenen lauten nun wie folgt:

Satz. *Eine Möbiusebene ist genau dann elliptisch, wenn in ihr der Satz von MIQUEL gilt.*

Satz. *Eine Möbiusebene ist genau dann ovoidal, wenn in ihr der Büschelsatz gilt.*

Die Charakterisierung der elliptischen Möbiusebenen durch den Satz von MIQUEL stammt von SMID und VAN DER WAERDEN [1935], die Charakterisierung der ovoidalen Möbiusebenen durch den Büschelsatz stammt von KAHN [1980]. Aufgrund des obigen Satzes werden die elliptischen Möbiusebenen auch als *miquelsche Möbiusebenen* bezeichnet.

Endliche Möbiusebenen

Bei der Untersuchung der Möbiusebenen haben wir zum einen gesehen, daß es sowohl ovoidale nichtelliptische als auch nichtovoidale Möbiusebenen gibt. Zum anderen haben wir die geometrische Kennzeichnung der elliptischen Möbiusebenen durch den Satz von MIQUEL sowie der ovoidalen Möbiusebenen durch den Büschelsatz kennengelernt.

Dennoch sind diese Fragen damit bei weitem noch nicht vollständig behandelt. Unter den Möbiusebenen gibt es eine Klasse, die unsere Vorstellungskraft in besonderer Weise herausfordert, nämlich die endlichen Möbiusebenen, d.h. Möbiusebenen mit endlich vielen Punkten und endlich vielen Kreisen. Die Endlichkeitsbedingung schränkt die Vielfalt der Möbiusebenen auf wenige besonders interessante und charakteristische Typen ein. Entsprechend können über endliche Möbiusebenen sehr viel stärkere Sätze bewiesen werden.

Die geometrischen Kennzeichnungen von Möbiusebenen durch den Satz von MIQUEL bzw. durch den

Büschelsatz sind von Endlichkeitsbedingungen unabhängig. Ganz anders die Existenzfragen. Für den Rest dieses Artikels werden wir uns daher mit der Frage nach der Existenz *endlicher*, elliptischer, ovoidaler nichtelliptischer bzw. nichtovoidaler Möbiusebenen beschäftigen.

Die Existenz endlicher elliptischer Möbiusebenen ist leicht zu klären. Ist P ein 3-dimensionaler projektiver Raum über dem Körper $GF(q)$ mit q Elementen, so sind die Nullstellenmengen geeigneter quadratischer Gleichungen Ovoide in A, die man in Verallgemeinerung der reellen Ellipsoide ebenfalls *Ellipsoide* (oder *elliptische Quadriken*) nennt. Entsprechend werden die zugehörigen Möbiusebenen als *elliptisch* bezeichnet. (Wir verzichten auf die genaue Wiedergabe dieser Gleichungen und verweisen auf HIRSCHFELD [1979]). Folglich gibt es elliptische Möbiusebenen.

Endliche Möbiusebenen haben eine sehr homogene kombinatorische Struktur.

Satz. *Sei M eine endliche Möbiusebene. Dann gibt es eine natürliche Zahl $q \geq 2$, so daß gilt:*
a) M hat $q^2 + 1$ Punkte und $q(q^2 + 1)$ Kreise.
b) Auf jedem Kreis liegen $q+1$ Punkte.
c) Durch jeden Punkt gehen $q^2 + q$ Kreise; durch je zwei Punkte gehen $q+1$ Kreise.

Diese Zahl q heißt die *Ordnung* von M. Die endlichen Möbiusebenen zerfallen in zwei grundsätzlich verschiedene Familien, nämlich in die Möbiusebenen gerader und in die Möbiusebenen ungerader Ordnung. Hierin spiegelt sich der wesentliche Unterschied zwischen Körpern der Charakteristik $p = 2$ und Körpern der Charakteristik $p \neq 2$ wider.

Doch zurück zu den Existenzfragen. Für Möbiusebenen gerader Ordnung zeigte DEMBOWSKI [1964], daß jede solche Möbiusebene ovoidal ist. TITS [1962] hatte kurze Zeit zuvor die Gruppen von SUZUKI zur Konstruktion einer Klasse nichtelliptischer Ovoide benutzt. Diese Ovoide nennt man heute *Suzuki-Tits-Ovoide*. Die zugehörigen Möbiusebenen sind ovoidal, aber nicht elliptisch.

Für q ungerade konnte BARLOTTI [1955] zeigen, daß jedes Ovoid des 3-dimensionalen projektiven Raums über $GF(q)$ ein Ellipsoid ist. BARLOTTIs Satz beruht auf einem Resultat von SEGRE [1955], das seinerseits besagt, daß jedes Oval der kartesischen affinen Ebene über $GF(q)$, q

Tabelle 1

Typ	Existenz	
	q gerade	q ungerade
Elliptisch	Ja	Ja
Ovoidal,	Ja	Nein
nichtelliptisch	(Tits 1962)	(Barlotti 1955)
Nichtovoidal	Nein	?
	(Dembowski 1963/64)	

ungerade, bereits ein Kegelschnitt ist. In der Sprache der Möbiusebenen bedeutet der Satz von BARLOTTI, daß es keine ovoidalen nichtelliptischen Möbiusebenen ungerader Ordnung gibt. Offen bleibt damit die Frage, ob es nichtovoidale Möbiusebenen ungerader Ordnung gibt.

Wir fassen die Ergebnisse noch einmal in Tabelle 1 zusammen.

Der Satz von Thas

Die Frage nach der Existenz nichtovoidaler Möbiusebenen ungerader Ordnung ist bis heute ungeklärt. Vor kurzem

Bild 17: J. A. Thas

konnte Thas [1990a, 1994] aber das folgende grundlegende Resultat beweisen und damit eine 40 Jahre offene Vermutung lösen.

Satz. *Sei M eine endliche Möbiusebene ungerader Ordnung. Gibt es einen Punkt X aus M, so daß die Ableitungsebene M_X desarguessch ist, so ist M elliptisch.*

Noch beeindruckender als der Satz an sich ist sein Beweis, in dem Eigenschaften von sehr unterschiedlichen geometrischen Objekten aufgedeckt und in Beziehung zueinander gesetzt werden. Wir skizzieren die wichtigsten Beweisschritte. Sei q die Ordnung von M, und sei A die Ableitungsebene von M in einem Punkt X, d.h. $A = M_X$. Nach Voraussetzung ist A eine affine desarguessche Ebene. Da man viel über desarguessche affine Ebenen weiß, ist es naheliegend, die Möbiusebene M nach A zu „projizieren". Sei dazu k ein Kreis von M, der nicht durch X geht. Da A aus den von X verschiedenen Punkten von M besteht, definiert k eine Menge $M(k)$ von $q + 1$ Punkten in A. Keine drei Punkte von $M(k)$ liegen auf einer Geraden. (Denn: Andernfalls gäbe es eine Gerade g_k', d.h. einen Kreis k' von M durch X, auf dem drei Punkte von $M(k)$ liegen, sagen wir die Punkte U, V, W. Damit gehen durch U, V, W die Kreise k und k', es folgt $k = k'$. Dies steht im Widerspruch zu $X \in k'$ und $X \notin k$.)

Nach dem oben erwähnten Satz von Segre [1955] ist $M(k)$ dann ein Kegelschnitt in A. Die Kreise von M durch X sind die Geraden von A. Die Kreise von M, die nicht durch X gehen, sind (gewisse) Kegelschnitte von A.

Den nächsten Beweisschritt deuten wir nur an. Die affine Ebene A ist nach Voraussetzung die kartesische Ebene über dem Körper $GF(q)$. Sie kann in die affine Ebene $\overline{A}$ über dem Körper $GF(q^2)$ eingebettet werden. Die Beziehung zwischen den Ebenen A und $\overline{A}$ entspricht der Beziehung zwischen der reellen und der komplexen affinen Ebene, sofern man die reelle Ebene als eine Unterebene der komplexen Ebene auffaßt.

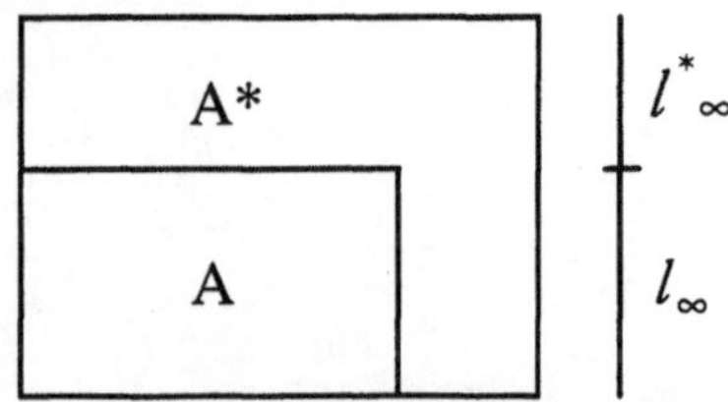

Bild 18: Die quadratische Erweiterung von A

Durch Hinzufügen der uneigentlichen Geraden $\overline{l}_\infty$ wird die affine Ebene A zu einer projektiven Ebene. Eine Teilmenge der Punktmenge von l_∞ definiert die uneigentliche Gerade l_∞ von A.

Jeder Kegelschnitt k von A läßt sich eindeutig zu einem Kegelschnitt $\overline{k}$ von $\overline{A}$ fortsetzen. Die Gerade $\overline{l}_\infty$ schneidet $\overline{k}$ in zwei Punkten $Z_1(k)$ und $Z_2(k)$. Die Punkte $Z_1(k)$ und $Z_2(k)$ liegen auf $\overline{l}_\infty$ aber nicht auf l_∞. Für unsere Zwecke ist eigentlich nur die folgende Beobachtung wichtig: Jeder Kreis k von M legt genau zwei Punkte $Z_1(k)$ und $Z_2(k)$ auf der Geraden $\overline{l}_\infty$ fest.

Erinnern wir uns an unser Ausgangsproblem. Wir wollen zeigen, daß M eine elliptische Möbiusebene ist. Der folgende Satz ist der erste wichtige Schritt.

Satz. *Sei M eine endliche Möbiusebene, und sei X ein Punkt von M. Sei A die Ableitung von M in X. Ferner erfülle M die beiden folgenden Bedingungen.*
i) A ist desarguessch.
ii) Es gibt zwei Punkte Z_1 und Z_2 auf $\overline{l}_\infty$, so daß für alle Kreise k von M, die X nicht enthalten, gilt:
   $\{Z_1, Z_2\} = \{Z_1(k), Z_2(k)\}$.
Dann ist M elliptisch.

Um zu zeigen, daß M elliptisch ist, müssen wir also für je zwei Kreise k und k' von M, die X nicht enthalten, die Beziehung $\{Z_1(k), Z_2(k)\} = \{Z_1(k'), Z_2(k')\}$ nachweisen.

Seien dazu R und S zwei Punkte von M, und sei **B** die Menge der Kreise von M durch R und S (eine solche Menge wird auch *Büschel* genannt). Dann besteht **B** aus genau $q + 1$ Kreisen. In A induziert **B** eine Gerade (nämlich die Gerade durch R und S, der in M der Kreis durch X, R und S entspricht) sowie q Kegelschnitte durch R und S. Für je zwei Kegelschnitte k und k' aus **B** werden wir die Beziehung $\{Z_1(k), Z_2(k)\} = \{Z_1(k'), Z_2(k')\}$ nachweisen.

Der eigentliche Clou des Beweises besteht nun darin, diese Kreise auf einem Hyperboloid sichtbar zu machen. Sei dazu P der 3-dimensionale projektive Raum über dem Körper $GF(q)$.

Ein *Hyperboloid* ist eine Menge **H** von Punkten von P, die der folgenden Bedingung genügt:

Es gibt zwei Familien **R** und **R'** von jeweils $q + 1$ paarweise windschiefen Geraden, so daß jede Gerade aus

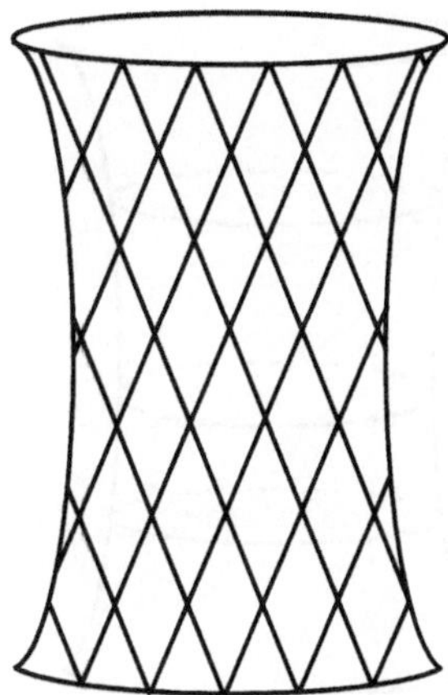

Bild 19: Ein Hyperboloid

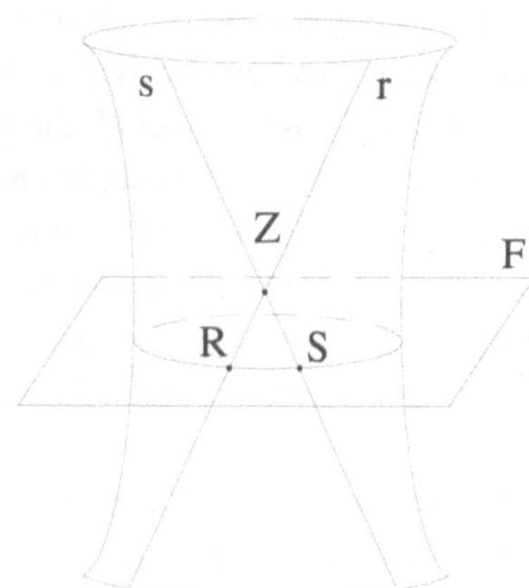

Bild 20: Projektion eines Hyperboloiden

$\mathbf{R} \cup \mathbf{R}'$ vollständig in $\mathbf{H}$ enthalten ist und durch jeden Punkt von $\mathbf{H}$ genau eine Gerade aus $\mathbf{R}$ und genau eine Gerade aus $\mathbf{R}'$ geht.

Die Mengen $\mathbf{R}$ und $\mathbf{R}'$ heißen *Regelscharen* von $\mathbf{H}$. Die riesigen Kühltürme, die hier und da unsere Landschaft zieren, haben die Form von Hyperboloiden. Hyperboloide in endlichen projektiven Räumen haben die folgenden grundlegenden Eigenschaften.

Satz. *Sei H ein Hyperboloid des 3-dimensionalen projektiven Raums P über $GF(q)$.*

a) *Jede Gerade von P trifft H in entweder 0, 1 oder 2 Punkten oder aber ist ganz in H enthalten.*

b) *Die Geraden aus $R \cup R'$ sind genau die in H enthaltenen Geraden.*

c) *Ist E eine Ebene von P, so ist $E \cap H$ entweder ein Kegelschnitt oder aber die Punktmenge von zwei sich schneidenden Geraden.*

Sei $\mathbf{H}$ ein Hyperboloid eines 3-dimensionalen projektiven Raums P der ungeraden Ordnung q. Ein *Kreis* von $\mathbf{H}$ ist nach Definition eine Punktmenge $F \cap \mathbf{H}$, wobei F eine Ebene ist, die $\mathbf{H}$ in einem Kegelschnitt schneidet. Nun verfügen wir über alle Begriffe, um die Möbiusebene M mit dem Hyperboloid $\mathbf{H}$ in Beziehung zu setzen. Zunächst projizieren wir das Hyperboloid $\mathbf{H}$ auf eine projektive Ebene. Dazu sei F eine Ebene von P, die $\mathbf{H}$ in einem Kegelschnitt schneidet. Ferner sei Z ein Punkt von $\mathbf{H}$ außerhalb von F. Wir definieren die Projektion $\pi : \mathbf{H} \setminus \{Z\} \to F$ wie folgt:

Für jeden Punkt $X \in \mathbf{H} \setminus \{Z\}$ sei $\pi(X)$ der Schnitt der Geraden ZX mit der Ebene F. Nach Definition eines Hyperboloids gehen genau zwei Geraden R und S durch Z, die ganz in $\mathbf{H}$ liegen.

Die von Z verschiedenen Punkte von R bzw. S werden unter π jeweils auf einen Punkt $\overline{R}$ bzw. $\overline{S}$ abgebildet, nämlich auf den Schnittpunkt von R bzw. von S mit F. Ist G die Verbindungsgerade von $\overline{R}$ und $\overline{S}$ in F, so hat die Projektion π die folgenden Eigenschaften.

1) *Die Punkte von $H \setminus \{r \cup s\}$ werden unter π bijektiv auf die Punkte von $F \setminus g$ abgebildet.*

2) *Die Kreise von H durch Z werden unter π bijektiv auf die Geraden von F, die weder $\overline{R}$ noch $\overline{S}$ enthalten, abgebildet.*

3) *Die Kreise von H, die nicht durch Z gehen, werden bijektiv auf die Kegelschnitte von F durch $\overline{R}$ und $\overline{S}$ abgebildet.*

Nun kommt der entscheidende Schritt, in dem die Möbiusebene M in Verbindung mit dem Hyperboloid $\mathbf{H}$ gebracht wird. Der projektive Abschluß E der Ableitungsebene A von M und die Ebene F sind isomorph. (Beides sind kartesische projektive Ebenen über $GF(q)$). Wir identifizieren daher E und F und zwar so, daß $R = \overline{R}$ und $S = \overline{S}$ gilt. (Dies ist möglich, da die Kollineationsgruppe von E zweifach transitiv auf den Punkten von E operiert.)

Wir kehren zunächst zu M zurück. In M haben wir die Menge $\mathbf{B}$ der $q + 1$ Kreise durch R und S betrachtet. In E sind diese Kreise die Gerade RS sowie q Kegelschnitte $k_1, \ldots, k_q$, die sich paarweise in den Punkten R und S schneiden. Wir interpretieren nun diese Information in **H**. Wie wir gesehen haben, entsprechen den Kegelschnitten von E durch R und S genau die Kreise von **H**, die nicht durch $Z \in$ **H** gehen. Folglich entsprechen auch den Kegelschnitten $k_1,\dots,k_q$ Kreise $h_1,\dots,h_q$ von **H**. Keiner der Kreise $k_1,\dots,k_q$ ist mit Z inzident. Die uneigentliche Gerade l_∞ von E ist weder mit R noch mit S inzident, daher entspricht l_∞ einem Kreis h_0 von **H** durch Z.

Thas konnte nun zeigen, daß die Kreise $h_0,\dots,h_q$ von **H** die folgende bemerkenswerte Eigenschaft haben. Sie sind paarweise disjunkt und überdecken die gesamte Punktmenge von **H**.

Die Untersuchung der Möbiusebene M ist damit zu der Frage nach der möglichen Struktur von $q+1$ paarweise disjunkten Kreisen von **H** geworden. Eine Menge **S** von Kreisen von **H** heißt eine *Schar*, falls jeder Punkt von **H** auf genau einem Kreis aus **S** liegt. Die Kreise $h_0, h_1, \dots, h_q$ bilden also eine Schar von **H**.

Überraschenderweise besitzen endliche Hyperboloiden ungerader Ordnung nur genau drei Familien von Scharen: die *linearen Scharen*, die *Thas-Scharen* und die *Ausnahme-Scharen*. Die linearen Scharen sind schon lange bekannt und einfach zu beschreiben: Sei **H** ein Hyperboloid eines endlichen 3-dimensionalen projektiven Raums P, und sei g eine Gerade von P, die zu **H** disjunkt ist. Dann schneidet jede der $q + 1$ Ebenen durch g das Hyperboloid in einem Kreis. Auf diese Weise wird **H** in $q + 1$ „Scheiben"

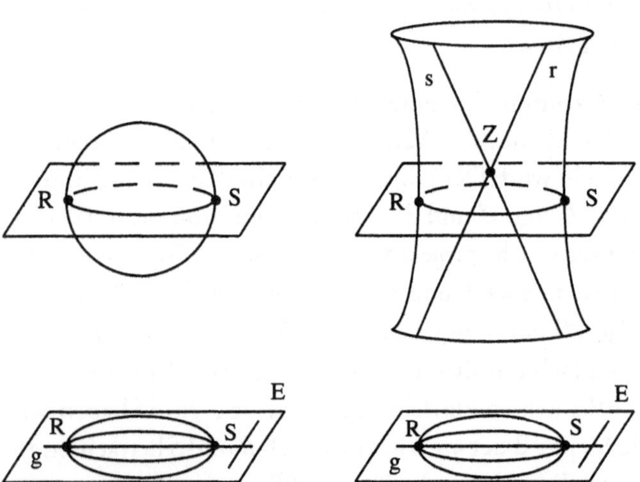

Bild 21: Möbiusebene und Hyperboloid

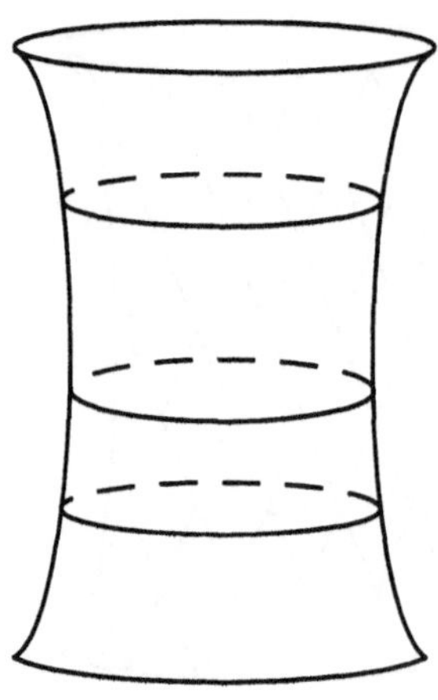

Bild 22: Eine Schar

paarweise disjunkter Kreise zerlegt. Solche Scharen nennt man *linear*. Wir verzichten auf die Wiedergabe der Konstruktion der Thas- und der Ausnahme-Scharen und referieren lediglich die Chronologie der Ereignisse (dabei sei **H** immer ein endliches Hyperboloid der ungeraden Ordnung q).

1975: Für $q \equiv 3 \bmod 4$ konstruiert Thas [1975] eine nichtlineare Schar, die sich aus zwei linearen Scharen zusammensetzt. Diese Scharen nennt man heute *Thas-Scharen*.

1988 (März 1987) [Angegeben ist das Erscheinungsjahr der Arbeit. In Klammern ist das Eingangsdatum der Arbeit angegeben.]: Laura Bader [1988] konstruiert für die Ordnungen $q = 11, 23, 59$ Scharen, die weder linear noch Thas-Scharen sind. Da diese Scharen eng mit den Ausnahme-Fastkörpern zusammenhängen, werden sie *Ausnahme-Scharen* genannt.

1990 (November 87): Thas [1990b] zeigt, daß jede Schar **S** von **H** die folgende Symmetrieeigenschaft hat: Zu jedem Kreis k aus **S** gibt es eine Involution, die k fixiert und die Kreise von **S** auf Kreise von **S** abbildet. Mit Hilfe dieses Satzes zeigt Thas, daß es für $q \equiv 1 \bmod 4$ nur lineare und Thas-Scharen gibt.

1989 (Dezember 87): Bader und Lunardon [1989] zeigen, daß es insgesamt nur drei Familien von Scharen gibt: die linearen, die Thas- und die Ausnahme-Scharen.

Die Kreise $k_1,\dots,k_q$ des Büschels **B** von M definieren in **H** also eine lineare Schar, eine Thas-Schar oder eine Ausnahme-Schar. Aufgrund der speziellen Eigenschaften von

B konnte THAS [1994] die Ausnahme-Scharen und die THAS-Scharen ausschließen. Folglich definiert **B** eine lineare Schar S von **H**.

Damit ist der Beweis so gut wie beendet. Erinnern wir uns: M ist eine endliche Möbiusebene der ungeraden Ordnung q und besitzt (mindestens) eine desarguessche Ableitungsebene $A = M_X$. A ist eine kartesische Ebene über $GF(q)$ und kann in eine kartesische Ebene $\overline{A}$ über $GF(q^2)$ eingebettet werden. Durch Hinzufügen der uneigentlichen Geraden l_∞ wird $\overline{A}$ zu einer projektiven Ebene. Jeder Kegelschnitt von A schneidet l_∞ in genau zwei Punkten. Aus einem älteren wohlbekannten Resultat über lineare Scharen folgt, daß es zwei Punkte Z_1 und Z_2 auf l_∞ gibt, so daß $\{Z_1, Z_2\} = \{Z_1(k_i), Z_2(k_i)\}$. für alle $i = 1, \ldots, q$ gilt. Insgesamt haben wir also gesehen, daß für je zwei sich schneidende Kreise k und k', die X nicht enthalten, gilt:

$$\{Z_1(k), Z_2(k)\} = \{Z_1(k'), Z_2(k')\} .$$

Von da ist es nur ein kleiner Schritt zu zeigen, daß für alle Kreise k, die X nicht enthalten, die Beziehung $\{Z_1, Z_2\} = \{Z_1(k), Z_2(k)\}$. gilt. Aus dem zu Beginn dieses Abschnitts erwähnten Satz folgt, daß M elliptisch ist.

Literatur

[1988] L.Bader: Some new Examples of Flocks of Q⁺ (3,q), Geom. Dedicata 27 (1988), 213–218.

[1989] L. Bader, G. Lunardon: On the Flocks of Q⁺ (3,q), Geom. Dedicata 29 (1989), 177–183.

[1955] A. Barlotti: Un'estensione del Teorema di Segre-Kustaanheimo, Boll. Un. Mat. Ital. 10 (1955), 498–506.

[1992] A. Beutelspacher, U. Rosenbaum: Projektive Geometrie. Von den Grundlagen zu den Anwendungen, Vieweg Braunschweig/ Wiesbaden (1992).

[1964] P. Dembowski: Möbiusebenen gerader Ordnung, Math. Ann. 157 (1964), 179–205.

[1968] P. Dembowski: Finite Geometries, Springer Verlag, Berlin, Heidelberg (1968).

[1637] R. Descartes: Discours de la méthode pour bien conduire sa raison et chercher la vérité dans les sciences. Appendice: La géométrie, Leyden (1637).

[1980] Euklid: Die Elemente, Übersetzung C. Thaer, Wissenschaftliche Buchgesellschaft, Darmstadt (1980).

[1960] G. Ewald: Beispiel einer Möbiusebene mit nichtisomorphen affinen Unterebenen, Arch. Math. 11 (1960), 146–150.

[1899] D. Hilbert: Grundlagen der Geometrie, Teubner Verlag, Berlin (1899).

[1979] J. W. P. Hirschfeld: Projective Geometries over Finite Fields, Oxford University Press, Oxford (1979).

[1980] J. Kahn: Inversive Planes satisfying the Bundle Theorem, J. Comb. Theory (A) 29 (1980), 1–20.

[1988] H. Karzel, H.-J. Kroll: Geschichte der Geometrie seit Hilbert, Wissenschaftliche Buchgesellschaft Darmstadt (1988).

[1838] A. Miquel: Théorèmes de Géométrie, J. de Mathematiques Pures et Appl., 3 (1838), 485–487.

[1902] F. R. Moulton: A Simpe Non-Desarguesian Plane Geometry, Trans. Amer. Math. Soc. 3 (1902), 192–195.

[1955] B. Segre: Ovals in a Finite Projective Plane, Canad. J. Math. 7 (1955), 414–416.

[1928] L. J. Smid: Over Cirkelmeetkunden, Dissertation, Groningen (1928).

[1975] J. A. Thas: Flocks of non-singular ruled Quadrics in $PG(3,q)$, Atti Accad. Naz. Lincei 59 (1975), 83–85.

[1981] J. A. Thas: Some Results on Quadrics and a new Class of Partial Geometries, Simon Stevin 55 (1981), 129–139.

[1990a] J. A. Thas: Flocks, Maximal Exterior Sets and Inversive Planes, in: E. S. Kramer, S. Magliveras (Hrsg.): Finite Geometries and Combinatorial Designs, Contemporary Mathematics, American Math. Soc. 111 (1990), 187–218.

[1990b] J. A. Thas: Solution of a Classical Problem on Finite Inversive Planes, in W. M. Kantor, R. A. Liebler, S. E. Payne, E. E. Shult (Hrsg.): Finite Geometries, Buildings, and Related Topics, Oxford University Press (1990), 145–159.

[1994] J. A. Thas: The Affine Plane $AG(2, q)$, q odd, has a unique One Point Extension, Inventiones mathematicae 118 (1994), 133–139.

[1962] J. Tits: Ovoïdes et Groupes de Suzuki, Arch. Math. 13 (1962), 187–198.

[1935] B. L. van der Waerden, L. J. Smid: Eine Axiomatik der Kreisgeometrie und der Laguerregeometrie, Math. Ann. 110 (1935), 753–776.

Alexander Kreuzer und Margarete Kreuzer

Zur Geschichte des Fluchtpunktes, des Fernpunktes und der projektiven Geometrie

Dies ist ein geschichtlicher Überblick über das erste Auftreten von Flucht- und Fernpunkten und der projektiven Geometrie. Alle drei Begriffe sind eng mit der Zentralprojektion verbunden.

Zur besseren Verständlichkeit verwenden wir durchwegs auch für historische Arbeiten die heute übliche Terminologie.

Die Zentralprojektion

Wir betrachten folgendes Problem: Ein Maler versucht, ein möglichst exaktes Abbild seiner Umgebung zu zeichnen. Er möchte, daß er von einem Punkt Z aus auf einer Leinwand E jeden Gegenstand in derselben Blickrichtung sieht wie in Wirklichkeit. Er möchte also die Umgebung auf die Leinwand E projizieren mit einem Zentrum Z: Der Maler verbindet jeden Punkt P mit Z und erhält als Bildpunkt den Schnittpunkt der Geraden PZ mit der Leinwand E.

Wir erhalten eine *Zentralprojektion* des Raumes auf die Ebene E mit Zentrum Z. Beginnend mit dieser Konstruktion gelangt man zu den Begriffen Fluchtpunkt und Fernpunkt und schließlich zur projektiven Geometrie. Dieser Artikel will einen geschichtlichen Überblick darüber geben.

Zunächst versuchen wir, die abzubildende „Umgebung" mathematisch zu beschreiben. Wir fassen den uns umgebenden Raum als eine Menge A von Punkten auf, die sich durch eine Menge G ausgezeichneter Teilmengen von A, Geraden genannt, charakterisieren läßt. Es gelten folgende Eigenschaften:

- Je zwei verschiedene Punkte P,Q liegen auf genau einer Geraden $g = PQ$
- Jede Gerade hat mehr als nur einen Punkt.

Eine Teilmenge $U \subset A$ heißt *Unterraum*, wenn für zwei verschiedene Punkte $P,Q \in U$ stets auch die Verbindungs-

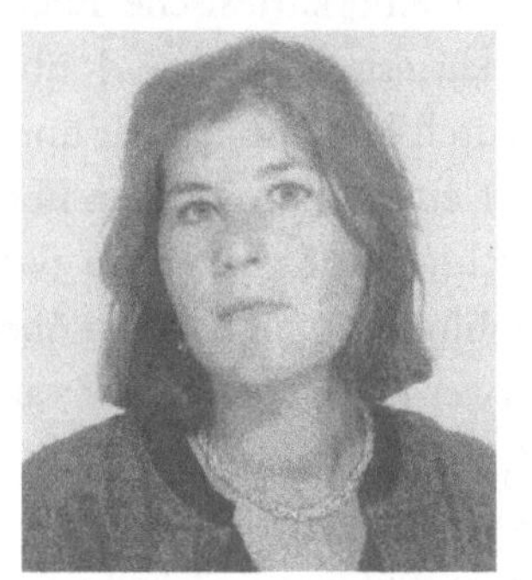

Alexander Kreuzer ist Privatdozent an der Technischen Universität München. Er studierte Mathematik und Physik und wurde 1988 am Mathematischen Institut der Technischen Universität München promoviert. Seine Forschungsgebiete sind Geometrie und Algebra.
Herr Kreuzer war wiederholt zu Forschungsaufenthalten in den USA und Belgien. Seit 1995 ist er verheiratet mit Sabine Kreuzer. In seiner Friezeit spielt er gerne Squash oder besucht mit dem Rad die Biergärten der Umgebung.
Margarete Kreuzer ist die Schwester des ersten Autors. Nach dem Abitur und einer Lehre in einer Restauratorenwerkstatt studierte sie ab 1982 Kunstgeschichte und Italienisch in Augsburg, München und Padua.
In ihrer Abschlußarbeit untersuchte sie barocke Treppenanlagen in Neapel, in dessen Nähe sie seit 1989 wohnt. Längere Studienreisen führten sie nach Indien, Mexiko und wiederholt Italien.
Margarete Kreuzer arbeitet als Studienreiseleiterin und beschäftigt sich in ihrer Freizeit mit freien künstlerischen Arbeiten, soweit ihr 1995 geborener Sohn Lorenzo ihr dazu Zeit läßt.

gerade PQ in U liegt. Für eine Teilmenge $X \subset A$ definieren wir

$$\overline{X} := \bigcap_{\substack{X \subset U \\ U \text{ Unterraum}}} U$$

als die *Hülle* von X. Offensichtlich ist selbst wieder ein Unterraum. Für einen Unterraum U sei

$$\dim U = \inf \{ \, |X| - 1 : = U \, \}$$

Bild 1: Dürer 1525, Holzschnitt aus
[Dü 1525]

die Dimension von U. Ein Unterraum mit Dimension zwei heißt eine *Ebene*. Das bedeutet: Eine Ebene ist ein Unterraum, der von drei Punkten, die nicht auf einer Geraden liegen, aufgespannt wird.

Man nennt Geraden g, h *parallel*, falls $g = h$ gilt, oder falls g und h in einer gemeinsamen Ebene liegen und keinen Schnittpunkt haben. Der Anschauung lassen sich nun noch folgende Eigenschaften entnehmen.

- Zu jeder Geraden g und jedem Punkt P gibt es genau eine zu g parallele Gerade durch P.
- Die Parallelität ist transitiv, d.h. ist g parallel zu h und h parallel zu k, dann ist g auch parallel zu k.

Ein Paar (A,G), bestehend aus einer Punktmenge A und einer Geradenmenge G, das den vier oben genannten Eigenschaften genügt, nennen wir heute einen *affinen Raum*. Nach der Wahl der Eigenschaften eines affinen Raumes, läßt sich der uns umgebende Raum mathematisch in guter Näherung durch einen dreidimensionalen affinen Raum beschreiben. Das oben angesprochene Problem des Künstlers ist es also, den dreidimensionalen affinen Raum mittels einer Zentralprojektion auf eine Ebene E abzubilden. Betrachten wir die Bilder zweier paralleler Geraden g,h die nicht zur Ebene E parallel sind, so sehen wir, daß alle Punkte von g auf Punkte einer Geraden $g' \subset E$ und alle Punkte von h auf Punkte einer Geraden $h' \subset E$ abge-

bildet werden. Von Bedeutung ist die Tatsache, daß g' und h' einen Schnittpunkt F haben. Insbesondere ist F auch der einzige Punkt von g' bzw. h' der keinen Urpunkt auf g bzw. h hat, da die Verbindungsgerade FZ parallel zu g und h ist. Dies wird uns im Abschnitt „Der Fernpunkt" noch beschäftigen.

Wir nennen F den *Fluchtpunkt* von g und h. Zusammenfassend läßt sich sagen:

Fluchtpunktsatz. *Die Bildgeraden von im Raum parallelen Geraden, die nicht zur Bildebene parallel sind, sind im Bild alle auf den Fluchtpunkt der Geraden ausgerichtet.*

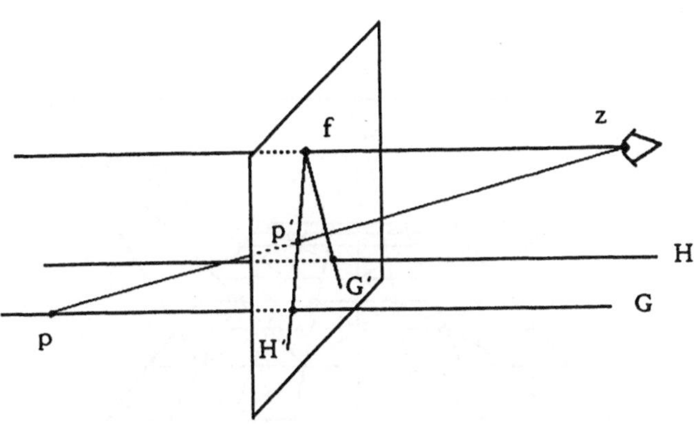

Bild 2

Die Geraden g' und h' vermitteln einem Beobachter den Eindruck, im Raum parallel zu sein, und zwar unabhängig vom Beobachtungszentrum Z. Von jedem Zentrum Z aus lassen sich g' und h' nämlich als Bilder von im Raum parallelen Geraden auffassen, für verschiedene Zentren sind nur die Richtungen dieser parallelen Geraden verschieden. Daher vermitteln zwei Geraden mit einem Fluchtpunkt einem sich bewegenden Beobachter den Eindruck, zwei im Raum parallele Geraden zu sein, deren Richtung sich mit dem Beobachter mitbewegt.

Wir zeichnen die Ebene F durch Z aus, die senkrecht zur Leinwandebene E ist. In der Regel ist F eine waagrechte (horizontale) Ebene und die Leinwand ist senkrecht zu F. Die Schnittgerade dieser Ebene F mit der Leinwandebene E nennt man *Horizont*, der Punkt H des Horizontes, für den HZ senkrecht auf der Ebene E steht, heißt *Hauptpunkt*. Die beiden Fluchtpunkte der waagrechten Geraden von F, die mit der Ebene E einen Winkel von $45°$ bzw. $135°$ bilden, heißen *Distanzpunkte* D_1, D_2. Die Distanzpunkte liegen auf dem Horizont und der Hauptpunkt liegt in der Mitte zwischen den Distanzpunkten.

Der Abstand eines Distanzpunktes vom Hauptpunkt stimmt mit dem Abstand des Zentrums Z von der Leinwandebene E überein (siehe etwa [Wu 67]). Als weitere Eigenschaften einer Zentralprojektion erkennt man, daß die Fluchtpunkte von im Raum komplanaren Geraden im Bild alle auf einer Geraden liegen. Zwei parallele Geraden, die auch zur Bildebene parallel sind, werden auf parallele Geraden abgebildet.

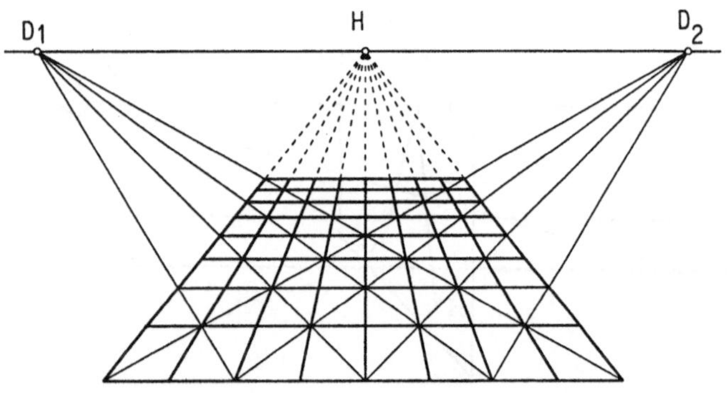

Bild 3

Geschichtliches Auftreten des Fluchtpunktes

Fluchtpunkte treten im Zusammenhang mit Zentralprojektionen auf, nicht aber bei Parallelprojektionen. Den Grund- und Aufrissen, die etwa zur Errichtung von Tempeln benötigt werden, liegen jedoch Parallelprojektionen zugrunde. So lassen sich bei den vorchristlichen Kulturen keine Hinweise auf die Verwendung von Zentralprojektionen und Fluchtpunkten finden. Auch bei den Bildern der alten Ägypter werden nur Parallelprojektionen verwendet, wobei im gleichen Bild manche Objekte von oben und andere von der Seite abgebildet sind.

Auch von den Griechen sind keine mit Hilfe der Zentralprojektion erstellten Bilder erhalten. Möglicherweise könnten Bühnenbilder mit Fluchtpunkten existiert haben. Einen unklaren Hinweis findet man bei VITRUV (vgl. [Ca. 1880, Band I, S.461];[Pa 74, S. 137]), einem Architekten, der in Rom im ersten Jahrhundert v. Chr. lebte. VITRUV schrieb etwa 25–23 v. Chr. seine berühmten zehn Bücher „De architectura", in denen er das Wissen seiner Zeit über die Baukunst und ihre ästhetischen und praktischen Voraussetzungen aus den damaligen größtenteils griechischen Schriften zusammenstellte. Dabei erwähnt VITRUV im zweiten Kapitel der ersten Buches, daß AGATHARCHUS in Athen anläßlich eines Trauerspiels von ÄSCHYLUS das Bühnenbild derart herstellte, daß alle Geraden auf einen „Kreismittelpunkt?" ausgerichtet waren. Laut VITRUV schrieben DEMOKRIT und ANAXAGORAS in nicht erhaltenen Arbeiten über dieses Bühnenbild. Bedauerlicherweise sind die Figuren zu VITRUVS Texten von den Büchern getrennt aufbewahrt worden und nicht erhalten, ferner ist VITRUVS Text schwer lesbar, so daß das Vorliegen eines Fluchtpunktes nicht eindeutig nachweisbar ist. Die Arbeiten von DEMOKRIT und ANAXAGORAS sind möglicherweise auch allgemeine Arbeiten zur Optik (vgl. [Pa 74, S.139]).

Bei den Römern findet man Scheinarchitekturen des sogenannten zweiten pompejanischen Stils bei Wandmalereien in Rom und Pompeji. Durch auf die Wand gemalte illusionistische Räume sollte der Wohnraum optisch vergrößert werden. Charakteristisch für diese Scheinarchitekturen ist der Umbruch der auftretenden Richtungen in der Bildmitte (vgl. Bild 4), auch Fischgrätenkonstruktion

Bild 4: Wandmalerei aus Pompeji, 1. Jahrh. nach Chr.

genannt. In jeder Hälfte sind die Bildgeraden von im Raum parallelen Geraden ebenfalls parallel und achsensymmetrisch zu den Bildgeraden der anderen Bildhälfte. Ein Fernpunkt oder die Zentralprojektion als zugrundeliegendes Konstruktionsprinzip läßt sich dabei nicht erkennen.

Nach den römischen Scheinarchitekturen findet man in der Malerei bis ins 14. Jahrhundert keine perspektivischen Bilder. Ab dem 11. Jahrhundert lassen sich aber einige wissenschaftliche Arbeiten finden. So wurden Projektionen von dem arabischen Mathematiker IBN AL HAITAM (oder AL HAZEN, 956?–1039) in seinem Werk über Optik behandelt. AL HAITAM baut dabei auf die EUKLIDsche optische Bestrahlungstheorie auf (vom Auge gehen Sehstrahlen aus). Das Werk von AL HAITAM wurde von VITELLIO etwa 1270 ins Lateinische übersetzt und war auch Grundlage des Buches „Perspectiva communis" des Franziskaners JOHANNES PECKHAM (gestorben 1292 als Bischof von Canterbury). Es bildete damit wohl die Grundlagen von Universitätsvorlesungen über Perspektive, die in Oxford ab der Mitte des 13. Jahrhundert gehalten wurden. Vergleichbare Vorlesungen lassen sich an den Universitäten von Neapel (1224 gegründet) oder Paris (1253 gegründet) nicht finden (siehe [Ca. 1880, Band II, S. 50]). In den erwähnten Arbeiten läßt sich im Prinzip schon der Fernpunkt zweier Geraden bzw. ihr Fluchtpunkt auf der Netzhaut des Auges finden (in die Tiefe gehende parallele Geraden scheinen gegen einen Punkt zu konvergieren), sie behandeln jedoch das Sehen von Gegenständen und nicht die Abbildung dieser auf eine Ebene (vgl [Pa 74, S. 140]).

Bei den italienischen Malern des 14. Jahrhunderts zeigt sich wieder ein verstärktes Suchen nach Räumlichkeit. Der Maler GIOTTO DI BONDONE (1266?–1337) bildet in seinen Fresken Gebäude und geschlossene Räume ab, ohne dabei mathematisch richtige Konstruktionen anzuwenden (siehe Bild 5). Die Anregung dazu entnahm GIOTTO möglicherweise den reichlich vorhandenen Wandmalereien der Römer (vgl. [Oe 53, S. 77ff]), andererseits lassen sich die perspektivischen Darstellungen auch als Synthese des gotischen und byzantinischen Stils deuten (vgl. [Pa 74, S.

Bild 5: „Die Trennung des heiligen Franziskus vom Vater" von GIOTTO, Fresco in der Oberkirche von S. Francesco, Assisi um 1330

Bild 6: „Geburt Mariä" von LORENZETTI, Museo dell' Opera del
Duomo, Siena, 1335–42

115]). Verbessert wurde GIOTTOs Perspektive von PIETRO
LORENZETTI (1280?–1348), dessen Werk stark von GIOTTO
beeinflußt wurde. In den späten Werken von LORENZETTI
lassen sich für parallele Geraden mancher Ebenen Fluchtpunkte erkennen, wobei jedoch nicht alle Bildgeraden von
parallelen Geraden des Raumes auf denselben Fluchtpunkt
ausgerichtet sind (vgl. [Wo 16, S.46], [Oe 53, 142ff]).
Eine korrekte mathematische Konstruktion liegt seinen
Bildern also nicht zugrunde (siehe Bild 6). Auch GIOTTOs
Schüler TADDEO GADDI (1300?–1366) beherrschte die Perspektive nur in diesem Maße. In den folgenden Jahren
verschwand diese Maltechnik in Italien, gelangte aber nach
Burgund und beeinflußte so die flämischen Maler.

Mit Beginn der Renaissance findet man sowohl bei
den italienischen Malern in Florenz wie auch bei den flämischen Malern Bilder mit guter Perspektive. Nach den
biographischen Aufzeichnungen von GIORGIO VASARI
(1511–1574) ist FILIPPO BRUNELLESCHI (1377–1446), bekannt durch den Bau der Domkuppel von Florenz, der
Begründer der italienischen Perspektive. Ihm werden die
Kenntnis von Hauptpunkt, Horizont und Distanzpunkten
zugeschrieben. Durch BRUNELLESCHI beeinflußt, stammen
die ersten mathematisch korrekt gezeichneten Darstellungen mit Fernpunkten von MASACCIO (1401–1428).

Bild 7: „Dreifaltigkeit" von MASACCIO, S. Maria Novella, Florenz,
1426/27

Nachdem in MASACCIOs Fresko „Der Zinsgroschen"
in der Kirche S. Maria del Carmine in Florenz (zwischen
1425 und 1427) bei dem Gebäude rechts im Bild bereits
vage ein Fluchtpunkt zu erkennen ist, liegt bei seinem
Dreifaltigkeitsfresko in der Kirche S. Maria Novella
(1426/27) eindeutig ein Fluchtpunkt vor (vgl. Bild 7).
Dem exakt konstruierten Bildraum mit seinen genauen
Distanzverhältnissen liegen wohl Grund- und Aufriß-
zeichnungen zugrunde, an denen vermutlich BRUNELLESCHI
beteiligt war (vgl. [Ab 85, S. 83]). Mit dem Vollendungs-
datum 1427 ist dies das erste Bild mit korrekter mathematischer Konstruktion. Der Einfluß von MASACCIO und
BRUNELLESCHI auf die Kunst seiner Zeit war groß. So ist
bei Werken von MASOLINO (1383–1447), FRA ANGELICO
(ca. 1387–1455), und FILIPPO LIPPI (1422–1457) das
Dreifaltigkeitsfresko als Vorbild spürbar. Es brachte

MASACCIO, der kurz darauf 26jährig in Rom starb, den Beinamen „Imitatore della natura" (Nachahmer der Natur). Üerdies soll LEONARDO DA VINCI gesagt haben, „MASACCIO demonstrierte mit vollkommener Technik, daß die Maler, die so arrogant waren, sich nach anderen Vorbildern zu richten als der Natur, der Lehrmeisterin aller großen Maler, vergeblich arbeiten." (vgl. [Ba 72, III4(a)]).

Ein weiteres Werk in Reliefperspektive mit eindeutigen Fluchtpunkten ist das berühmte Ostportal des Baptisteriums in Florenz (1425–1452) von LORENZO GHIBERTI (1378–1455) in Reliefperspektive, das MICHELANGELO die „Pforte zum Paradies" nannte (Bild 8).

Auch die flämischen Maler, MELCHIOR BROEDERLAM (nachweisbar von 1381–1409), ROBERT CAMPIN (Meister von Flémalle ?) 1375/79?–1444), JAN VAN EYCK (1390?–1441), ROGIER VAN DER WEYDEN (1397/1400?–1464), sowie der von JAN VAN EYCK beeinflußte KONRAD WITZ (1400–1444), begannen im 15. Jahrhundert mit Hintergrund und Perspektive zu malen. Vermutlich wurden sie indirekt von der Schule vonLORENZETTI beeinflußt.

Bild 9: „Darbringung im Tempel" von Broederlam, Teil des Flügelaltars der Kartause Champmol 1399, Museé des Beaux-Arts, Dijon

Bild 8: „Begegnung Salomons mit der Königin von Saba" von Ghiberti, Baptisterium, Florenz, 1425–1452

Jedoch lassen sich bei den Bildern der flämischen Maler (wenn überhaupt) nur Fluchtpunkte für parallele Geraden einer Ebene finden, insgesamt erkennt man also keine eindeutigen Fluchtpunktkonstruktionen. K. Doehlmann spricht in [Do 05] JAN VAN EYCK auch die Kenntnis eines Fluchtpunktes paralleler Geraden einer Ebene ab. Betrachten wir etwa das Bild „Thronende Maria mit dem Kinde in der Kirche" von JAN VAN EYCK (1432/33) näher, das später als Reisealtärchen von Kaiser Karl V diente (Bild 11). Die Bildgeraden von im Raum parallelen Geraden haben keinen gemeinsamen Fluchtpunkt. Es ist daher sehr unwahrscheinlich, daß den flämischen Malern zu dieser Zeit Fluchtpunktkonstruktionen bekannt waren. Denn es läßt sich wohl ausschließen, daß bei Kenntnis der mathematischen Grundlagen vorsätzlich ohne bzw. mit verschiedenen Fluchtpunkten gemalt wurde. (Erst später zeichnete zum Beispiel aus künstlerischen Gründen PAOLO VERO-

Bild 10: „Joseph bei der Arbeit" von Robert Campin, rechter Flügel des Mérode-Altar, um 1428, Metropolitan Museum, New York

Bild 11: „Thronende Maria mit dem Kinde in der Kirche" von JAN VAN EYCK, 1432/33

NESE (1528–1588) seine Gemälde bewußt mit verschiedenen Fluchtpunkten. So hat bei ihm etwa ein Innenraum bisweilen einen anderen Fluchtpunkt als die Personen darin oder der Hintergrund.)

Nachdem in Florenz also die ersten Bilder mit Horizont, eindeutigem Hauptpunkt und Distanzpunkten zu finden sind, stellt sich die Frage, ob diese zufällig wegen ihrer guten optischen Wirkung entdeckt wurden oder ob die Zentralprojektion als mathematischer Hintergrund bekannt war. Für die Kenntnis des mathematischen Zusammenhang, sprechen die in der folgenden Zeit erschienenen „Konstruktionsanleitungen". So verfaßte der Architekt LEON BATTISTA ALBERTI (1404–1472) um 1436 ein

dreibändiges lateinisches Werk über Malerei („De Pictura"). Insbesondere das erste Buch behandelt die Anwendung der Geometrie auf die Malerei als Grundlage der Perspektive. Auf Wunsch von BRUNELLESCHI hat ALBERTI noch selbst die Bücher ins Italienische übersetzt und auch BRUNELLESCHI gewidmet (vgl. [Bl 40, Kap. I]). ALBERTI wird auch der Satz zugeschrieben, daß jemand, der keine Geometrie verstehe und die Mühe scheue sie zu erlernen, selbst bei größter Begabung nie ein tüchtiger Maler werde (vgl. [Wo 16, S.52]). Vermutlich zwischen 1460 und 1470 schrieb PIERO DELLA FRANCESCA (1410/ 20–1492) ein zweibändiges Werk „De prospectiva pingendi", welches für lange Zeit Grundlage für das perspektivische Zeichnen war und welches noch 1899 von C. Winterberg (Straßburg) und 1942 von G. N. Fasola (Florenz) herausgegeben wurde. Von 1498 stammt das nur teilweise erhaltene Traktat von der Malerei („Trattato della pittura") von LEONARDO DA VINCI (1452–1519). Auf seinen Italienreisen von 1495 und 1506 machte sich auch

ALBRECHT DÜRER (1471–1528) mit der perspektivischen Ma–lerei vertraut und schrieb das berühmte, 1525 erschienene Buch „Underweysung der Messung mit dem Zirckel und Richtschydt in Linien, Ebenen und gantzen Corporen". Damit machte DÜRER die mathematischen Grundlagen der Perspektive auch außerhalb Italiens bekannt.

Der Fernpunkt

Während im 15. Jahrhundert die meisten großen Künstler auch Mathematiker und insbesondere Geometer waren, trennten sich die Gebiete in den folgenden Jahrhunderten wieder. In der Kunst verloren die exakt konstruierten Bilder gegenüber neuen freien Ausdrucksformen an Interesse, während in zahlreichen mathematischen Arbeiten die Perspektive für wissenschaftliche Anwendungen fortentwickelt und der Fluchtpunkt mathematisch besser verstanden wurde (BARBERO 1513–1570, DANTI 1537–1586, GUIDOBALDO DEL MONTE 1545–1607, SIMON STEVIN 1548–1620). Ein entscheidender neuer Schritt wurde dann von JOHANNES KEPLER (1571–1630) und insbesondere von GIRARD DESARGUES (1593–1662) vollzogen. In seinem Buch „Nova Stereometrica" von 1615 (in deutscher Übersetzung „Auszug aus der uralten Messekunst Archimedis" Linz 1616) unterteilt KEPLER einen Körper in unendlich viele infinitesimal kleine Teile und berechnet sein Volumen mittels Grenzwertbetrachtungen (vgl. [Kep 08]). KEPLER führte damit nach Archimedes wieder die Unendlichkeit in die Mathematik ein. Dies war sehr fruchtbar für die mathematische Entwicklung der folgenden Zeit und ermutigte möglicherweise dazu, auch an anderen Stellen über die Endlichkeit hinauszugehen.

Als neuer Punkt paralleler Geraden läßt sich ein „unendlich fern gelegener" Punkt, der Fernpunkt, einführen, der allen parallelen Geraden gemeinsam angehört. Der Fernpunkt wird nun bei der Zentralprojektion auf den Fluchtpunkt der Geraden abgebildet. Mit Einführung eines Fernpunktes löst sich auch das Problem, daß der Fluchtpunkt im affinen Raum keinen faßbaren Urpunkt hat. Außerdem ist die Fallunterscheidung zwischen zur Ebene E parallelen bzw. nicht parallelen Geraden überflüssig. Auch zur Ebene E parallele Geraden haben nun einen Fluchtpunkt, der mit dem Fernpunkt der Geraden übereinstimmt.

Der Fernpunkt wird von DESARGUES in seinen Arbeiten über die Zentralprojektion (1636) und über Kegelschnitte (1639) eingeführt und systematisch verwendet. Er bemerkt, daß nach Einführung von Fernpunkten folgende Eigenschaft gilt, die charakteristisch für die projektive Geometrie ist:

- Je zwei verschiedene Geraden einer Ebene schneiden sich stets in einem Punkt.

Der Schnittpunkt zweier (im affinen Raum) paralleler Geraden ist ihr Fernpunkt. Um auch zwei Fernpunkte durch eine Gerade verbinden zu können, führt DESARGUES neue Geraden ein: Die Fernpunkte der Geraden einer Ebene liegen auf einer gemeinsamen Geraden, der Ferngeraden. Damit läßt sich sagen: Zwei parallele Ebenen schneiden sich in einer Ferngeraden. Durch die Hinzunahme von Fernpunkten bilden für DESARGUES auch die beiden Zweige einer Hyperbel keine getrennten Kurven, sondern sind durch zwei Fernpunkte miteinander verbunden. Ebenso liegt auf jeder Parabel ein Fernpunkt, im Gegensatz zur Ellipse, die keinen Fernpunkt enthält. DESARGUES klassifiziert also die Kegelschnitte folgendermaßen: Eine Hyperbel schneidet die Ferngerade in zwei Punkten, eine Parabel in einem Punkt und eine Ellipse enthält keinen Punkt der Ferngeraden. DESARGUES behandelt in späteren Arbeiten noch eine Vielzahl von geometrischen Eigenschaften (u.a. harmonische Punktepaare, Involutionen, Schnittpunktsätze). Obwohl er in BLAISE PASCAL (1623–1662) und ABRAHAM BOSSE (1611–1678) zwei bekannte Schüler hatte, gerieten seine Werke bald in Vergessenheit. Dies mag zum Teil an der neu entdeckten Infinitesimalrechnung, zum Teil aber auch an der eigentümlichen, das Verständnis erschwerenden Schreibweise von DESARGUES gelegen haben.

Als Begründer der projektiven Geometrie wird heute JEAN VICTOR PONCELET (1788–1867) gesehen mit seinem Werk „Traité des propriétés projectives des figures" von 1822. Auf den Titel dieses Werkes ist auch der Name „projektive" Geometrie zurückzuführen, wobei PONCELET als projektiv solche Eigenschaften bezeichnet, die bei einer Zentralprojektion erhalten bleiben. PONCELET ist ein Schüler von GASPARD MONGE (1746–1818), der durch seine Arbeiten über Parallel- und Zentralprojektionen als Begründer der darstellenden Geometrie als Wissenschaft gilt. Wie DESARGUES betrachtet PONCELET die Geometrie, die man unter Hinzunahme der Fernpunkte erhält und untersucht unter anderem, wie sich beliebige Kegelschnitte mittels Zentralprojektivitäten auf Kreise abbilden lassen.

Nach PONCELET sind noch JACOB STEINER (1796–1863) mit seiner (unvollendeten) Arbeit „Systematische Entwicklung der Abhängigkeit geometrischer Gestalten voneinander" von 1832 und CHRISTIAN VON STAUDT (1798–1867) mit seinem berühmten Buch „Geometrie der Lage" von 1847 von Bedeutung. VON STAUDT betrachtet die von PONCELET eingeführte projektive Geometrie ohne metrische Eigenschaften. Da dann nur noch die Lage der Punkte und Geraden von Bedeutung ist, wählt VON STAUDT den Namen „Geometrie der Lage".

Mit dem Buch von VON STAUDT etablierte sich die projektive Geometrie in der Mathematik und wurde dann insbesondere zu Beginn dieses Jahrhunderts intensiv untersucht (vgl. [KK 88]). Zusammenfassend erhält man einen projektiven Raum, wenn man zu einem affinen Raum die Fernpunkte hinzunimmt und als zusätzliche Geraden die Ferngeraden einführt. Ein *projektiver Raum* läßt sich daher wie folgt definieren.

Es sei P eine Punktmenge und G eine Geradenmenge. Die Geraden fassen wir als eine Teilmenge der Punktmenge P auf. Es gelte:

- Je zwei verschiedene Punkte liegen auf genau einer Geraden.
- Jede Gerade enthält mindestens drei Punkte.
- Je zwei Geraden einer Ebene haben einen Schnittpunkt.

Die Ebenen sind dabei wie im ersten Abschnitt definiert. Äquivalent zur letzten Forderung ist das folgende Veblen-Young-Axiom (siehe [VY 10]), das ohne den Begriff der Ebene auskommt.

- Es seien a, b, c, d, e fünf verschiedene Punkte, von denen a, b, c sowie a, d, e auf einer Geraden liegen. Dann existiert ein Punkt f derart, daß b, d, f sowie c, e, f auf je einer Geraden liegen.

Literatur

[Ab 85]   Abels, J. G.: Erkenntnis der Bilder. Die Perspektive in der Kunst der Renaissance. Frankfurt, New York 1985

[Ba 72]   Baxandall, M.: Painting and Experience in 15th Century Italy. Oxford University Press 1972

[Bl 40]   Blunt, A.: Artistic Theory in Italy 1450–1600. Oxford University Press 1940

[Do 05]   Doelhmann, K.: Die Perspektive der Brüder van Eyck. Zeitschrift für Math. und Physik 52 (1902) 419–425

[Ca 1880]   Cantor, M.: Vorlesungen über Geschichte der Mathematik, I. Band Leipzig 1880, II. Band Leipzig 1892, IV. Band Leipzig 1901.

[Dü 1525]   Dürer, A.: Unterweisung der Messung. Verlag Walter Uhl, Unterscheidheim 1972. Faksimile-Neudruck der Originalausgabe Nürnberg 1525

[Gü 1887]   Günther, S.: Geschichte des mathematischen Unterrichts im deutschen Mittelalter bis 1525. Unveränderte Neuauflage der Ausgabe von 1887. Wiesbaden 1969

[KK 88]   Karzel, H. und Kroll, H.-J.: Geschichte der Geometrie seit Hilbert. Darmstadt 1988

[Kep 08]   Kepler, J.: Neue Stereometrie der Fässer. W. Engelmann, Leipzig 1908

[Ke 13]   Kern, G. J.: Das Dreifaltigkeitsfresko von S. Maria Novella. Jahrb. der Kgl. Preuß. Kunstsamml. 1915

[Ob 1892]   Obenrauch, F. J.: Geschichte der darstellenden und projektiven Geometrie. Brünn 1897

[Oe 53]   Oertel, R.: Die Frühzeit der italienischen Malerei. Stuttgart 1953

[Pa 74]   Panofsky, E.: Die Perspektive als symbolische Form. In: Aufsätze zu Grundfragen der Kunstwissenschaft. Hrg. H. Oberer und E. Verheyen, 2. Aufl. Berlin 1972

[VY 10]   Veblen, O. and Young, J. W.: Projective geometry. Band 1, Boston 1910

[Wie 1884]   Wiener, C.: Lehrbuch der darstellenden Geometrie I. Leipzig 1884.

[Wo 16]   Wolff, G.: Mathematik und Malerei. Math. Bibliothek Bd. 20/21. Leipzig und Berlin 1916

[Wu 67]   Wunderlich, M.: Darstellende Geometrie II. Mannheim 1967

Jörg Richstein

Unendliche Geschwisterliebe unter Zahlen oder Die Suche nach den Primzahlzwillingen

„Die einfachen oder Primzahlen verdienen besonders in Er-wägung gezogen zu werden; weil dieselben aus keiner Multiplication zweyer oder mehrerer Zahlen mit einander entstehen können. Wobey besonders dieses merkwürdig ist, daß, wenn dieselben der Reihe nach geschrieben werden, als: 2, 3, 5, 7, 11, 13, 17, 19, 23, 29, 31, 37, 41, 43, 47 und so fort

darin keine gewisse Ordnung wahrgenommen wird; sondern dieselben bald um mehr, bald um weniger fortspringen; und es hat auch bisher kein Gesetz, nach welchem sie fortgingen, ausfindig gemacht werden können."

Genau den Sprüngen zwischen aufeinanderfolgenden Primzahlen, die der berühmte Mathematiker Leonhard Euler (1707–1783) in seiner *Vollständigen Anleitung zur niedern und höhern Algebra* bemerkte, soll in dieser Arbeit nachgegangen werden. Genaugenommen den aller-kleinsten Sprüngen, die sich einer zufriedenstellenden Er-forschung bis heute hartnäckig widersetzen.

Einführung

Die Primzahlen, jene besonderen natürlichen Zahlen, die sich gerade dadurch auszeichnen, daß sie nur durch die 1 und sich selbst teilbar sind, spielen die wichtigste Rolle für die „Königin der Mathematik", die Zahlentheorie. Sie sind die Bausteine der natürlichen Zahlen, jede Zahl läßt sich auf (bis auf die Reihenfolge) eindeutige Weise als Pro-dukt von Primzahlen darstellen. So ist etwa $42 = 6 \cdot 7$, $900 = 2^2 \cdot 3^2 \cdot 5^2$ während beispielsweise die 258 716-stellige Zahl $2^{859433} - 1$ selbst eine Primzahl ist (die größ-te, heute bekannte) und daher keine weiteren Faktoren außer sich selbst und 1 besitzt.

Wie „groß" ist der Baukasten aus Primzahlen zum Aufbau aller natürlichen Zahlen? Reichen „relativ weni-ge" aus, oder benötigt man vielleicht sogar unendlich vie-le, und welchen Anteil an allen natürlichen Zahlen ma-chen sie dann aus?

Jörg Richstein studierte an der Justus-Liebig-Universität in Gießen Mathematik.
Er ist zur Zeit wissenschaftlicher Mitarbeiter der Arbeitsgruppe Informatik am Fachbereich Ma-thematik in Gießen.
Dort beschäftigt er sich mit „Computational Number Theo-ry", einem Grenzgebiet zwischen Informatik und Mathematik, in dem zunehmend parallele Algo-rithmen verwendet werden, um Probleme der Zahlentheorie zu bearbeiten.

Auf die erste Frage gibt schon Euklid von Alexandria (ca. 365–300 v. Chr.) in seinen *Elementen*, neuntes Buch, 20. Satz eine Antwort, deren Begründung gleichermaßen einfach wie elegant ist:

Die Menge der Primzahlen ist größer, als jede gegebene Menge derselben.

Ein Beweis dieser Tatsache, der im wesentlichen auf Eu-klid zurückgeht, ist in dem Kasten über „Die Unendlich-keit der Primzahlen" auf der nächsten Seite zu finden.

Dieser Beweis ist sicherlich der einfachste; eine ganze Reihe weiterer, nicht minder beeindruckender Unendlich-keitsbeweise ist in Paulo Ribenboims *New Book of Prime Number Records* [13] gesammelt.

Es vergingen noch 2000 Jahre, bis genauere Aussagen über den Anteil der Primzahlen unter allen natürlichen Zahlen gemacht werden konnten. Erst im Jahre 1896 gelang es den beiden Mathematikern Jacques Salomon Hadamard (1865–1963) und Charles Jean Gustave Nicolas de la Vallée Poussin (1866–1962) (unabhängig voneinander), den bereits von Johann Carl Friedrich Gauß (1777–1855) im Alter von 15 Jahren vermuteten Primzahlsatz (der besagt,

Die Unendlichkeit der Primzahlen

Angenommen, es gäbe nur endlich viele Primzahlen, etwa $p_1,...,p_n$. Man bildet nun das um 1 erhöhte Produkt all dieser Primzahlen: $N = p_1 \cdot ... \cdot p_n + 1$. Ein beliebiger Primfaktor p von N müßte gleich einem der p_i, $i \in \{1,...,n\}$ sein, da dies ja schließlich nach Annahme alle Primzahlen sind. Dann müßte dieser Primfaktor aber auch die Differenz $N - p_1 \cdot ... \cdot p_n$, also die Zahl 1 teilen, was sicherlich nicht geht. Daher muß p eine neue Primzahl sein.

Anders ausgedrückt: Für jede endliche Menge von Primzahlen läßt sich eine neue finden, insgesamt muß es unendlich viele geben.

daß p(x) ~ x / log x gilt) zu beweisen:

$$\pi(x) \sim \int_2^x \frac{dt}{\log t}$$

Dabei bezeichnet man mit $\pi(x)$ die Anzahl der Primzahlen kleiner oder gleich x, die rechte Seite (mit unterer Integrationsgrenze 0) nennt man auch den *Integrallogarithmus*, abgekürzt Li(x) . Tabelle 1 zeigt einen Vergleich der exakten Anzahl der Primzahlen mit der sich aus dem Primzahlsatz ergebenden Voraussage.

Tabelle 1: $p(x)$ und Li(x)

x	$p(x)$	Li(x)
10	4	6
10^2	25	30
10^3	168	178
10^4	1 229	1 246
10^5	9 592	9 630
10^6	78 498	78 628
10^7	664 579	664 918
10^8	5 761 455	5 762 209
10^9	50 84 7534	50 849 235
10^{10}	455 052 511	455 055 615
10^{11}	4 118 054 813	4 118 066 401
10^{12}	37 607 912 018	37 607 950 281
10^{13}	346 065 536 839	346 065 645 810
10^{14}	3 204 941 750 802	3 204 942 065 692
10^{15}	29 844 570 422 669	29 844 571 475 288
10^{16}	279 238 341 033 925	279 238 344 248 557
10^{17}	2 623 557 157 654 233	2 623 557 165 610 822
10^{18}	24 739 954 287 740 860	24 739 954 309 690 415
10^{19}	234 057 667 276 344 607	234 057 667 376 222 382
10^{20}	2 220 819 602 560 918 840	2 220 819 602 783 663 483

Trotz der doch beeindruckend guten Beschreibung von $\pi(x)$ durch den Integrallogarithmus ist eine „Primzahlformel", d.h. eine „relativ einfache" Möglichkeit, Primzahlen zu erzeugen, bis heute nicht gefunden worden. Ebensowenig läßt sich bei Kenntnis einer Primzahl nicht exakt voraussagen, wann die nächste kommt. Die Primzahlen verhalten sich in gewisser Hinsicht wie ein Schwarm Bienen, der zwar insgesamt eine bestimmte Richtung verfolgt, wobei aber die Bahn einer einzelnen Biene völlig zufällig zu sein scheint.

Primzahlzwillinge

Die folgende Aussage steht scheinbar im völligen Widerspruch zur Unendlichkeit der Primzahlen:

Die Lücke zwischen aufeinanderfolgenden Primzahlen kann beliebig groß werden.

Dies ist recht einfach einzusehen: Man betrachte die n aufeinanderfolgenden Zahlen

$$(n + 1)! + 2, (n + 1)! + 3,..., (n + 1)! + n + 1.$$

Jede dieser Zahlen ist zerlegbar, da $(n + 1)! + i$ durch i teilbar ist. Da n beliebig gewählt werden kann, erhält man durch diese Konstruktion Primzahllücken beliebiger Länge.

Umgekehrt kann man sich fragen, wie klein die Lükken zwischen zwei Primzahlen werden können. Der Primzahlsatz besagt im Grunde, daß die Lücken „im Durchschnitt" größer werden. Dies wirft die Frage auf, ob es „weit draußen auf der Zahlengeraden" überhaupt noch möglich ist, daß sich zwei Primzahlen sehr nahe kommen. Offensichtlich kann der Abstand 1 nur einmal auftreten: Zwischen 2 und 3. Wie oft aber tritt der Abstand 2 auf?

Primzahlen mit Abstand 2 heißen *Primzahlzwillinge*. Die ersten Primzahlzwillingspaare sind (3,5), (5,7), (11,13), (17,19), (29,31),... Zunächst hat es den Anschein, als seien sehr viele Primzahlen Teil eines Zwillingspaares. Tatsächlich dünnen sie sich jedoch sehr schnell aus. So gibt es unterhalb von 10 000 genau 1229 Primzahlen, wovon aber nur 409 Zwillingsgeschwister sind. Das größte, heute bekannte Zwillingspaar ist

$$242\,206\,083 \cdot 2^{38880} \pm 1,$$

zwei gigantische Zahlen mit 11 713 Stellen, die im Oktober 1995 von Karl-Heinz Indlekofer und Antal Járai an der Universität Paderborn gefunden wurden (siehe [8]).

Mit $\pi_2(x)$ sei im folgenden die Anzahl der Primzahlzwillinge kleiner oder gleich x bezeichnet (Genau genommen die Anzahl der Paare $(p, p + 2)$, sowohl p als auch $p + 2$ prim und $p \leq x$). Bis heute ist unbekannt, ob es unendlich viele Primzahlzwillinge gibt. Sowohl Zählungen als auch heuristische Betrachtungen sprechen jedoch für ein Wachstum von π_2 ins Unendliche. Bereits im Jahre 1849 vermutete Alphonse Armand Charles Marie Prince de Polignac (1826–1863) sogar die Richtigkeit der folgenden Aussage:

Tout nombre pair est égal à la différence de deux nombres premiers consécutifs d'une infinité de manières.

Mit anderen Worten: Für jede gerade Zahl k gibt es unendlich viele Paare von aufeinanderfolgenden Primzahlen p und q mit $p - q = k$. Für $k = 2$ ergibt sich also als Spezialfall gerade die Vermutung der Unendlichkeit der Anzahl der Primzahlzwillinge.

Der Brunsche Primzahlzwillingssatz

Im Gegensatz zu Aussagen über die Anzahl sämtlicher Primzahlen stellte es sich zunächst als sehr schwierig heraus, überhaupt eine vernünftige Aussage über die Anzahl der Primzahlzwillinge zu beweisen. Dies änderte sich erst 1919, als der norwegische Mathematiker Viggo Brun (1885–1978) einen Satz bewies, der in die Geschichte der Mathematik als *Brunscher Primzahlzwillingssatz* einging: Er betrachtete die Reihe über die Kehrwerte der Primzahlzwillinge, also

$$\left(\frac{1}{3} + \frac{1}{5}\right) + \left(\frac{1}{5} + \frac{1}{7}\right) + \ldots + \left(\frac{1}{p} + \frac{1}{p+2}\right) + \ldots$$

Wenn man sich nicht auf Zwillinge beschränkt, sondern über alle Primzahlkehrwerte summiert, so divergiert die entstehende Reihe

---

Titanen und Giganten

Zahlen mit mehr als 1000 Stellen bezeichnet man als „Titanen", ab 10 000 Stellen dann als „Giganten". Das Weltall besteht Schätzungen zufolge aus etwa 10^{80} Nukleonen, eine im Vergleich zu Giganten und Titanen winzige Zahl. Die größten, heute bekannten Primzahlen sind allesamt Giganten. Doch wie findet man heraus, ob ein Gigant nun prim ist oder nicht? Die einfachste Probe, also Testdivision bis zur Wurzel des Kandidaten, würde sämtliche Computer der Welt selbst unter der Annahme, daß sich die Rechengeschwindigkeit jährlich verdoppelt, immer noch über 10 000 Jahre beschäftigen. Glücklicherweise gibt es für Zahlen bestimmter Bauart spezielle Tests, die vergleichsweise sehr schnell nachweisen, ob eine Zahl n eine Primzahl ist oder nichttriviale Faktoren besitzt. Diese Tests benötigen die Kenntnis sämtlicher Faktoren von $n - 1$ bzw. $n + 1$, was z.B. für Zwillinge der Form $n = h \cdot 2^k \pm 1$ gegeben ist (vorausgesetzt, die Faktoren von h sind bekannt). Auf der Suche nach großen Primzahlzwillingen kann man also derart vorgehen, daß man sich einen Exponenten k vorgibt und dann eine Menge von h-Werten durchläuft und die dadurch entstehenden Kandidaten testet. Aufgrund der Tatsache, daß die meisten Zahlen relativ kleine Faktoren besitzen, ist es dabei sinnvoll, Kandidaten durch Probedivision auszusieben. Danach kann man einen sogenannten „Pseudoprimzahltest" anschließen (siehe z.B. [13], S. 140-146), um die Menge der möglichen Primzahlzwillinge weiter einzuschränken. Zahlen, die diese probabilistischen Tests „überleben", sind mit hoher Wahrscheinlichkeit Primzahlen. Schließlich muß man zum endgültigen Nachweis noch die oben erwähnten Tests zu Hilfe ziehen, um dann mit ein bißchen Glück einen neuen Primzahlzwilling zu finden. Eine gute Beschreibung dieser Tests findet sich z.B. in [14]. Für Zahlen der Form $2^p - 1$, wo p Primzahl ist – sogenannte *Mersennesche* Zahlen (Marin Mersenne, 1588-1648) – gibt es einen sehr einfachen Test, mit Hilfe dessen auch die heute größte bekannte Primzahl (siehe Seite 1) gefunden wurde: Man betrachtet einfach die rekursiv definierte Folge $s_0 = 4$, $s_n = s_{n-1}^2 - 2$, $n \geq 1$. Dann ist $M_p = 2^p - 1$ genau dann prim, wenn M_p *die Zahl* s_{p-2} teilt. Für einen Beweis der Korrektheit dieses Tests sei der Leser z.B. auf [14] verwiesen.

Viggo Brun

Viggo Brun wurde am 13. Oktober 1885 als zehntes Kind von Søren Martens Brun und Lorentze Thaulow in Lier/Norwegen geboren. Seine älteren Schwestern zogen ihn groß, nachdem beide Elternteile früh verstorben waren. Im Jahre 1903 ging er an die Universität von Oslo, wo er 1909 das mathematisch-naturwissenschaftliche Lehrerexamen ablegte. Nach einer Studienreise nach Göttingen erhielt Brun 1910 ein Universitätsstipendium für Mathematik. In dieser Zeit begann er, sich mit den schwierigsten Problemen der Zahlentheorie zu beschäftigen, darunter die Goldbachsche Vermutung (jede gerade Zahl ≥ 4 ist gleich der Summe zweier Primzahlen) und die Häufigkeit der Primzahlzwillinge. In der mathematischen Fachwelt wurde die Stärke der heute berühmten Brunschen Siebmethode zunächst bezweifelt, es heißt sogar, Edmund Landau habe Bruns Manuskript sechs Jahre in der Schublade gehabt, ohne sich der Arbeit näher zu widmen. Seine vielleicht wichtigste Arbeit, der Brunsche Primzahlzwillingssatz, erschien im Jahre 1919. Nach dem ersten Weltkrieg wurde Viggo Brun 1921 zunächst Assistent an der Universität von Oslo. 1923 ging er als Professor an die Norwegische Technische Hochschule in Trondheim, wo er bis 1946 blieb. Brun kehrte dann an die Universität Oslo zurück, er emeritierte 1955.

Seine Interessen waren ausgesprochen vielseitig. Neben seinem Hauptgebiet, der Zahlentheorie, beschäftigte er sich mit Mathematikgeschichte, Geometrie, sogar einige Arbeiten über Beziehungen zwischen Mathematik und Musik sowie Biologie, insbesondere Virologie, entstanden. Sein Lebenswerk wurde vielfach ausgezeichnet. Viggo Brun starb 92jährig am 15. August 1978 in Drøbak, Norwegen. In einem Nachruf an Viggo Brun schrieb der Mathematikhistoriker Christoph J. Scriba: „Those who had the good fortune to meet him and 'to see him with their eyes' will not be able to forget this extraordinary man."

$$\frac{1}{2} + \frac{1}{3} + \frac{1}{5} + \frac{1}{7} + \frac{1}{11} + \dots + \frac{1}{p} + \dots$$

was Leonhard Euler bereits im Jahre 1737 zeigte. Es gibt also „sehr viele" Primzahlen. Im Gegensatz dazu bewies Brun, daß die Reihe über die Zwillingskehrwerte selbst im Falle, daß es unendlich viele Primzahlzwillinge gibt, konvergiert. Der Grenzwert dieser Reihe wird heute *Brunsche Konstante* genannt. Es gibt also im Vergleich zu allen Primzahlen sehr wenige Primzahlzwillinge.

Der Beweis des Brunschen Satzes ist recht umfangreich. Er ergibt sich im Grunde aus einer Anwendung des *Siebes des Eratosthenes* (s.u.) und umfaßt etwa sieben Seiten. Für eine komplette Fassung sei der Leser auf Edmund Georg Hermann Landaus (1877–1938) Buch *Elementare Zahlentheorie* verwiesen. An dieser Stelle soll nur gezeigt werden, wie man mithilfe einer Abschätzung von $\pi_2(x)$

nach oben die Konvergenz der Reihe über die Zwillingskehrwerte gewinnen kann: Brun beweist

$$\pi_2(x) \leq k \frac{x}{\log^{3/2} x},$$

mit einer gewissen positiven Konstanten k.

Sei nun $(p\,'_r, p\,'_r + 2)$ das r-te Primzahlzwillingspaar. Dann ist

$$r = \pi_2(p\,'_r) \leq k \frac{p'_r}{\log^{3/2} p'_r} \leq k \frac{p'_r}{\log^{3/2}(r+1)}.$$

und somit

$$\frac{1}{p'_r} < \frac{k}{r \log^{3/2}(r+1)}.$$

Aufgrund der Konvergenz von $\displaystyle\sum_{r=1}^{\infty} \frac{1}{r \log^{3/2}(r+1)}$

konvergiert auch $\displaystyle\sum_{r=1}^{\infty} \frac{1}{p'_r}$

und daher auch $\displaystyle\sum_{r=1}^{\infty}\left(\frac{1}{p'_r} + \frac{1}{p'_r+2}\right)$.

Brun selbst konnte 1920 die Abschätzung von $\pi_2(x)$ nach oben zu

$$\pi_2(x) < 100\,\frac{x}{\log^2 x}$$

verbessern. Unter Zuhilfenahme raffinierter Siebmethoden konnte dies inzwischen zu folgender Aussage verfeinert werden:

Für jedes $\varepsilon > 0$ gibt es ein x_0, so daß für alle $x > x_0$ gilt:

$$\pi_2(x) < (6{,}26 + \varepsilon)c_2\,\frac{x}{\log^2 x}$$

Dabei ist c_2 die sogenannte *Primzahlzwillingskonstante*

$$\prod_{p>2} 1 - \frac{1}{(p-1)^2}\ .$$

Sie wurde im Jahre 1961 auf 42 Nachkommastellen genau berechnet und ist etwa gleich 0,660 161 815 8...[20] Die besten Abschätzungen nach unten werden nach wie vor durch Zählungen erzielt. Allerdings vermutet man, mit $x/\log^2 x$ die richtige Größenordnung „erwischt" zu haben.

Die Vermutung von Hardy und Littlewood

Weit über die Aussage Polignacs hinaus geht eine Vermutung der beiden britischen Mathematiker Godfrey Harold Hardy (1877–1947) und John Edensor Littlewood (1885–

1977) aus dem Jahre 1923. Sie stützt nicht nur die Annahme des unendlichen Wachstums von π_2, sondern gibt darüber hinaus sogar Auskunft über das asymptotische Verhalten der Anzahl der Primzahlzwillinge. Hardy und Littlewood bezogen sich dabei auch nicht nur speziell auf Zwillinge mit Abstand 2, sondern ganz allgemein auf aufeinanderfolgende Primzahlen mit Abstand k:

Für gerades k bezeichne $\pi_k(x)$ die Anzahl der Primzahlen $p \leq x$, so daß die nächste Primzahl gerade $p + k$ ist. Dann sagt die Hardy-Littlewoodsche Vermutung:

$$\pi_k(x) \sim 2c_2\,\frac{x}{\log^2 x}\prod_{\substack{p>2,\\ p\text{ teilt } k}} \frac{p-1}{p-2}$$

Für $k = 2$ schrumpft das Produkt auf der rechten Seite auf das leere Produkt zusammen (da natürlich keine Zahl $p > 2$ die Zahl 2 teilt). Daher erhält man für die Anzahl der Primzahlzwillinge

$$\pi_2(x) \sim 2c_2\,\frac{x}{\log^2 x}\ .$$

Analog zum Primzahlsatz läßt sich auch hier herleiten:

$$\pi_2(x) \sim 2c_2\int_2^x \frac{dt}{\log^2 t}\ ,$$

wobei die rechte Seite allgemein mit $L_2(x)$ bezeichnet wird.

Eine heuristische Begründung für den Fall $k = 2$ ist in [9] zu finden, ein Beweis der Hardy-Littlewoodschen Vermutung konnte bis heute nicht gefunden werden. Tabelle 3 (s.u.) zeigt einen Vergleich der Werte von $\pi_2(x)$ mit der sich aus der Hardy-Littlewoodschen Vermutung ergebenden Voraussage.

Die Brunsche Konstante

Die exakte Größe der Brunschen Konstanten

$$B = \sum_{\substack{p\\ p,\, p+2\text{ prim}}}\left(\frac{1}{p} + \frac{1}{p+2}\right)$$

ist bis heute nicht bekannt. Unter Verwendung der Ergebnisse von Zählungen von Primzahlzwillingen und heuristischen Betrachtungen läßt sich jedoch ein Wert extrapolieren, der etwa bei 1,90216... liegt (siehe Kasten).

Die Tatsache $B(x) < 3$ kann man mit Hilfe von Zählungen sowie neueren Abschätzungen für $\pi_2(x)$ auch leicht beweisen.

Zählungen von Primzahlzwillingen

Die Anzahl aller Primzahlen bis zu einer gegebenen Stelle x läßt sich interessanterweise bestimmen, ohne sämtliche Primzahlen unterhalb von x zu zählen. Das dabei verwendete Verfahren geht auf den deutschen Astronomen Ernst Daniel Friedrich Meissel (1826–1895) zurück, mit einer modifizierten Version konnte inzwischen von Marc Deléglise an der Universität Lyon der Rekordwert $\pi(10^{20})$ = 2 220 819 602 560 918 840 errechnet werden (siehe auch Tabelle 1 sowie [4]). Leider ist bis heute kein vergleichbarer Algorithmus bekannt, mit Hilfe dessen auch $\pi_2(x)$ ähnlich schnell bestimmt werden könnte. Es bleibt also nichts anderes übrig, als sämtliche Primzahlen inner-

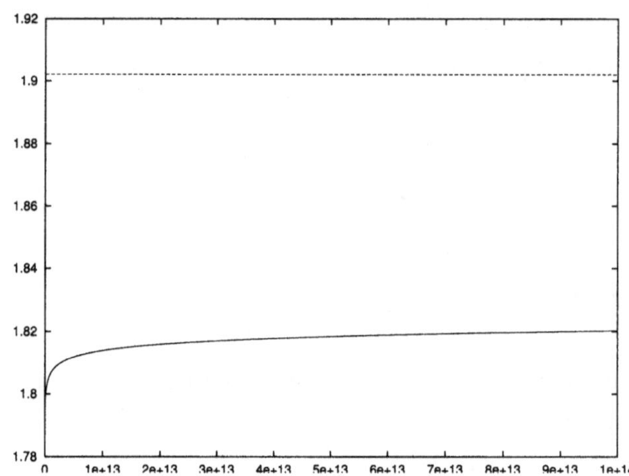

Bild 1: $B(x)$ und der erwartete Grenzwert 1.90216...
im Intervall $[1, 10^{14}]$

halb des Suchintervalls zu bestimmen und dabei auftauchende Zwillinge zu zählen. Dies läßt sich recht effizient (für alle Primzahlen bis zu einer Stelle x benötigt man O $(x \log \log x)$ Schritte (im Vergleich zum Aufwand

$$O\left(\frac{x^{2/3}}{\log^2 x}\right)$$

bei der Berechnung von $p(x)$) mit Hilfe des Siebes des Eratosthenes erreichen.

Extrapolation von B

Ein Anteil $B(x)$ der Brunschen Konstanten mit

$$B(x) = \sum_{\substack{p \le x \\ p,\, p+2 \text{ prim}}} \left(\frac{1}{p} + \frac{1}{p+2}\right)$$

sei bereits durch Zählungen von Zwillingen berechnet. Unter der Annahme der Richtigkeit der Hardy-Littlewoodschen Vermutung läßt sich der noch fehlende Rest $B - B(x)$ dann unter der weiteren Voraussetzung, daß Primzahlzwillinge zufällig verteilt sind, wie folgt abschätzen:

$$B - B(x) \approx 2c_2 \int_x^\infty \left(\frac{1}{t} + \frac{1}{t+2}\right) \cdot \frac{1}{\log^2 t}\, dt.$$

Man ersetzt nun $\frac{1}{t} + \frac{1}{t+2}$ durch $\frac{2}{t}$ (der begangene Feh-

ler wird bei großem t unbedeutend) und erhält schließlich

$$\lim_{y\to\infty} \int_x^y \frac{2}{t \log^2 t}\, dt = \lim_{y\to\infty} \left[-\frac{2}{\log t}\right]_x^y = \frac{2}{\log x},$$

Daher sollte man durch

$$B^*(x) := B(x) + \frac{4c_2}{\log x}$$

eine gute Abschätzung für B erhalten. In Tabelle 3 sind sowohl die Werte für $B(x)$, als auch für $B^*(x)$ zu finden. Bild 1 zeigt den Verlauf von $B(x)$ im Intervall $[1,10^{14}]$ im Vergleich zum erwarteten Grenzwert 1,90216...

Die erste bekannte umfangreiche Zählung von Primzahlzwillingen stammt aus dem Jahre 1878 und wurde von dem Briten James Whitbread Lee Glaisher (1848–1928) durchgeführt. Er ermittelte die Anzahl der Primzahlzwillinge im Intervall [1, 100 000] sowie in fünf weiteren, ebenso langen Intervallen beginnend bei 1 000 000, 2 000 000, 6 000 000, 7 000 000 und 8 000 000. Zur numerischen Prüfung der Hardy-Littlewoodschen Vermutung zählte Frau G. A. Streatfeild im Jahre 1923 alle Primzahlzwillinge bis 1 000 000 (und erzielte dabei wie auch schon Glaisher vor ihr eine erstaunliche Präzision). Mit dem Aufkommen der Computer erreichte man schnell wesentlich höhere Grenzen; eine übersicht über Zählungen der Vergangenheit ist in Tabelle 2 zu finden.

Die Ergebnisse neuerer Rechnungen kann Tabelle 3 entnommen werden. Die Daten bis 10^{14} wurden von Dr. Martin Kutrib zusammen mit dem Autor im Verlaufe des letzten Jahres in der Arbeitsgruppe Informatik am Fachbereich Mathematik der Universität Gießen ermittelt. Dabei waren insgesamt bis zu 50 Prozessoren unterschiedlicher Bauart etwa fünf Monate beschäftigt. Ein laufender Austausch von Zwischenergebnissen mit dem amerikanischen Mathematiker Thomas Nicely, der zur selben Zeit ähnliche Berechnungen durchführte und dabei eine erstaunliche Entdeckung machte (siehe letzten Abschnitt), bestätigte die Rechenergebnisse. Nicely führte seine Rechnungen bis $1{,}37 \cdot 10^{14}$ fort und errechnete damit den heutigen Rekordwert $\pi_2(1{,}37 \cdot 10^{14}) = 182\,312\,485\,795$. Der Verlauf der Funktion $\pi_2(x)$ in verschiedenen Intervallen ist in den Bildern 2 bis 4 zu finden.

Das Sieb des Eratosthenes von Kyrene (ca. 276–194 v. Chr.)

Um aus einer Liste von Zahlen (z.B. [1, x]) die zerlegbaren Zahlen herauszusieben, geht man einfach wie folgt vor:

1. Man durchläuft die Liste beginnend bei 2.
2. Für jede noch nicht gestrichene Zahl m bilde man alle Vielfachen $m \cdot n \leq x$ ($n > 1$) und streiche diese aus der Liste.
3. Dabei ist man fertig, wenn man mit der letzten Zahl $m \leq \lfloor \sqrt{x} \rfloor$ gesiebt hat, denn jede zerlegbare Zahl $k \leq \lfloor x \rfloor$ besitzt immer einen Faktor $\leq \lceil \sqrt{x} \rceil$.

Tabelle 2: Historische Rekordzählungen von Primzahlzwillingen

x	Autor	Jahr
100000	J.W.L.Glaisher [5]	1878
1000000	G.A.Streatheild [7]	1923
37000000	D.H.Lehmer [10]	1957
104300000	F.Gruenberger, G.Armerding [6]	1961
200000000	S.Weintraub [15]	1973
2000000000	J.Bohman [1]	1973
100000000000	R.P.Brent [2]	1975

Das 470 Millionen Dollar-Zwillingspaar (824 633 702 441, 824 633 702 443)

Primzahlzwillingsforschung ist mathematische Grundlagenforschung, eine direkte Anwendung gibt es – zumindest zur Zeit – nicht. Trotzdem waren es letztendlich Primzahlzwillinge, die die wahrscheinlich teuerste Rückrufaktion der Welt auslösten. Mitte 1994 begann der amerikanische Mathematiker Thomas R. Nicely, Primzahlzwillinge zu zählen. Zunächst setzte er einige PCs älterer Bauart ein, im März 1995 kam dann ein Rechner mit dem Pentium-Prozessor der amerikanischen Firma Intel hinzu. Nach Problemen mit Speichermodulen und Compilerfehlern, die zu Beginn seiner Berechnungen aufgetreten waren, hatte er sich dazu entschlossen, sämtliche Teilrechnungen auf jeweils zwei Maschinen unterschiedlicher Bauart laufen zu lassen. Dabei trat plötzlich eine Diskrepanz bei der Berechnung der Summe über die reziproken Primzahlzwillinge zu Tage. Die Ursache dieser Diskrepanz fand sich schließlich im Prozessor selbst. Der Pentium verrechnete sich beim Bilden der Kehrwerte des Paares (824 633 702 441, 824 633 702 443). Ein Fehler in der sogenannten FPU (floating point unit) des Pentiums führte zu gelegentlich auftretenden Ungenauigkeiten. Dieser Fehler zwang Intel schließlich dazu, die Prozessoren durch korrigierte Versionen auszutauschen. Insgesamt soll diese Umtauschaktion etwa 470 Millionen Dollar gekostet haben.

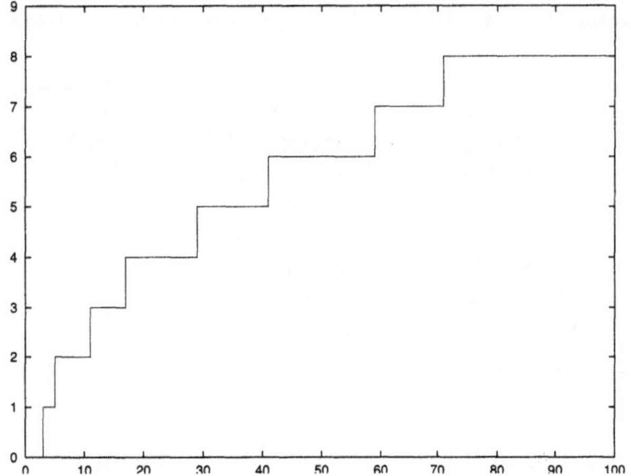

Bild 2: $\pi_2(x)$ zwischen 1 und 100 ...

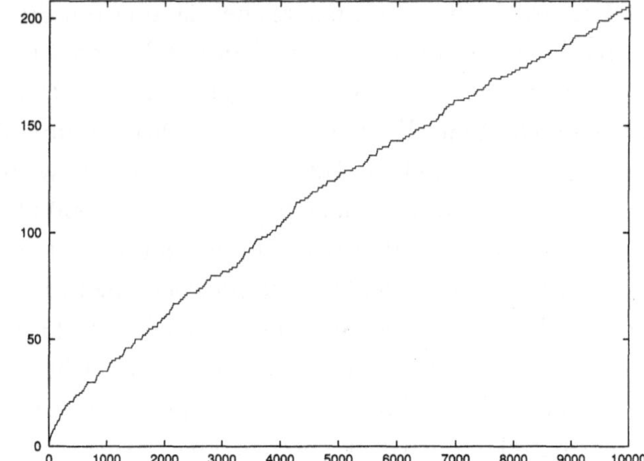

Bild 4: ... bis 10000 ...

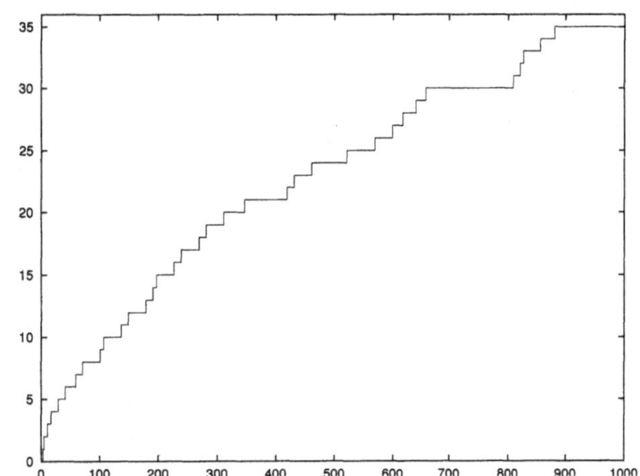

Bild 3: ... bis 1000 ...

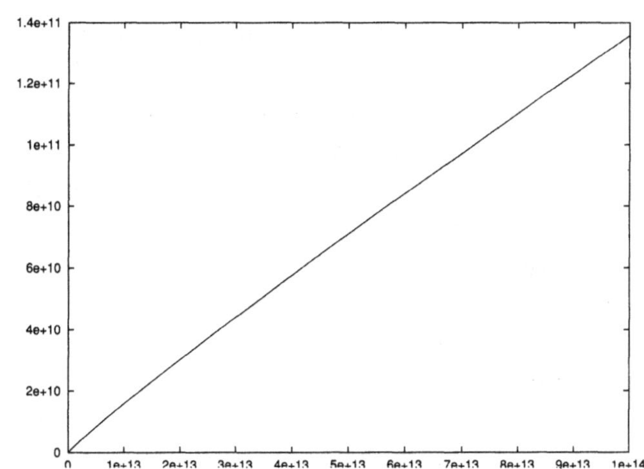

Bild 5: ... und bis 10^{14}

Tabelle 3: Rechenergebnisse

x	$\pi_2(x)$	$L_2(x)$	$\pi_2(x)/L_2(x)$	$B(x)$	$B^*(x)$
10	2	5	0,4	0,8761904761	2,0230090113
10^2	8	14	0,5714285	1,3309903657	1,9043996332
10^3	35	46	0,7608695	1,5180324635	1,9003053086
10^4	205	214	0,9579439	1,6168935574	1,9035981912
10^5	1224	1249	0,9799839	1,6727995848	1,9021632918
10^6	8169	8248	0,9904219	1,7107769308	1,9019133533
10^7	58980	58754	1,0038465	1,7383570439	1,9021882632
10^8	440312	440368	0,9998728	1,7588156210	1,9021679379
10^9	3424506	3425308	0,9997658	1,7747359576	1,9021602393
10^{10}	27412679	27411417	1,0000460	1,7874785027	1,9021603562
10^{11}	224376048	224368865	1,0000320	1,7979043109	1,9021605414
10^{12}	1870585220	1870559867	1,0000135	1,8065924191	1,9021606304
10^{13}	15834664872	15834598305	1,0000042	1,8139437606	1,9021605710
10^{14}	135780321665	135780264894	1,0000004	1,8202449681	1,9021605777

Literaturhinweise

[1] J. Bohman, *Some computational results regarding the prime numbers below 2 000 000 000*, Nordisk Tidskrift Informationsbehandling, 13 (1973), 242–244.

[2] R. P. Brent, *Irregularities in the Distribution of Primes and Twin Primes*, Math. Comp., 29 (1975), 43–56, 379.

[3] V. Brun, *La série 1/5 + 1/7 + 1/11 + 1/13 + 1/17 + 1/19 + 1/29 + 1/31 + 1/41 + 1/43 + 1/59 + 1/61 + ... où les dénominateurs sont 'nombres premiers jumeaux' est convergente ou finie*, Bull. Sci. Math., 43 (1919), 124–128.

[4] M. Deléglise, J. Rivat, *Computing pi(x): the Meissel, Lehmer, Lagarias, Miller, Odlyzko method*, Math. Comp., 65 (1996), 235–245.

[5] J. W. L. Glaisher, *An enumeration of prime-pairs*, Messenger of Mathematics, 8 (1878), 28–33.

[6] F. Gruenberger, G. Armerding, *Statistics on the First Six Million Prime Numbers*, Math. Comp., 19 (1961), 503–505.

[7] G. H. Hardy, J. E. Littlewood, *Partitio numerorum III: On the expression of a number as a sum of primes*, Acta Math., 44 (1923), 1–70.

[8] K.-H. Indlekofer, A. Jarai, *Largest known twin primes*, Math. Comp., 65 (1996), 427–428

[9] G.H. Hardy, E.W. Wright, *An Introduction to the Theory of Numbers*, Clarendon Press, Oxford, (1978)

[10] E. Landau, *Aus der elementaren Zahlentheorie*, Vorlesungen über Zahlentheorie, Chelsea Publ. Co., New York, 1927, pp. 71–80.

[11] D. H. Lehmer, *Tables concerning the distribution of primes up to 37 millions*, MTAC (Mathematical Tables), 13 (1957), 56–57.

[12] T. Nicely, *Enumeration to 10^{14} of the twin primes and Brun's constant*, Virginia Journal of Science, 46 (1995).

[13] P. Ribenboim, *The New Book of Prime Number Records* Springer, New York, (1996).

[14] H. Riesel, *Prime Numbers and Computer Methods for Factorization*, Birkhäuser, Boston, 2nd Edition (1994).

[15] W. Schwarz, *Einführung in Siebmethoden der analytischen Zahlentheorie*, B.I. Wissenschaftsverlag, Mannheim, 1974.

[16] C.J. Scriba, *Viggo Brun: In Memoriam*, Historia Mathematica, 7 (1980), 1–6

[17] S. Selberg, *Viggo Brun in memoriam*, Nordisk Mat. Tidskrift, 27 (1979), 1–9

[18] D. Shanks, J. W. Wrench, *Brun's Constant*, Math. Comp., 28 (1974), 293–299.

[19] S. Weintraub, *UMT 38*, Math. Comp., 27 (1973), 676–677.

[20] J. W. Wrench, *Evaluation of Artin's Constant and the Twin-Prime Constant*, Math. Comp., 15 (1961), 396–398.

Detlef Laugwitz

Als Assistent in Oberwolfach 1955/56

Dem Andenken an Wilhelm Süss gewidmet

Über das erste Jahrzehnt des Mathematischen Forschungsinstituts Oberwolfach ist zum fünfzigjährigen Bestehen im Jahre 1994 viel berichtet worden. Ich war im zeitlichen Anschluß an diese Gründungsphase für ein knappes Jahr als Stipendiat der Deutschen Forschungsgemeinschaft in Oberwolfach und will auf Wunsch der Herausgeber über diese Zeit schreiben, in der der dauerhafte Charakter der Einrichtung schon erkennbar wurde, als Ort für Spezialtagungen von jeweils etwa einer Woche Dauer.

Damals allerdings schien die Zukunft des Instituts recht unsicher. Der Gründer und Leiter, der Freiburger Ordinarius Wilhelm Süss (1895–1958), mußte viel Energie und sein ganzes diplomatisches Geschick aufwenden, um die damals weltweit einzigartige Einrichtung zu erhalten – und das in der Zeit des sogenannten Wirtschaftswunders! Mit der französischen Kulturverwaltung hatte Süss sich recht gut verstanden, auch mit der Regierung des Landes Südbaden, im Volksmund nach dem Regierungschef „Wohlebien" genannt. Nachdem das Land, übrigens gegen den Willen seiner Bevölkerungsmehrheit, 1952 im neuen Südweststaat aufgegangen war, gestalteten sich die Dinge zunehmend schwieriger. Mit einem Jahresetat von etwa 10 000 Mark war auch damals nicht viel zu bewerkstelligen. Immerhin konnte eine Wirtschafterin bezahlt werden – damals blieb keine sehr lange. Im Remisenbau, der an der Stelle des heutigen Parkplatzes stand, wohnte das Ehepaar Sum und sorgte über lange Jahre für Haus und Heizung, Reparaturen und Garten. Die Verwaltung wurde von Süss und seiner Sekretärin Anneliese Pfefferle in Freiburg übernommen, aber natürlich war es erforderlich, daß an Ort und Stelle ein Mathematiker nach dem rechten sah. Süss und sein Stellvertreter Hellmuth Kneser in Tübingen waren in der DFG für die Mathematik zuständig, und so mag die Idee aufgekommen sein, Stipendiaten als Assistenten in Oberwolfach unterzubringen.

Süss kannte mich schon seit der Geometrie-Tagung im Herbst 1953, und als Max Deuring in Göttingen nach meiner Promotion ein DFG-Stipendium für mich beantragt hatte, wurde ich von Sommer 1955 bis Mai 1956 in

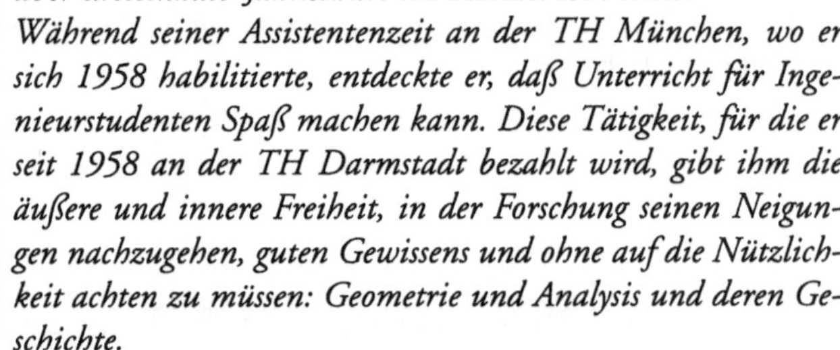

Detlef Laugwitz, geboren 1932, promovierte 1954 in Göttingen. Den anschließenden Aufenthalt als DFG-Stipendiat in Oberwolfach, über den er hier berichtet, sieht er als Postgraduiertenstudium.

Seine ersten Vorlesungen hielt er 1956 in Erlangen über Differentialgeometrie. Im Anschluß daran entstand ein Buch, welches über dreieinhalb Jahrzehnte im Handel sein sollte.

Während seiner Assistentenzeit an der TH München, wo er sich 1958 habilitierte, entdeckte er, daß Unterricht für Ingenieurstudenten Spaß machen kann. Diese Tätigkeit, für die er seit 1958 an der TH Darmstadt bezahlt wird, gibt ihm die äußere und innere Freiheit, in der Forschung seinen Neigungen nachzugehen, guten Gewissens und ohne auf die Nützlichkeit achten zu müssen: Geometrie und Analysis und deren Geschichte.

Angeregt durch Curt Schmieden, befaßt er sich seit 1955 mit Infinitesimalmathematik – eine Bezeichnung, die er dem später üblich gewordenen Terminus Nonstandard-Analysis vorzieht. Deren Bedeutung sieht er vor allem in einer Vertiefung des Verständnisses der historischen Entwicklung, welcher er in Büchern dazu und neuerdings zu Bernhard Riemann nachzuspüren sucht. Die Reihe der Jahrbücher Überblicke Mathematik begründete er 1968, und bis 1991 war er einer der Herausgeber.

Oberwolfach ansässig, anfangs zusammen mit Konrad Jacobs und später abgelöst von Ludwig Danzer. Übrigens waren wir „zahlende Gäste" und mußten wie jeder andere den Tagessatz für die Selbstkosten des Instituts entrichten, so daß vom Stipendium nicht mehr viel übrig blieb.

Wenn das Thema meines Forschungsvorhabens auch die unendlich-dimensionalen Lie-Gruppen waren, so galt meine Liebe doch besonders der Differentialgeometrie und der Konvexität, und der Anschluß an Freiburg mit Süss und Bol, Barner und Leichtweiß war dafür besonders förderlich. Die Möglichkeit, an den Vorträgen und Diskussionen teilzunehmen, empfand ich als ein ideales Post-

graduiertenstudium, und die engen Kontakte mit vielen älteren und jüngeren Wissenschaftlern in der familiären Atmosphäre des Hauses gaben für das weitere Leben eines Mathematikers Anregungen und dauerhafte Verbindungen. Freundliche Tagungsleiter ermunterten den jungen Mann zu Vorträgen auch außerhalb der Geometrie. Über meine Banach-Lie-Gruppen berichtete ich mehrfach, und im Anschluß an einen solchen Vortrag sorgte Dieudonné für die Annahme einer Arbeit in den Mathematischen Annalen, ein anderes Mal fand Köthe an der Sache Gefallen. Er hat mich dann bald aufgefordert, für seine Leitfäden bei Teubner eine Differentialgeometrie zu schreiben.

Meinen ersten Lehrauftrag in Erlangen im Sommer 1956 verdanke ich Oberwolfacher Kontakten ebenso wie die durch Hanfried Lenz vermittelte Möglichkeit zur Habilitation an der TH München im Winter 1957/58.

Die Sommerferienzeit 1955 brachte ausgedehnte Aufenthalte vieler Gruppentheoretiker anläßlich einer von Wielandt geleiteten Tagung, mit Dieudonné, B.H. Neumann, Paul M. Cohn, J. Tits, W. Gaschütz und vielen später bekannt gewordenen Deutschen aus meiner Altersgruppe. Legendär geworden ist Neumanns Seehundschwimmen im Glaswaldsee, und die letzten Zeilen seines Dankgedichts möchte ich hier mit freundlicher Genehmigung der Institutsleitung aus dem Gästebuch zitieren:

We worked, we walked, we talked the whole day long.
We went together to the Glaswaldsee,
Made music and played chess and much ping-pong.

Time flew – it was so lovely every day.
Herr Süss, your Institute is much admired.
We leave enriched by what it has inspired.
2-15 Ausgust 1955
B.H. Neumann

Dann kamen Einzelgäste, bis Anfang Oktober das zweite der mathematikgeschichtlichen Kolloquien unter Leitung von J.E. Hofmann u.a. Viggo Brun, Paul Funk und Otto Spiess nach Oberwolfach brachte. Die mathematikhistorische Tradition hat Christoph Scriba dann fortgeführt, sie ist ununterbrochen erhalten geblieben. Gleiches gilt von der regelmäßigen Geometrie-Tagung Ende Oktober, die Süss immer besonders am Herzen lag und die unter seiner Leitung für alle gute Mathematik offen war, welche den Namen Geometrie verdiente. So hat auf diesen Tagungen Wolfgang Gröbner seine Lie-Reihen vorgestellt,

und häufig kamen Teilnehmer aus Straßburg und Paris, wie A. Lichnerowicz, G. Reeb, Ch. Ehresmann, R. Thom.

Im Oktober 1955 war die Tagung ungewöhnlich klein. Schouten aus Amsterdam beherrschte die Szene, Tensoren wurden diesmal großgeschrieben. Eine Episode sei berichtet, weil sie Süss' Verhältnis zu Frankreich beleuchtet. Frau Süss hatte Radios verboten, aber am Sonntag zu Tagungsende durfte ich meinen kleinen Empfänger auf Wunsch der Schoutens doch in die Bibliothek bringen. Sie wollten das Ergebnis der Saarabstimmung hören und jubelten laut über den Ausgang. Süss hingegen meinte, nun sei die Idee der zweisprachigen Universität Saarbrücken wohl ebenso gestorben wie ähnliche Hoffnungen für Straßburg. W. Barthel, der als Schüler von Süss in Saarbrücken wirkte, hatte uns viel Positives von dort berichtet.

Heute mag man sich wundern, daß in der zweiten Jahreshälfte 1955 nur drei größere Fachtagungen stattfanden. Man führe sich aber vor Augen, daß das Institut damals keine Zuschüsse zu Reise- und Aufenthaltskosten geben konnte. Eine Rolle spielte auch die Jahrestagung der DMV in Göttingen, die im Gauß-Gedenkjahr 1955 besonders attraktiv gestaltet war.

Süss versuchte mit einigem Erfolg, dem Institut eine breitere Basis zu verschaffen. Eine ganze Woche der Schulherbstferien widmete er einer Fortbildungstagung für süddeutsche Gymnasiallehrer über Grundlagen der Geometrie und Abbildungsgeometrie. Bei dieser Gelegenheit war das Haus überfüllt, ebenso dann bei einer ungemein anregenden theoretisch-physikalischen Arbeitstagung vom 12.–18. April 1956 mit an die 40 Teilnehmern. Da mußte man schon auf Übernachtungsmöglichkeiten im Dorf zurückgreifen. Voll war das Haus auch für ein Wochenende im Januar 1956, mit einem von Kurt Sontheimer und Arnold Bergstäßer veranstalteten Seminar über die Bedeutung soziologischen Denkens für die Politik.

Ein weiteres Wochenendseminar im Februar veranstalteten die Freiburger politischen Studentengruppen über Probleme des Verfassungsschutzes. In Erinnerung ist mir ein in diesem Hause ungewohntes Phänomen: Den Rekord in der Fähigkeit, mit vielen Worten wenig zu sagen, den die eingeladene Frau Noelle-Neumann aufstellte, dürfte kaum ein Mathematiker brechen können!

Vorher hatten sich die knapp zwanzig Mathematik-Stipendiaten der DFG in Oberwolfach getroffen und ihre Ergenisse ausgetauscht, aber auch ihre Zukunftssorgen. Keiner konnte ahnen, daß die wenige Jahre später vom Wissenschaftsrat bewirkte wundersame Vermehrung der Professorenstellen fast allen von uns frühe Berufungen auf Ordinariate bescheren sollte!

Zum Kontrast gab es gegen Ende des Wintersemesters noch eine kleine Altherrentagung, die Süss mit den anderen Herausgebern und einigen Autoren der IMUK-Bände abhielt, unter ihnen Robert Sauer, Heinrich Behnke und Kuno Fladt. Diese bei Vandenhoeck und Ruprecht erschienenen „Grundzüge der Mathematik für Lehrer an Gymnasien sowie für Mathematiker in Industrie und Wirtschaft" waren sorgfältig geplant und von hervorragenden Professoren und Lehrern verfaßt, und es ist schade, daß sie, wie mir scheint, dann nur wenig Beachtung fanden. Mir war der Unterschied der Generationen allerdings bei dieser Sitzung schon deutlich. Meine Altersgruppe dachte bereits ganz anders.

Eine Erinnerung sei mitgeteilt, weil sie Untypisches betrifft. Behnke, an prompte Bedienung durch Assistenten gewöhnt, rief abends an, er sitze in Offenburg am Bahnhof und sei ein Eismann. Ich weiß nicht mehr, wie wir ihn aufgetaut haben. Autos waren noch selten, vermutlich hat Süss ihn mit seinem VW-Käfer geholt. Auf ein Institutstaxi hatte man noch fast vier Jahrzehnte zu warten. Aber damals nahmen (fast) alle die unbequeme Unterkunft und die Beschwerlichkeiten der Anreise in Kauf. Wie mancher andere bin ich nicht nur einmal die 7 km vom Bahnhof Wolfach zu Fuß gewandert. In meinen letzten Wochen 1956 hatte ich ein Moped für Fahrten nach Freiburg und Straßburg.

Aber im ganzen waren die vier Wintermonate November bis Februar ruhige Forschungszeiten. Jacobs hatte öfter auswärts zu tun, auch fuhren wir wechselweise nach Freiburg, wo es ein Bett für Gäste im Institut in der Hebelstraße gab, um an Seminaren und Kolloquien teilzunehmen und Institutsangelegenheiten zu besprechen. Gegen Ende des Wintersemesters war ich dann allein in Oberwolfach. Die Bibliothek, hauptsächlich aus Freiburger Dauerleihgaben bestehend, konnte zwar verwöhnten Göttinger Ansprüchen nicht ganz genügen, war aber doch sehr hilfreich. Ich habe in diesen vier Monaten sieben kürzere Aufsätze geschrieben, neben der Arbeit an meinem DFG-Thema. Curt Schmieden kam für ein paar Tage aus Darmstadt zu einer gemeinsamen Arbeit.

Das Schloß oder besser die Villa, wie die Dorfbewohner sagten (gesprochen: Filla), war schon etwas Besonderes, aber in einem kalten Winter kaum bewohnbar, wenn

die Zentralheizung aus Kostengründen nur bei voller Belegung des Hauses in Betrieb sein durfte und man in einer ehemaligen Gesindekammer direkt unter dem kaum isolierten Dach schlafen sollte. Der Kachelofen im Speisesaal konnte mit Holz befeuert werden, und damit gab es einen warmen Aufenthaltsraum gleich neben der Bibliothek. Bei stärkerem Frost mußte das ganze Haus ein wenig geheizt werden, um Schäden zu vermeiden. Unterm Dach befanden sich auch die Behälter für die Wasserversorgung, gespeist von zum Hause gehörigen Quellen in den benachbarten Hügeln. (Im Sommer gab es manchmal Wasserknappheit.) Anfang 1956 wurde es ungewöhnlich kalt, und wir hatten dann auch so viel Schnee, daß das Schmelzwasser in der Wolfach pünktlich zu Beginn der Tagungen im März die Brücke wegriß und der Fußweg von der Holzbrücke bei Rothfuß ausreichen mußte. Ich erinnere mich nicht an Klagen seitens der Tagungsteilnehmer.

Die Monate März und April 1956 brachten mit insgesamt sieben Tagungen einen Betrieb, wie man ihn aus späteren Jahrzehnten in Oberwolfach kennt. Schon damals gab es in Mitteleuropa viele Vertreter der Mathematischen Statistik, die sich allesamt nach Oberwolfach zu begeben schienen, und es kamen auch van der Waerden, Mark Kac, Herman Wold. Dann folgten zwei hochkarätige Tagungen zur Reinen Mathematik: Funktionentheorie mehrerer Veränderlicher, mit Ernst Peschl, Karl Stein und der gesamten Behnke-Schule, aus Frankreich u.a. Lelong und die Dolbeaults; danach Topologie mit Saunders

MacLane, Vietoris, Eckmann, G. Reeb, A. Dold, Guy Hirsch und etwa zwanzig weiteren Teilnehmern, geleitet von Karl-Heinrich Weise, einem der treuesten Freunde des Instituts. Zwei eng miteinander verbundene Tagungen über Reelle Funktionen und Funktionalanalysis wurden von Nöbeling und Köthe geleitet. Es seien wieder nur die Namen der Altmeister genannt: Otto Haupt, der zusammen mit seiner Frau sehr oft im Hause war, Christian Pauc, Einar Hille, Hans Hamburger, wieder einmal Emanuel Sperner, Werner Schmeidler, Marcel Brelot.

Süss nahm an fast allen Vorträgen teil, und Frau Süss gab, wenn andere Damen anwesend waren, der Kaminecke die Atmosphäre eines gepflegten Salons.

Nie habe ich in zwei Monaten so viel gelernt – und so wenig geschlafen – wie in diesem Frühjahr 1956! Als nunmehr einziger Assistent war ich als erster beim Frühstück, denn da gab es so manchen Wunsch wie etwa Hilfe beim Telefonieren – wir waren noch auf die manchmal langwierige Amtsvermittlung angewiesen. Und abends blieb ich, übrigens gern, bis zum Schluß, zum Wegräumen der Flaschen und Gläser und zum Löschen der Lichter – wichtig, weil angeblich die Dorfbewohner jegliche Verschwendung beargwöhnten.

Die Abende waren immer gesellig. Sie begannen mit einer Musikstunde, eine Pflicht für alle, besonders wenn Frau Süss anwesend war. Max Pinl und andere bedienten den Flügel auch gern zu jeder Tageszeit. Alles spielte sich in der Bibliothek ab, und der eine oder andere wandte sich seiner Mathematik zu. Die meisten aber versammel-

ten sich um Zentralfiguren in der Nähe des Kamins: Sperner, MacLane, Köthe mit seinem dröhnenden Lachen sind unvergeßliche Erlebnisse. Zu vorgerückter Stunde wollte man gern noch den Kühlschrank in der Kellerküche plündern, und da hieß es wachsam sein. Als die schon erwähnte Physikertagung dann vorüber war, fühlte ich mich recht erholungsbedürftig. Aber da war noch die Bibliothek zu ordnen und Süss überraschte mich mit einer an sich sehr erfreulichen Aufforderung. Die alljährliche Tagung der oberrheinischen Mathematiker (Basel, Freiburg, Straßburg) sollte diesmal bei den Franzosen sein, und denen sollte man doch zeigen, daß auch von unserer Seite etwas zu kompatiblen Strukturen gesagt werden könne. Ich übernahm neben Martin Barner den zweiten für Freiburger vorgesehenen Vortrag. So konnte ich zum Abschluß meiner Zeit in Oberwolfach einmal andere organisieren lassen und selbst eine sehr gelungene Tagung genießen.

Wie alle, die länger in der alten Villa zugebracht haben, fragte man mich oft, was ich beim Aufbruch empfunden habe. Süss dachte an die übernationale Mathematik. Durch seine aufrechte Haltung gegenüber den Machthabern vor 1945, im Reichsforschungsrat, in der DMV, als Rektor in Freiburg und Mitverantwortlicher im von Baden aus verwalteten Elsaß hatte er ein hohes Vertrauenspotential bei den Besatzungsmächten. Er nutzte es für Oberwolfach, indem er es zunächst als Auffangstätte für deutsche Mathematiker und alsbald als internationale Stätte des geistigen Austausches zu erhalten und auszubauen verstand. Frau Irmgard Süss half dabei durch die Schaffung einer Atmosphäre gebildeten geistigen Gesprächs und menschlicher Wärme. Dafür war die Villa ein geeigneter Rahmen gewesen. Die Isolierung, die die deutschen Mathematiker nach dem Ersten Weltkrieg hinnehmen mußten, wurde ihnen, sicher auch dank solchen Wirkens, nach dem zweiten Desaster erspart. Gerade darum aber hatte dieses Haus sich selbst überflüssig gemacht. Als ein Gebäude für völlig normale internationale Fachtagungen war es nicht gebaut. Martin Barner gelang es dann, den bewährten Standort zu erhalten und die neuen Baulichkeiten dem sachlichen Zweck entsprechend zu gestalten.

Ich gestehe aber, daß ich eine Tagung Mitte 1970 (über Nonstandard-Analysis, mit Wim Luxemburg und Abraham Robinson) besonders gelungen fand: Im alten Haus fand noch die Mathematik statt, gewohnt und gespeist wurde im Neubau. Auch die Bungalows konnten schon bezogen werden. Für meinen Geschmack hätte man es bei diesem Ensemble belassen können. Freilich wußte ich zu gut, daß jahrzehntelang aus Geldmangel keine ausreichenden Bauerhaltungsmaßnahmen erfolgt waren. Und für die heute durchaus übliche Verbindung neuer Zweckbauten mit der Restauration des Überkommenen hatte man in den sechziger Jahren noch wenig Sinn. Die Geldgeber förderten das Zweckmäßige, und die Villa war ja keine Gedächtniskirche.

Michael von Renteln

Paul Stäckel (1862–1919) –
Mathematiker und Mathematikhistoriker

Der Name PAUL STÄCKEL scheint bei den heutigen Mathematikern fast in Vergessenheit geraten zu sein. Dies steht ganz im Gegensatz zu der Zeit seines Wirkens. Er war einer der bekanntesten Mathematiker um die Jahrhundertwende, Nachfolger von MINKOWSKI in Königsberg und von CARL RUNGE in Hannover, sowie Mitglied mehrerer Akademien. Im Jahre 1905 wählte ihn die Deutsche Mathematiker-Vereinigung (DMV) zu ihrem Vorsitzenden.

STÄCKEL war ein äußerst produktiver Mathematiker, davon zeugen seine 170 veröffentlichten Arbeiten (darunter etliche Bücher). Darüberhinaus war er Mathematikhistoriker von großer Profession, sein spektakulärster Fund gelang ihm mit der Entdeckung des GAUSSschen Tagebuchs.

Obwohl auf der einen Seite vergessen, so ist auf der anderen sein Name heute doch in vielen weitverbreiteten Nachschlagewerken zu finden, so etwa in der neuen Brockhaus Enzyklopädie (19. Aufl., Band 21, erschienen 1994) oder im DSB (Dictionary of Scientific Biography).

STÄCKEL starb kurz nach Ende des 1. Weltkrieges und die Zeitumstände erlaubten keine ausführliche Gesamtwürdigung seiner Person und seines Werkes. Leider wurde das auch in den folgenden Jahren nicht nachgeholt.

Dies war Anlaß für uns, eine Staatsexamensarbeit über PAUL STÄCKEL auszugeben (siehe [2]). Hinzu kam die günstige Quellenlage durch das hiesige Badische Generallandesarchiv (STÄCKEL verbrachte die meiste Zeit seines Wirkens als Professor in Karlsruhe und Heidelberg im badischen Landesdienst). Ein weiterer Grund war das wiedererwachte Interesse an einigen seiner funktionentheoretischen Arbeiten.

Nach Fertigstellung der Staatsexamensarbeit habe ich durch Zufall bei Nachforschungen den umfangreichen Schriftwechsel PAUL STÄCKEL – FRIEDRICH ENGEL mit über 1000 Schriftstücken im Keller des mathematischen Instituts der Universität Gießen entdeckt. Da STÄCKEL mit ENGEL eng befreundet war, gestattet dieser Briefwechsel interessante Einblicke in die persönliche Einschätzung

Michael von Renteln promovierte 1972 an der Universität Gießen bei Dieter Gaier mit einem Thema aus dem Bereich „Ringe holomorpher Funktionen". Von 1974–79 bzw. 1979–80 war er Dozent bzw. Professor an der Universität Gießen. 1980 wurde er an die Universität Karlsruhe berufen, wo er die Funktionentheorie vertritt.

Verschiedentlich weilte er zu längeren Forschungsaufenthalten an amerikanischen Universitäten (University of Michigan, Ann Arbor; University of California San Diego at La Jolla; University of Tennessee, Knoxville).

Neben seinen mathematischen Fachvorlesungen hält er seit 1986 regelmäßig Vorlesungen zur Geschichte der Analysis im 18. ,19. und 20. Jahrhundert und führt Arbeitsgemeinschaften zur lokalen Mathematikgeschichte durch.

Zu seinen außermathematischen Interessen und Hobbys gehören Wissenschaftsgeschichte, Wandern und Bergsteigen.

verschiedener für Leben und Werk STÄCKELS wichtiger Begebenheiten und soll hier zum ersten Mal herangezogen werden.

Insgesamt scheint uns Leben und Werk PAUL STÄCKELS so interessant zu sein, daß es verdient, einer breiteren Öffentlichkeit vorgestellt zu werden.

Stäckels Leben

Jugend und Studium in Berlin

PAUL STÄCKEL wurde am 20. August 1862 in Berlin als Sohn des Direktors einer höheren Mädchenschule geboren. Die Mutter verstarb früh. PAUL STÄCKEL besuchte das Joachimsthalsche Gymnasium in Berlin, aus dem viele bekannte Persönlichkeiten hervorgegangen sind.

Noch kurz vor dem Abitur schwankte er zwischen einem Jura- oder Mathematikstudium. Auf Anraten seiner Lehrer entschied er sich für die Mathematik und begann 1880 das Studium der Mathematik und Physik an der Berliner Universität. Dort fiel er schon bald seinen Lehrern durch seine Aktivitäten und Begabung auf. Er war zeitweise Vorsitzender des Mathematischen Vereins, einem Zusammenschluß von wissenschaftlich interessierten Studenten. Auf Vorschlag von KRONECKER und mit Zustimmung von KUMMER und WEIERSTRASS erhielt er als letzter eine der berühmten Seminarprämien, bevor diese vom preußischen Finanzministerium abgeschafft wurden ([1], S. 79).

Im Jahre 1885 promovierte STÄCKEL bei KRONECKER mit einem differentialgeometrischen Thema. Als Zweitgutachter fungierte WEIERSTRASS. Liest man jedoch die Dissertation, so taucht dort mehrfach an entscheidenden Stellen der Name WEINGARTEN auf. Dieser war zu jener Zeit Professor an der Technischen Hochschule in Charlottenburg, die zur damaligen Zeit kein Promotionsrecht besaß. Alle Umstände deuten daraufhin, daß WEINGARTEN die Arbeit sehr beeinflußt und vielleicht auch ausgegeben hat und daß KRONECKER nur formal der Betreuer der Dissertation war. Ein Jahr später legte STÄCKEL die Lehramtsprüfung ab. Von 1887–1890 unterrichtete er als Hilfslehrer am Wilhelmsgymnasium in Berlin. Obgleich er als Lehrer erfolgreich war, entschloß er sich dennoch für die unsichere akademische Laufbahn.

Privatdozent in Halle

PAUL STÄCKEL verließ Berlin und habilitierte 1891 an der Universität Halle mit einem Thema aus der Mechanik. Die beiden Ordinarien am Ort waren GEORG CANTOR, der Begründer der Mengenlehre, und WANGERIN. Im gleichen Jahr heiratete er ELISABETH LÜDECKE aus Wittenberg. Aus der Ehe gingen zwei Söhne und eine Tochter hervor.

Die Hallenser Privatdozententätigkeit von PAUL STÄCKEL war wissenschaftlich äußerst fruchtbar. Dazu beigetragen hatte der Kontakt zu den Leipziger Kollegen durch das gemeinsame mathematische Kolloquium, das sogenannte Kränzchen. Hier freundete sich STÄCKEL insbesondere mit FRIEDRICH ENGEL, dem nur ein Jahr älteren apl. Professor, an. Ein reger Briefwechsel mit ihm begann.

Ausschnitt aus dem Foto der Abteilung I (Mathematik und Astronomie) anläßlich der Tagung der Gesellschaft deutscher Naturforscher und Ärzte vom 21. bis 25. September 1891 in Halle a. S.
1. Oberste Reihe v.l.n.r.: H. Minkowski, D. Hilbert, G. Kohn, A. Carajianides.
2. Zweitoberste Reihe v.l.n.r.: E. Holländer, ? , P. Stäckel.
3. Zweitunterste Reihe v.l.n.r.: W. Dyck, L. Boltzmann, E. Wiltheiß, ? , S. Finsterwalder, ? .
4. Unterste Reihe v.l.n.r.: G. Cantor, M. Noether, A. v. Brill, Chr. Wiener.

In den Jahren 1893 und 1894 erschienen aus STÄCKELS Feder zwanzig Arbeiten aus den verschiedensten mathematischen Gebieten (meist Analysis, Mechanik und Differentialgeometrie). Das blieb in der mathematischen Welt nicht unbeachtet. Bereits in einem Brief vom 15.11.1893 schrieb HILBERT an KLEIN im letzten Absatz ([5], S. 102):

„Unter den jüngeren Privatdozenten scheint sich übrigens Stäckel in Halle durch Eifer und Regsamkeit sehr hervorzutun."

Auch HILBERTs Freund MINKOWSKI wurde auf STÄCKEL aufmerksam. Das war schließlich entscheidend für seine erste Berufung, wie der Text der folgenden Postkarte von PAUL STÄCKEL an FRIEDRICH ENGEL zeigt.

Halle a. S., den 28.6.95

Lieber Freund,

Aus guter Quelle habe ich heute erfahren, daß Minkowski am Mittwoch bei Alth.[off] in Berlin gewesen ist, um wegen der Besetzung des Extraordinariates zu verhandeln, und daß er mich in erster Linie vorgeschlagen hat. Wahrscheinlich werde ich in den nächsten Tagen in Berlin mit A. verhandeln müssen!
Daß ich sehr ungern aus der Nähe von Leipzig weggehen würde, wirst Du Dir denken können. Indes kann ich den Ruf nicht ohne zwingende Gründe ablehnen und werde wohl in die Einsamkeit hinaus müssen.
Außer meiner Frau weiß hier noch niemand wie es steht, und ich möchte Dich bitten, zunächst auch Stillschweigen darüber zu bewahren.
Mit herzlichem Gruß
Dein
Paul Stäckel

Professor in Königsberg, Kiel und Hannover

Die von STÄCKEL in der obigen Postkarte gemachte Voraussage bewahrheitete sich. Noch im gleichen Jahr wurde er ao. Professor an der Universität Königsberg als Nachfolger von MINKOWSKI. Unter seinen dortigen Studenten befanden sich auch die Brüder ARNOLD und GERHARD KOWALEWSKI.

STÄCKELs Aufenthalt in Königsberg währte nicht lange, denn schon zwei Jahre später ließ er sich an die Universität Kiel versetzen, wo er 1899 zum Ordinarius ernannt wurde. Sein Kollege war LEO POCHHAMMER. STÄCKEL war in der Kieler Zeit wissenschaftlich äußerst produktiv und veröffentlichte durchschnittlich fünf Arbeiten pro Jahr, darunter einige zur Geschichte der Mathematik und zum mathematischen Unterrichtswesen.

Im Jahre 1905 wurde er als Nachfolger von CARL RUNGE an die TH Hannover berufen. Hier wirkte er nur eine kurze Zeit, denn schon 1908 trat das großherzoglich badische Ministerium der Justiz, des Kultus und Unterrichts mit einem Ruf auf einen Lehrstuhl für Mathematik an der TH Karlsruhe an ihn heran.

Professor in Karlsruhe und Heidelberg

Die Verhandlungen des badischen Ministeriums mit STÄCKEL verliefen erfolgreich und er trat am 1. April 1908 seine Stelle an. Wie aus den Akten hervorgeht (vgl. [2], S. 131), war die Verleihung des Titels *Geheimer Hofrat* durch den Großherzog ein wesentlicher Anreiz für ihn, den Ruf anzunehmen. Neben seiner Lehr- und Forschungstätigkeit führte er hier sein rastloses Wirken in zahlreichen Gremien fort (Badische Unterrichtskommission, DMV, IMUK, Prüfungskommissar für Realgymnasien in Baden, Kommission für die Enzyklopädie der mathematischen Wissenschaften, Eulerkommission usw.). Im Amtsjahr 1910/ 11 war er Rektor der TH Karlsruhe.

Im Jahre 1912 beschloß der Badische Landtag auf Betreiben KÖNIGSBERGERs die Einrichtung einer zweiten ordentlichen Professur für Mathematik an der Universität Heidelberg. Der Ruf ging an EDMUND LANDAU in Göttingen, dieser lehnte schließlich ab wegen der zu erwartenden verwaltungstechnischen Arbeit beim Aufbau eines neuen Lehrstuhles, und so kam STÄCKEL, der an zweiter Stelle der Berufungsliste stand, zum Zuge. Mit seiner ausgeprägten Arbeitsenergie gelang ihm eine vollkommene Reorganisation der mathematischen Abteilung. Unter seiner Federführung wurde im Friedrichsbau der Universität ein eigenes Mathematisches Institut eingerichtet mit zwei Hörsälen, einem Dozentenzimmer, einer Bibliothek, einer mathematischen Modellsammlung und einem Assistenten.

Der 1. Weltkrieg brachte hier wie überall einen großen Einschnitt. STÄCKEL wurde persönlich stark betroffen durch den Tod seines jüngsten Sohnes, der im blühenden Alter von noch nicht ganz 17 Jahren als Fahnenjunker auf der Lorettohöhe bei Arras fiel. Auf die Kondolation von ENGEL antwortete STÄCKEL mit einer Karte vom 12. Juni 1915.

> *Heidelberg, 12. Juni 1915*
>
> *Lieber Freund,*
>
> *Habe vielen Dank für Deine warme Teilnahme an dem Verlust, der nun auch uns wie so viele, viele Familien betroffen hat. Hier in Heidelberg sind bis jetzt 18 Professorensöhne gefallen, und wer weiß, was noch kommt. Gewiß, mein tapferer Sohn würde sagen: Trauere nicht, mir ist ein schönes Los [zu teil] geworden. Aber wenn ich daran denke, wie er hinauszog, in wenigen Monaten vom Knaben zum festen, bewußten Manne gereift, in Ernst und Freudigkeit und wie nun all' die Keime des Großen und Guten vernichtet sind, dann bricht der Schmerz mit erneuter Gewalt hindurch[...].*
>
> *Mit freundlichen Grüßen*
> *Dein*
> *Paul Stäckel*

Trotz all der widrigen Umstände, die die Kriegszeit mit sich brachte, blieb PAUL STÄCKEL, wenn auch eingeschränkt, wissenschaftlich produktiv. Im letzten Kriegsjahr wurde ihm eine Ehrung ganz besonderer Art zuteil: Im März 1918 wählten ihn die Mitglieder der Leopoldina in den Vorstand der Akademie als Nachfolger des kurz zuvor verstorbenen GEORG CANTOR.

Gegen Kriegsende erkrankte STÄCKEL. Er mußte sich im Jahr 1918 einer Operation unterziehen. Anschließend weilte er zu längerem Kuraufenthalt im Kurhaus Plättig (Nordschwarzwald).

Nach kurzer Besserung verschlechterte sich der Gesundheitszustand STÄCKELs um Jahresmitte 1919 abermals. Schließlich starb er am 12. Dezember 1919 in Heidelberg an den Folgen eines Gehirntumors. STÄCKELs Frau schrieb am 1. September 1920 an FRIEDRICH ENGEL über diese letzte Zeit:

> *... Noch vor einem Jahr, als wir auf dem Plättig zur Erholung waren, hoffte mein Mann, daß er sich neue Kraft dort geholt hätte für das lange Wintersemester, doch schon nach 6-wöchentlicher Arbeitszeit ereilte ihn das Verhängnis, das schon längere Zeit ihn bedroht hatte. Es war noch ein Glück für ihn, daß er lange arbeitsfähig war und von der schweren letzten Leidenszeit verhältnismäßig wenig empfunden hat ....*

PAUL STÄCKEL (1862–1919) Geboren 1862 in Berlin, 1880–84 Studium an der Universität Berlin, 1885 Promotion bei KRONECKER, 1891–95 Privatdozent an der Universität Halle, 1895–1919 Professor an den Universitäten bzw. Technischen Hochschulen in Königsberg, Kiel, Hannover, Karlsruhe und Heidelberg. Gestorben 1919 in Heidelberg.

Stäckels funktionentheoretische Arbeiten

PAUL STÄCKEL hat eine Reihe funktionentheoretischer Resultate veröffentlicht. Ein von ihm bearbeiteter Problemkreis verdient auch unser heutiges Interesse und wird in den einschlägigen Büchern zitiert (siehe etwa [10], S. 200). Er betrifft Abbildungseigenschaften ganzer transzendenter Funktionen und hat bei einigen neueren funktionentheoretisch-algebraischen Fragestellungen eine entscheidende Rolle erlangt.

Vorbemerkungen über Potenzreihen

Eine Potenzreihe der Form $\sum_{n=0}^{\infty} a_n z^n$ mit Koeffizienten $a_n \in \mathbf{C}$, die in der ganzen Ebene konvergiert, stellt eine in ganz $\mathbf{C}$ analytische Funktion dar, eine sogenannte ganze Funktion. Umgekehrt läßt sich jede ganze Funktion in eine Potenzreihe obiger Form entwickeln. Die beiden Konzepte, analytische Funktion und Potenzreihe, sind also äquivalent.

Die obigen Potenzreihen zerfallen in zwei disjunkte Klassen, je nachdem ob die Koeffizienten ab einem gewissen Index null werden oder nicht.

1. Klasse : Ganze rationale Funktionen (Polynome)

$$\sum_{n=0}^{N} a_n z^n \quad (N \in \mathbf{N}_0).$$

2. Klasse : Ganze transzendente Funktionen $\sum_{n=0}^{\infty} a_n z^n$
($a_n \neq 0$ für unendlich viele n).

Die bekanntesten Beispiele ganzer transzendenter Funktionen sind die Exponentialfunktion, sowie die Sinus- und die Kosinusfunktion.

Seien $\mathbf{Q}_i$ die komplex rationalen Zahlen, d.h.

$$\mathbf{Q}_i := \{\, x + iy : x \in \mathbf{Q} \text{ und } y \in \mathbf{Q}\}$$

und $\mathbf{C} \setminus \mathbf{Q}_i$ die komplex irrationalen Zahlen. Mit $\mathbf{A}$ bezeichnen wir die (komplex) algebraischen Zahlen, d.h. diejenigen komplexen Zahlen, die Nullstellen von Polynomen (ungleich null) mit ganzzahligen Koeffizienten sind.

$\mathbf{C} \setminus \mathbf{A}$ ist dann gerade die Menge der transzendenten Zahlen. Seit CANTOR (1874) weiß man, daß $\mathbf{Q}_i$ und $\mathbf{A}$ abzählbare Mengen sind, die überdies beide in $\mathbf{C}$ dicht liegen.

Schon im vorigen Jahrhundert war bekannt, daß die ganze transzendente Funktion e^z jede (komplex) rationale Zahl ungleich Null auf eine (komplex) irrationale Zahl abbildet. Seit 1934 (Satz von GELFOND und SCHNEIDER) weiß man wesentlich mehr, nämlich daß die Funktion e^z sogar jede algebraische Zahl ungleich Null auf eine transzendente Zahl abbildet. Daraus folgt übrigens sofort die Transzendenz der Zahl π (LINDEMANN, 1882). Denn wäre π algebraisch, so auch $i\,\pi$ und daher wäre $e^{i\,\pi}$ transzendent, was aber nicht stimmt, da $e^{i\,\pi} = -1$ ist.

Abbildungseigenschaften ganzer Funktionen

Das in diesem Abschnitt zu behandelnde Thema beginnt mit einem Brief aus dem Jahre 1886 von EMIL STRAUSS, einem talentvollen aber leider früh verstorbenen Mathematiker, an WEIERSTRASS, in dem die folgende Behauptung aufgestellt wird.

Behauptung von Emil Strauß (1886): *Jede ganze Funktion, die die (komplex) rationalen Zahlen in sich selbst abbildet, ist ganz rational, d.h. ein Polynom.*

Diese Behauptung scheint nahezuliegen, insbesondere wenn man sich Beispiele ansieht, beginnend bei solch einfachen Funktionen wie e^z, $\sin z$, $\cos z$. Daß dieser Sachverhalt nicht zutrifft, war ein überraschendes Resultat, welches WEIERSTRASS mit folgendem Satz erzielte.

Satz von Weierstraß (1886): *Es gibt ganze transzendente Funktionen, die die (komplex) rationalen Zahlen in sich selbst abbilden.*

WEIERSTRASS gab den Beweis, der übrigens konstruktiv ist, in zwei Briefen, und zwar in einem an EMIL STRAUSS (vgl. [12], S. 516) und in einem anderen an LEO KÖNIGSBERGER (Acta Math. 39 (1923), S. 238), wo er sogar noch die Konstruktion einer ganzen transzendenten Funktion angab, die die algebraischen Zahlen in sich abbildet.

Stäckels Beitrag

In seiner Hallenser Privatdozentenzeit beschäftigte sich STÄCKEL mit dem Problem der Konstruktion von Funktionen, die obige Abbildungseigenschaften besitzen. Er erkannte, daß bei diesen Aufgaben, nämlich eine Menge komplexer Zahlen in eine vorgegebene abzubilden, die rationalen bzw. die algebraischen Zahlen unwesentlich sind. Wesentlich dagegen ist die Abzählbarkeit der Menge bzw. daß die Menge dicht in $\mathbf{C}$ liegt. Er gelangte zu folgendem Ergebnis ([12]):

Satz von Stäckel (1895): *Sei A eine abzählbare Teilmenge von C und die Menge B dicht in C. Dann gibt es eine ganze transzendente Funktion, die die Menge A in die Menge B abbildet.*

Für $A = B = \mathbf{Q}_i$ bzw. $A = B = \mathbf{A}$ erhält man als Spezialfälle die Sätze von WEIERSTRASS zurück. Wie seine Ausführungen ([12], S. 520) erkennen lassen, hat er Anregungen zu diesem Thema durch das gemeinsame Kränzchen mit den Leipziger Mathematikern und insbesondere durch den Umgang mit GEORG CANTOR erhalten.

STÄCKEL hat noch weitere Ergebnisse im Umfeld seines Satzes gefunden und publiziert. Diese haben jedoch nicht die Bedeutung des Hauptergebnisses erlangt. Vielmehr dürfte es von Interesse sein, den Satz von STÄCKEL und seine Rolle in der weiteren mathematischen Forschung zu verfolgen.

Die weitere Entwicklung

Ein halbes Jahrhundert nach STÄCKELs Forschungen zur Konstruktion von ganzen transzendenten Funktionen mit gewissen Abbildungseigenschaften gewinnen seine Fragestellungen bei Funktionentheoretikern großes Interesse. Die Arbeiten von STÄCKEL sind mittlerweile vergessen und werden daher nicht erwähnt. Das erste große, weitergehende Problem ist das folgende.

Problem von Erdös (1957): *A und B seien zwei abzählbare und dichte Teilmengen von* C. *Gibt es dann eine ganze transzendente Funktion, die die Menge A **auf die Menge B** abbildet?*

Es vergehen zehn Jahre, bevor die Lösung dieses Problems publiziert wird. W.D. MAURER (1967) zeigt, daß die Frage von ERDÖS zu bejahen ist. Die Lösung von MAURER schließt jedoch nicht aus, daß die betreffende Funktion auch Punkte außerhalb von A nach B abbildet. Will man das vermeiden, so kann man dem Problem von ERDÖS folgende schärfere Fassung geben.

Problem (Hayman [8], Problem 2.31): *A und B seien zwei abzählbare und dichte Teilmengen von* C. *Gibt es dann eine ganze transzendente Funktion, die genau die Menge A auf die Menge B abbildet, d.h. es soll gelten $f(z) \in B \Leftrightarrow z \in A$?*

Dieses Problem ist bedeutend schwieriger, denn es verlangt nicht nur, daß A auf B abgebildet wird, sondern daß auch die Komplemente dieser Mengen aufeinander abge-

bildet werden. 1972 beweisen K.F. BARTH und W.J. SCHNEIDER (siehe [2]), daß auch das von HAYMAN gestellte Problem eine positive Lösung besitzt.

Anwendungen des Satzes von Stäckel

Der Satz von STÄCKEL und seine Bedeutung wurden erst jüngst in der funktionentheoretischen Literatur wiedererkannt, und zwar zuerst 1983 von BURCKEL und SAEKI [4]. Sie bezeichnen den Satz von STÄCKEL als Schlüsselresultat zur Lösung einer Klasse funktionentheoretisch–algebraischer Probleme.

Sei $H(G)$ der Ring aller auf einem Gebiet $G \subset \mathbf{C}$ holomorphen Funktionen (unter den üblichen punktweisen Verknüpfungen). Man kann sich nun fragen, inwieweit das Gebiet G durch die algebraische Struktur des Ringes $H(G)$ bestimmt ist. Diese Frage läßt sich vollständig beantworten.

Seien dazu G_1 und G_2 zwei Gebiete und ϕ ein Ringisomorphismus von $H(G_1)$ auf $H(G_2)$. Wie man unschwer zeigt, gibt es dann 2 Möglichkeiten: die konstante Funktion $f(z) \equiv i$ wird durch ϕ entweder auf sich selbst oder auf $-i$ abgebildet. Die Behandlung beider Fälle ist genau analog, so daß wir uns auf den 1. Fall beschränken und nennen einen solchen Ringisomorphismus normiert.

Das Hauptergebnis auf unsere obigen Fragen bildet der folgende berühmte Satz.

Satz von Bers (1948): *Zwei Gebiete in der Ebene sind genau dann konform äquivalent, wenn ihre zugehörigen Ringe holomorpher Funktionen normiert ringisomorph sind.*

Dieser Satz verknüpft zwei verschiedene Bereiche: auf der einen Seite Funktionentheorie (konforme Abbildung) und auf der anderen Algebra (Isomorphismen) und ist aus diesem Grunde so interessant.

Daß im Satz von BERS aus der konformen äquivalenz der Gebiete die Ringisomorphie der zugehörigen Ringe holomorpher Funktionen folgt, ist einfach zu beweisen; die Umkehrung dieser Aussage ist der schwierige Teil. Die Klippe hierbei ist, zu zeigen, daß der (normierte) Ringisomorphismus C-linear ist. In dieser Situation erweist sich der Satz von STÄCKEL als geeignetes Hilfsmittel und liefert auch den Schlüssel zum Beweis ähnlicher Sätze, wie etwa über Ringderivationen. Es ist das Verdienst der Arbeit von BURCKEL und SAEKI ([4]), die Wichtigkeit des STÄCKELschen Satzes für Ergebnisse in diesem Bereich demonstriert zu haben.

Stäckels Verdienste um die Geschichte der Mathematik

Ein großer Teil des STÄCKELschen Werkes ist der Geschichte der Mathematik sowie dem mathematischen Unterrichtswesen gewidmet (größenordnungsmäßig ein Viertel der 170 Arbeiten). Ebenso enthalten viele seiner mathematischen Untersuchungen umfangreiche historische Bemerkungen. Er hat sich aber nicht nur vom Schreibtisch aus mit der Geschichte der Mathematik beschäftigt. Mit kriminalistischem Spürsinn gelang es ihm, verlorengeglaubte Nachlässe in entlegenen Archiven oder bei Nachfahren aufzuspüren. Viele Reisen, selbst ins Ausland, hat er zu diesem Zweck unternommen.

Sein spektakulärster Fund war ohne Zweifel die Entdeckung des GAUSSschen Tagebuches. Damit wurde ein neuer Abschnitt in der GAUSSforschung eröffnet. Aber auch die Entdeckung der verlorengeglaubten Manuskripte von LAMBERT in der herzoglichen Bibliothek zu Gotha, sowie die Auffindung wesentlicher Quellen zur Geschichte der nichteuklidischen Geometrie, waren aufsehenerregend.

STÄCKELS mathematikgeschichtliche Hauptarbeiten und Tätigkeiten lassen sich chronologisch folgendermaßen ordnen:

1893 Geschichte der geodätischen Linien (von JOHANN BERNOULLI über GAUSS bis DARBOUX), Leipziger Berichte 45, 444–467.

1894 Variationsrechnung (Hrsg.; OSTWALDS Klassiker Nr. 46 und 47) 1. Teil: Abhandlungen von JOH. JAC. BERNOULLI und EULER. 2. Teil: Abhandlungen von LAGRANGE, LEGENDRE und JACOBI.

1894 Entdeckung verschollener Manuskripte und des Tagebuchs (Monatsbuch) von Lambert in der herzoglichen Bibliothek zu Gotha.

1895 Theorie der Parallellinien Eine Urkundensammlung zur Vorgeschichte der nichteuklidischen Geometrie (hrsg. zusammen mit FRIEDRICH ENGEL).

1896 C.G.J. Jacobi (Hrsg.; OSTWALDS Klassiker Nr. 77 und 78) 1. Teil: über Determinanten (1842) 2. Teil: über Funktionaldeterminanten (1841)

1898 Entdeckung des Gaußschen Tagebuches bei einem Enkel von GAUSS in Hameln.

1899 Briefwechsel Gauß/Bolyai (hrsg. zusammen mit FRANZ SCHMIDT).

1900 Cauchy (Hrsg.; OSTWALDS Klassiker Nr. 112). Bestimmte Integrale zwischen imaginären Grenzen (1825).

1900 Gauß Werke Bd. VIII Geometrie (Hrsg.).

1907 Vorsitzender der Euler-Kommission der DMV.

1908 Briefwechsel Jacobi/Fuß über die Herausgabe der EULERschen Werke (hrsg. zusammen mit W. AHRENS).

1912 Euler Gesammelte Werke Bde. II,1 und II,2 Mechanica (Hrsg.).

1913 Wolfgang und Johann Bolyai (Hrsg.) Leben und Schriften der beiden BOLYAI.

1917 Gauß als Geometer. Wiederabdruck in GAUSS Werke Bd. X, 2; Abhandlung 4 (123 Seiten).

Geschichte der nichteuklidischen Geometrie

Die Entdeckung der nichteuklidischen Geometrie in der ersten Hälfte des 19. Jahrhunderts war eine Revolution in der menschlichen Geistesgeschichte und ist für immer mit den Namen GAUSS, JOHANN BOLYAI und LOBATSCHEWSKI verbunden, die unabhängig voneinander die Möglichkeit einer solchen Geometrie erkannten. Sie galten lange Zeit als alleinige Schöpfer der nichteuklidischen Geometrie.

Es erregte daher ein beträchtliches Aufsehen, als STÄCKEL aufdeckte, daß die Geschichte der nichteuklidischen Geometrie ungleich facettenreicher war, als man bis dahin annahm, und daß wichtige Beiträge obiger Forscher schon von anderen früher gefunden und teilweise sogar publiziert worden waren.

Zunächst gelang es ihm, die Schrift von LAMBERT *Theorie der Parallellinien* (gedruckt 1786) aus der Versenkung zu holen. Beim weiteren Studium stieß STÄCKEL auf SCHWEIKART (1780–1859), Professor der Rechtswissenschaften in Marburg zu der Zeit, als dort GERLING, ein Schüler von GAUSS, Professor für Mathematik, Physik und Astronomie war. SCHWEIKART hatte schon 1807 das Büchlein *Die Theorie der Parallellinien, nebst dem Vorschlage ihrer Verbannung aus der Geometrie* veröffentlicht und später seine Astralgeometrie entwickelt, in der er zu einer Art nichteuklidischer Geometrie gelangte. Auf Vermittlung von GERLING kam eine Verbindung zu GAUSS zustande und dieser äußerte sich über eine diesbezügliche Notiz SCHWEIKARTS: *„Es sei ihm fast alles aus der Seele geschrieben"* ([6], S. 181). Durch diese Studien gelangte STÄCKEL zu einem weiteren für die Geschichte der nichteuklidischen Geometrie bedeutsamen Namen, nämlich TAURINUS (1794–1874), ein Neffe SCHWEIKARTS. Nach einem Briefwechsel mit GAUß veröffentlichte dieser die Schrift *Theorie der Parallellinien* (Köln, 1825), in der er u.a. die Folgen entwickelte, die sich aus der Verwerfung des Parallelenaxioms ergaben.

STÄCKEL faßte seine wesentlichen Erkenntnisse zur Vorgeschichte der nichteuklidischen Geometrie in dem mit FRIEDRICH ENGEL verfaßten Buch *Die Theorie der Parallellinien – von Euklid bis auf Gauß* (Leipzig, 1895) in Form einer kommentierten Urkundensammlung zusammen.

In diesem Zusammenhang hatte sich STÄCKEL auch mit den drei Hauptfiguren der Nichteuklidischen Geometrie GAUß, BOLYAI und LOBATSCHEWSKI eingehend beschäftigt und verschiedene Arbeiten darüber veröffentlicht. Wir erwähnen hierzu nur das Buch über WOLFGANG und JOHANN BOLYAI (2 Teile, Leipzig 1913). Es war die Frucht ausgedehnter Studien und mehrfacher Reisen nach Siebenbürgen, wo er in Maros Vásárhely den Nachlaß der BOLYAIS sichtete und einer eingehenden Betrachtung unterzog.

Die Auffindung des Monatsbuches von Johann Heinrich Lambert

Einer der großen Wissenschaftler des 18. Jahrhunderts war JOHANN HEINRICH LAMBERT (1728–1777), Mitglied der Berliner Akademie, bedeutend als Mathematiker, Physiker, Astronom, Philosoph und Kartograph. Mit Blick auf sein Werk und Wissen wird er auch als letzter Universalgelehrter (nach LEIBNIZ) bezeichnet. Aus diesem Grunde haben sich viele Forscher mit seinem Werk beschäftigt und dessen Einfluß auf die weitere Entwicklung der Wissenschaften darzustellen versucht. Dieses Unternehmen war

allerdings sehr erschwert, da ein bedeutender Teil des LAMBERTschen Nachlasses auf geheimnisvolle Weise im Lauf der Zeit verschwunden war. LAMBERTs Hinterlassenschaft ging nach seinem Tod durch verschiedene Hände und man bemühte sich, herauszufinden, wo er sich befand. Erst STÄCKEL gelang hier der Erfolg, indem er den Nachlaß in der Herzoglichen Bibliothek auf Schloß Friedenstein in Gotha aufspürte und seine Erschließung einleitete. Wertvollstes Stück der Sammlung war das sogenannte Monatsbuch von JOHANN HEINRICH LAMBERT. Es handelt sich dabei um das Tagebuch LAMBERTs, in das er jeden Monat seine Entdeckungen und die Gegenstände, mit denen er sich befaßt hatte, eintrug. Seine Aufzeichnungen in diesem Buch, die 1752 beginnen und 1777 enden, sind höchst bedeutsam und gestatten die Entstehung seiner Schriften zu erklären und manche bisher im Dunkeln gebliebene Details zu enträtseln. Das Monatsbuch wurde auf STÄCKELs Anregung mit Kommentaren versehen von seinem späteren Heidelberger Kollegen KARL BOPP in den Abhandlungen der Bayerischen Akademie der Wissenschaften im Jahre 1915 herausgegeben ([3]).

LAMBERTs Schriften haben einen vielfältigen Einfluß auf seine Zeitgenossen gehabt. Stellvertretend lassen wir hier den großen Astronomen OLBERS zu Wort kommen:

Lamberts größte Tätigkeit und Glanz fiel gerade in die Zeit, wo ich mich mit Mathematik und Astronomie zu beschäftigen anfing, und so haben Lamberts Schriften den größten Einfluß auf meine mathematische Bildung gehabt. Deswegen verehre ich ihn als meinen Lehrer ungemein (siehe [3], S. 82).

Die Entdeckung des Gaußschen Tagebuches

Schon bald nach GAUSS' Tod (1855) hatte ERNST SCHERING den 1. Teil seiner Gesammelten Werke im Auftrage der Göttinger Akademie der Wissenschaften herausgegeben (Band 1–6, Göttingen 1863–74). Damit war jedoch der Inhalt des GAUSSschen Nachlasses in keiner Weise erschöpft. Die weitere Herausgabe der GAUSSschen Werke war mit allerlei Schwierigkeiten verbunden und begann daher auch erst 1898 auf Betreiben FELIX KLEINs unter Mitwirkung des Göttinger Astronomen MARTIN BRENDEL und weiterer Gelehrter. Die Hauptschwierigkeit war der Umstand, daß nach GAUSS' Tod der wissenschaftliche

Nachlaß, den man für bedeutend hielt, von der Regierung angekauft wurde. Der Rest, insbesondere der „private" Nachlaß oder den man dafür hielt, an die Familie zurückgegeben wurde und im Laufe der Jahre bis zu gänzlicher Unauffindbarkeit zersplitterte. FELIX KLEIN schreibt darüber ([9], S. 30):

Wie bedauerlich diese Tatsache ist, geht in einem, glücklicherweise noch günstig erledigten Fall deutlich hervor: in dem des Gaußschen Tagebuchs. Dieses unvergleichlich wichtige Dokument der Gaußschen und aller mathematischen Entwicklung überhaupt war als ein unscheinbares kleines Heft „privaten" Inhalts der Familie überwiesen worden. 1899 wurde es von Stäckel bei einem Enkel von Gauß in Hameln entdeckt.

Dazu lassen wir PAUL STÄCKEL mit folgendem Ausschnitt aus einem Brief an FRIEDRICH ENGEL vom 28. Juni 1898 selbst zu Worte kommen.

[...]Einen Enkel von Gauß, einen Sohn des ältesten Sohnes Joseph C.G., Gutsbesitzer in Hameln habe ich ausfindig gemacht, er hat auf meine Veranlassung, was er an Papieren besitzt, nach Göttingen geschickt; wie mir Brendel gestern schrieb, befindet sich darunter ein höchst wertvolles Tagebuch über Gauß' wissenschaftliche Beschäftigungen 1796–1814! Da C.G. alles zurückgeliefert haben will, läßt die G.d.W. [Gesellschaft der Wissenschaften] Abschriften nehmen, die dann zuerst mir zugehen sollen. Ich bin höchst gespannt darauf, vielleicht haben wir darin die endgültige Lösung der Fragen über Gauß' Stellung zur N.E.G. [Nicht–Euklidischen–Geometrie]! [...]

Die Auffindung des GAUSSschen Tagebuches durch STÄCKEL und die anschließende Veröffentlichung leitete eine Wende in der Gaußforschung ein, insofern es einen Einblick in die kreativste Periode dieses Genies gestattete und den wissenschaftlichen Werdegang gerade der wenig dokumentierten Frühzeit erkennen ließ. Das GAUSSsche Tagebuch ist wiederholt abgedruckt und mit Kommentaren versehen worden (siehe etwa [7]).

Die Herausgabe der Gesammelten Werke Leonhard Eulers

LEONHARD EULER, der größte Mathematiker des 18. Jahrhunderts, hinterließ ein gewaltiges Werk und die Petersburger Akademie war noch Jahrzehnte nach seinem Tod damit beschäftigt, hinterlassene Manuskripte von ihm zu drucken. Schon zu Beginn des 19. Jahrhunderts entstand der Wunsch, seine Gesammelten Werke herauszubringen. Zwar wurde an verschiedenen Orten daran gearbeitet, und es wurden auch mehrbändige Teile seines Werkes herausgegeben, aber die Edition einer Gesamtausgabe gelang trotz großer Bemühungen (u.a. von JACOBI) nicht, so immens war das Werk. Da nahte das Jahr 1907, und damit der 200. Geburtstag von EULER, und nun wurde in der Schweizer Naturforschenden Gesellschaft ernsthaft der Plan zur Herausgabe dieses Werkes gefaßt. Die Hauptinitiatoren bei der Durchführung dieses Planes waren RUDIO (Zürich) und die beiden Karlsruher Mathematiker KRAZER und STÄCKEL. Daß dieses Vorhaben schließlich zum Erfolg führte, ist insbesondere STÄCKEL zu verdanken. Einerseits hatte er schon große Erfahrungen mit der Herausgabe mathematikgeschichtlich wichtiger Werke, und zum anderen besaß er ein einmaliges Organisationstalent.

Ihm gelang es durch seine unermüdliche Werbearbeit bei wissenschaftlichen Gesellschaften, Verbänden und der Industrie wesentliche Geldmittel locker zu machen, die die Grundlage der finanziellen Sicherung des Unternehmens wurden. Seinen Bemühungen war es zu verdanken, daß die Deutsche Mathematiker-Vereinigung (DMV) auf ihrer Jahrestagung in Köln im September 1908 beschloß, für die Eulerausgabe 5000 Franken zur Verfügung zu stellen. Das entsprach etwa einem Drittel des gesamten Vermögens der DMV.

Aber auch auf der wissenschaftlichen Seite war er der Motor des Unternehmens. Auf seinem Entwurf einer Einteilung der sämtlichen Werke EULERs beruhte die gesamte weitere Arbeit der Edition. Er übernahm auch die Herausgabe von Einzelbänden der Eulerausgabe. So veröffentlichte er EULERs berühmtestes physikalisches Werk, die zweibändige *Mechanica*, versehen mit zahlreichen Anmerkungen und Kommentaren. RUDIO hat die Arbeit STÄCKELs an der Eulerausgabe in einem eigenen Aufsatz gewürdigt. Hier heißt es am Schluß ([12], S. 32):

Zwölf Jahre lang hat sich Stäckel mit begeisterter Hingebung und größter Energie der Eulerausgabe gewidmet. Seine ungewöhnliche Vertrautheit mit der mathematischen Literatur, seine Begabung und sein feiner Sinn für historische Forschung ließen ihn gerade für so weitausschauende Unternehmungen als besonders berufen erscheinen. Nicht nur die von ihm speziell herausgegebene Mechanica und die Commentationes algebraicae, die ganze Eulerausgabe atmet Stäckelschen Geist und ist ein Denkmal seines Wirkens. Die Schweizerische Naturforschende Gesellschaft wird nie vergessen, was Paul Stäckel für ihr großes Unternehmen geleistet hat.

Literatur

[1]   Kurt-R. Biermann: Die Mathematik und ihre Dozenten an der Berliner Universität 1810–1920. Berlin (Akademie-Verlag) 1973. 2. erweiterte Aufl. 1988.

[2]   Thomas Bohnet: Leben und Werk des Mathematikers Paul Stäckel. Staatsexamensarbeit, Karlsruhe 1993. IX + 166 S., mit Dokumentenanhang.

[3]   Karl Bopp: Johann Heinrich Lamberts Monatsbuch Abh. Bayer. Akad. Wiss. 27, Nr. 6 (1915), 84 S.

[4]   Robert B. Burckel and Sadahiro Saeki: Additive mappings on rings of holomorphic functions. Proc. Amer. Math. Soc. 89 (1983), 79–85.

[5]   Günther Frei (Hrsg.): Der Briefwechsel David Hilbert – Felix Klein (1886–1918) Göttingen (Vandenhoeck & Rupprecht) 1985.

[6]   Carl Friedrich Gauß: Werke Band VIII. Leipzig (Teubner) 1900.

[7]   Carl Friedrich Gauß: Mathematisches Tagebuch (1796–1814). Leipzig (Geest & Portig) 1976. Ostwalds Klassiker der exakten Wissenschaften Nr. 256. Mit einer historischen Einführung von Kurt-R. Biermann.

[8]   Walter Hayman: Research Problems in Function Theory. London (Athlone Press) 1967.

[9]   Felix Klein: Vorlesungen über die Entwicklung der Mathematik im 19. Jahrhundert. Teil 1. (Springer) Berlin 1926. Nachdruck 1956 bei Chelsea Publ. Comp., New York. Reprint 1979 bei Springer Verlag, Heidelberg.

[10] Reinhold Remmert: Funktionentheorie I. Berlin/Heidelberg/New York (Springer) 1984. 2. Aufl. 1989.

[11] Ferdinand Rudio: Paul Stäckels Verdienste um die Gesamtausgabe der Werke von Leonhard Euler. Jahresber. Deutsch. Math.–Verein. 32 (1923), 13–32.

[12] Paul Stäckel: Über arithmetische Eigenschaften analytischer Funktionen. Math. Ann. 46 (1895), 513–520.

Adressen der Autoren

Prof. Dr. Erhard Anthes
Reuteallee 46
D-71634 Ludwigsburg
e-mail: anthes@ph-ludwigsburg.de

Prof. Dr. Albrecht Beutelspacher
Mathematisches Institut
der Justus-Liebig-Universität Gießen
Arndtstraße 2
35392 Gießen
e-mail: albrecht.beutelspacher@math.uni-giessen.de

Prof. Dr. Herbert Breger
Körtingsstraße 5
30161 Hannover

Thomas Buchholz
AG Informatik
Universität Gießen
Arndtstraße 2
D-35392 Giessen
e-mail: buchholz@informatik.uni-giessen.de

Dr. Rolfdieter Frank
Math. Institut der Universität Koblenz-Landau
Rheinau 1
56075 Koblenz

Dr. Reinhard Höppner
Staatskanzlei des Landes Sachsen-Anhalt
Postfach 4160
39016 Magdeburg

Dr. Alexander Kreuzer und Margarete Kreuzer
Mathematisches Institut
Technische Universität München
Arcisstr. 21
80290 München
e-mail: kreuzer@mathematik.tu-muenchen.de

Oskar Lafontaine
Staatskanzlei des Saarlands
Am Ludwigsplatz 14
66117 Saarbrücken

Prof. Dr. Detlef Laugwitz
Ahornweg 23
64367 Mühltal

Max Leppmeier
Augsburger Str. 15
85290 Geisenfeld

Prof. K. Radbruch
Universität Kaiserslautern
Fachbereich Mathematik
Erwin-Schrödinger-Straße
67663 Kaiserslautern
e-mail: radbruch@mathematik.uni-kl.de

Prof. Dr. Michael von Renteln
Englerstraße 2
Postfach 6980
D-76128 Karlsruhe

Jörg Richstein
AG Informatik
Universität Gießen
Arndtstraße 2
D-35392 Giessen
e-mail: Joerg.Richstein@informatik.uni-giessen.de

Meike Stamer
Helgenbachstraße 48
35578 Wetzlar

Dr. Jörg Schwenk
Deutsche Telekom AG
Technologiezentrum
Am Kavalleriesand 3
64295 Darmstadt

Prof. Dr. Peter Slodowy
Math. Seminar der Universität Hamburg
Bundesstraße 55
20146 Hamburg

Dr. Johannes Ueberberg
Mathematisches Institut
Arndtstraße 2
35392 Gießen
e-mail: Johannes.Ueberberg@math.uni-giessen.de

Prof. Dr. Theo Ungerer
Institut für Rechnerentwurf und Fehlertoleranz
Universität Karlsruhe
76128 Karlsruhe
e-mail: Theo_Ungerer@ira.uka.de

Der das Unendliche kannte
Das Leben des genialen Mathematikers
Srinivasa Ramanujan

von Robert Kanigel
Aus dem Amerikanischen übersetzt
von Albrecht Beutelspacher.
2. Aufl. 1995. VIII, 359 Seiten + 16 Seiten Bildteil.
Gebunden.
ISBN 3-528-16509-X

Der Bericht über das Leben Ramanujans, des vielleicht größten mathematischen Genies unseres Jahrhunderts, liest sich wie ein spannender, facettenreicher Roman. 1887 als Sohn einer armen Brahmanenfamilie in Südindien geboren, ist es Ramanujan nie gelungen, ein Universitätsexamen abzulegen, und bis zum Jahre 1913 waren seine Perspektiven bescheiden. Dann schrieb er einem der einflußreichsten westlichen Mathematiker, G.H. Hardy nach Cambridge einen Brief, bat um Hilfe – und bekam sie. Hardy erkannte das unvergleichliche Genie Ramanujans und sorgte dafür, daß er nach Cambridge, dem damaligen Mekka der Mathematik, kam. Dort blieb Ramanujan während der Zeit des ersten Weltkriegs und veröffentlichte zahlreiche außerordentlich tiefe mathematische Erkenntnisse. Als er nach Indien zurückkehrte, war er schon krank und starb bald darauf. In diesem spannend erzählten Buch, das sich an ein breites Publikum mit kulturhistorischem Interesse wendet, wird die Zeit der ersten Jahrzehnte unseres Jahrhunderts im subtropischen Südindien und im kalten Cambridge lebendig. Dabei tritt eine Fülle von bemerkenswerten, denkwürdigen, skurrilen, genialen, intellektuellen, sinnlichen, korrekten und exzentrischen Personen auf. Dem Autor gelingt sogar das Kunststück, einen Eindruck von der mathematischen Leistung Ramanujans zu vermitteln, ohne beim Leser mathematische Kenntnisse vorauszusetzen.

„In Mathe war ich immer schlecht ...“
Berichte und Bilder von Mathematik und Mathematikern, Problemen und Witzen, Unendlichkeit und Verständlichkeit, reiner und angewandter, heiterer und ernsterer Mathematik

von Albrecht Beutelspacher
Mit Illustrationen von Andrea Best.
1996. XII, 147 Seiten. Kartoniert.
ISBN 3-528-06783-7

Das Buch öffnet ein Fenster, durch das man einen Einblick in die Mathematik erhält. Der Autor bringt das Kunststück fertig, den scheinbar undurchdringlichen Schleier von der Mathematik wegzuziehen und ihre Geheimnisse zu entschlüsseln. Er zeichnet ein buntes Bild von Mathematik und Mathematikern, das Nichtmathematiker genießen, aus dem aber auch Mathematiker viel über ihresgleichen erfahren können. Zusammen mit vielen witzigen Illustrationen von Andrea Best ist das Buch ein wahres Lesevergnügen.

Verlag Vieweg · Postfach 1547 · 65005 Wiesbaden · Fax 0611/7878-420

Bücher aus dem Umfeld

Denkweisen großer Mathematiker
Ein Weg zur Geschichte der Mathematik

von Herbert Meschkowski
1990. X, 286 Seiten. (Facetten) Gebunden.
ISBN 3-528-28179-0

Ein echtes Verständnis für die moderne Mathematik
ist nur möglich, wenn man etwas über die Geschichte der exakten Wissenschaften weiß. Der Autor hat
es in diesem Buch unternommen, das Wesentliche
am Leben und Werk einzelner Forscher deutlich werden zu lassen. Dem Leser wird ein kurzweiliger Gang
durch die Geschichte der Mathematik von den Griechen bis zu den großen Mathematikern unseres Jahrhunderts geboten. "We obtain indeed a glimpse into
the way these mathematicians thought."
(D. J. Struik in „Mathematical Reviews" 92 a)

Muster des Lebendigen
Faszination ihrer Entstehung und Simulation

von Andreas Deutsch (Hrsg.)
Hrsg. von Heike Schuster.
1994. XVI, 299 Seiten mit zahlreichen
Zeichnungen und Fotos sowie einem Farbteil.
(Facetten) Gebunden.
ISBN 3-528-06546-X

Fragestellungen und Erklärungsmodelle zur Entstehung von Ordnung in der Natur werden in anschauli-
cher Form von anerkannten Wissenschaftlern in ei-
genständigen Beiträgen vorgestellt, und anhand aus-
gewählter Beispiele erschließt sich dem Leser ein
Querschnitt von Mustern und Theorien zu ihrer Erklä-
rung. Begriffe wie Selbstorganisation, Synergetik,
konservative und dissipative Strukturen, zelluläre
Automaten, finite Elemente, Reaktions-Diffusions-
Systeme, mechano-chemische Modelle und Turing-
Analyse werden im wahrsten Sinne des Wortes mit
Leben erfüllt und im Zusammenhang biologischer
Musterbildungen erläutert. Der Anhang enthält ein
Glossar, das durch kurze und prägnante Definitio-
nen die im Text verwendeten Begriffe der Muster-
bildungstheorie erläutert.

Das digitale Universum
Zelluläre Automaten als Modelle der Natur

von Martin Gerhardt und Heike Schuster
1995. XIV, 320 Seiten. (Facetten) Gebunden.
ISBN 3-528-06677-6

„Das Ganze ist mehr als die Summe seiner Teile." So
sehr uns dieser Satz als Binsenweisheit bekannt ist,
so neu und mächtig ist sein Einfluß auf das Weltbild
unserer modernen Wissenschaft. Atome, Moleküle,
Zellen und Organismen erzeugen durch einfache
Wechselwirkungen den Strukturreichtum unserer Welt.
Ein wichtiges Werkzeug zum Verständnis dieser Komplexität sind Computersimulationen, mit denen sich
Forscher der Wirklichkeit künstlich annähern. Zelluläre
Automaten sind solche Simulationsmodelle. In ihnen
wird die Welt zu einem digitalen Universum – einem
Zusammenschluß simpelster, vernetzter Digital-
computer, die mit einfachsten Programmen komplexe makroskopische Strukturen erzeugen. Dieses Buch
führt Sie durch den digitalen Kosmos und zeigt Ihnen anhand zahlreicher Beispiele die Stärken und
Schwächen dieser Simulationsinstrumente auf. Es
setzt Sie aber ebenfalls dem unwiderstehlichen Reiz
dieser einfachen Spiele aus, mit denen Sie auf jedem Computer selber zum Schöpfer künstlicher Welten werden können.

Verlag Vieweg · Postfach 1547 · 65005 Wiesbaden · Fax 0611/7878-420